열정과 야망의 전기 이야기

Researchers' Enthusiasm Businessmen's Ambition

김석환 저

대영사

PREFACE

시중에는 이야기로 풀어쓴 과학사 책이 많이 있다. 그 책들은 모두 발명과 발견에 '얽힌' 이야기들을 하고 있다. 그러나 이 책은 발명과 발견 그 자체를 다루고 있다. 발명자나 발견자가 어떤 의도로 그런 실험을 하게 되었는지? 그래서 뭘 알아냈는지? 등이 이 책이 중점적으로 다루고 있는 내용이다.

그리고 이 책은 '과학'이 아니라 '전기'의 역사를 설명하는 책이다. 과학사 책은 전기가 과학의 일부라는 관점에서 쓰인다. 그러나 전기에는 과학 이외의 큰 영역이 있다. 전기의 역사에 대한 책은 없다고 해도 될 정도이다. 예를 들어 현재의 전력 공급 시스템이 어떤 과정을 통해서 이루어지게 되었는지를 설명하는 책은 없는 것으로 생각된다.

현재 대부분의 에너지는 전기의 형태로 생산, 소비되고 있다. 그리고 대부분의 정보가 전기의 형태로 전달되고 있다. 전기는 현대 문명의 기반이다. 이 책은 이 기반이 어떻게 이루어졌는지를 다룬다.

제1부는 이런 것 들을 쉽게 쓴 것으로, 고등학생 정도이면 이해하는데 무리가 없을 것으로 생각된다. 제2부는 전기의 기본 지식에 대한 것으로 일반인에게는 필요 없을 수도 있는 내용이다.

일반인은 물론 전기를 전공한 사람도 전기는 어렵다고 한다. 왜 그런 공식을 사용하는지 잘 이해하지 못한 상태에서 공부하고 시험치고 하다보면 익숙해져서 그냥 식을 사용하는 경우가 많다. 그런데 생각해보면 어떤 개념이나 식을 만든 사람이 아무 이유 없이 그냥 만들었을 리는 없지 않은가?

제2부는 전기적 현상, 전기공학에서 사용하는 개념 중 제1부에 나온 것들에 대해 좀 더 깊이 있게 설명하고 있다. 제2부 역시 발명자나 발견자의 의도에 초점을 맞추고 있다. 공식의 경우 왜 그런 계산을 해야 되는지? 그 공식이 실제로 뭘 계산하고 있는 것인지? 등이 주 내용이다,

제2부는 고등학생의 수준에서 이해하기는 쉽지 않을 것이다. 공학을 전공한 사람에게는 그렇게 어렵지 않을 것이고, 전기를 전공한 사람에게는 자신의 지식을 정리하고 전기를 더 잘 이해할 수 있는 기회를 제공할 것이라고 생각한다.

컴퓨터는 어떻게 계산을 하는가? 임피던스의 정체는 뭘까? 교류 계산에는 왜 복소수를 사용할까? 전자기학에서 사용하는 수식은 뭘 계산하는 것일까? 전동기에도 여러 가지 종류가 있는데, 어떻게 회전할까? 제 2부는 이런 것들을 다루고 있다.

이 책이 더 많은 사람이 전기를 이해하게 되는 계기를 제공할 수 있으면 하는 바람이다.

2010년 6월 김 석 환

CONTENTS

제1부 전기 문명의 역사

제2부 일반인은 몰라도 되는, 전문가는 알아야 되는 것들

	1.1 정전기의 발견			
1600	길버트 '자석에 대하여' 발표			
1660	게리케 정전기 발생장치 발명			
1705	훅스비 정전기 발광 발견		1.2 정전기 연구	
1729			그레이 전기가 도체를 통해 흐름을 발견	
1745			클라이스트 축전기 발명	
1746			뮈센브르크 축전기 발명	
1752			프랭클린 연날리기 실험	
1785			쿨롱의 법칙 발견, 전기력, 자기력 측정	
1791				
1800	1.4 흐르는 전기에 대한 연구			
1809	데이비 아크등 점등			
1820	외르스테드 전류에 의한 자기, 앙페르 법칙, 비오-사바르 법칙 발표			
1821				1.7 전자석의 발명
1823	1.5 전기회로			스터전 철심 전자석 발명
1827	옴의 법칙 발표			
1829		1.6 전자기학의 발전		헨리 절연도체로 강한 전자석 제작
1831		패러데이 전자기유도 현상 발견		
1832				헨리 자체유도 발견
1833	렌츠 저항과 온도의 비례 발견	패러데이 전기분해법칙 발견		
1834		렌츠 유도법칙 발견		
1835		가우스 법칙 제안	1.10 전기 통신의 시작	
1836			쿡, 휘트스톤 5침전신기 발명	
1837			모스 전보 기계 특허 출원	
1840	줄의 법칙 발견			
1845	키르히호프 회로 법칙 제안			
1857				
1859	1.13 전기가 생활 속으로			1.11 전화기의 발명과 특허 분쟁
1860	스완 백열전구 발명			메우치 전화기 시연
1861				라이스 전화기 시연
1863				
1864		맥스웰 방정식 정립		
1866				
1867				
1870				
1871		1.19 텔레비전의 발명	에디슨 문자인쇄 전신기 특허 취득	
1873		메이 광전효과 발견		
1874				그레이 전화기 시연
1875		케리 초보적 TV 발명		
1876				벨 자석식 전화기 특허 취득
1877	에디슨 축음기 발명			
1878				에디슨 탄소 송화기 특허 취득
1879	에디슨 백열전구 발명		1.14 전력 전송의 시작	
1881	지멘스 최초의 전차 운행		골라드, 깁스 변압기 발명	
1882			에디슨 직류 발전소 운전	
1883			테슬라 유도전동기 발명	1.16 전자기파의 발견
1884		닙코프 기계식 TV 제안	1.15 교류 전력 체계의 성립	헤비사이드 맥스웰 방정식 정리
1887			경복궁 시등	
1888				헤르츠 전자기파 확인
1889	최초의 전기 엘리베이터 운행			
1893			스타인메츠 phasor 창안	
1894				
1895				
1897		브라운관 발명		
1901				1.22 레이더의 발명
1904				휠스마이어 배 충돌 경보기 발명
1906			1.26 전기시대	
1907			미국 110 kV 송전 성공	
1910	1.18 초전도의 발견			
1911	온네스 초전도 발견			
1912				그라이나흐 마그네트론 구상
1920				헐, 하반 마그네트론 발명
1924		즈보리킨 원시적 전자식 TV 발명		애플턴 전리층 존재 증명
1926		베어드 기계식 TV 발표		
1927				
1928				
1933	마이스너 효과 발견			
1935				왓슨와트 레이더 실험 성공
1938				
1939				
1945				
1946				
1948				
1954			소련 원자력 발전소 운전 개시	
1959				
1960				
1965			캐나다 735 kV 송전 성공	
1982			소련 1200 kV 송전 성공	

1600			영국 특허 세도 시작(1623)
1660			
1705			
1729			
1745			
1746			
1752			
1785		**1.3 흐르는 전기**	와트 증기기관 특허 획득(1769)
1791		갈바니 개구리 동물전기 발표	
1800		볼타 전지 발명	
1815			나폴레옹 황제 취임 (1804)
1820		**1.8 전동기의 발명**	
1821		패러데이 초보적 전동기 발명	
1823		바로우 회전차륜 발명	
1827			아라고 디스크에서 맴돌이 전류 발견(1824)
1829	**1.9 발전기의 발명**		리버풀-맨체스터 최초의 열차 운행 (1830)
1831	패러데이 원판 논문 발표	헨리 시소 운동 장치 제작	
1832	픽시 영구자석 발전기 발명	스터전 직류 정류자 전동기 발명	
1833		리치 지자계 회전 장치 발명	
1834		야코비 코일형 직류 전동기 발명	
1835			
1836	다니엘 전지 발명		
1837			
1840			
1845		**1.21 조명의 발전**	오티스 낙하방지 엘리베이터 발명 (1853)
1857		가이슬러관 발광 발견	
1859		베퀴렐 형광 발광 발견	플랑테 납축전지 발명 (1859)
1860			
1861	**1.12 발전기의 발전**		
1863	와일드 이중형 발전기 발명		
1864	지멘스, 와일드, 휘트스톤 잔류 자계 이용		
1866	발전기 발명		
1867	그람 전류 맥동 적은 발전기 발명		
1870	파치노티, 그람 발전기 발표		르클랑셰 건전지 발명 (1868)
1871			
1873			
1874			크룩스관 발명 (1874)
1875			
1876		야블로치코프 전기촛불 발명	
1877			
1878			
1879			
1881			
1882	**1.17 무선 통신과 진공관의 발명**		
1883	에디슨 백열전구 열전자 방출 발견		
1884			
1887			
1888			
1889			
1893			
1894	테슬라 무선 송신기 발명		
1895	마르코니 무선통신 발명		플레밍의 법칙 발표 (1895)
1897			톰슨 전자 발견 (1897)
1901	마르코니 대륙간 무선통신 성공	휴잇 수은등 특허 취득	
1904	플레밍 2극 진공관 발명		
1906	페센덴 소리 무선 송신 성공		
1907		에디슨 형광등 특허 취득	밀리컨 전자의 전하량 측정 (1909)
1910		클로드 네온등 발명	
1911			
1912			1차 세계대전 (1914~1918)
1920			
1924			
1926			
1927	**1.20 영주와 소작농**	마이어 등 수은 자외선등 특허 취득	
1928	판즈워스 전자식 텔레비전 발명		
1933	암스트롱 FM 방식 발명		나치가 독일을 장악
1935			
1938	**1.23 전쟁이 끝나고**	인맨 형광등 상용화	
1939	아타나소프, 베리 ABC 컴퓨터 제작		2차 세계대전 발발 (1939)
1945	스펜서 전자레인지 발명		2차 세계대전 종전 (1945)
1946	ENIAC 완성	**1.24 트랜지스터의 발명**	
1948		트랜지스터 발명	
1954	**1.25 집적회로(IC)의 발명**		SONY 트랜지스터 라디오 발매 (1955)
1959	킬비 최초의 집적회로 완성		
1960		강대원, 아탈라 MOSFET 발명	
1965	위들러 OP-AMP 집적화 성공		
1982			

01

| 제1부 |

전기 문명의 역사

1.0 전설 시대

인류가 처음 접한 전기는 아마 번개였을 것이다. 옛날 사람들은 번개가 무엇인지를 궁금해 하기보다는 무서워하기만 했던 것으로 보인다. 문명이 점점 발달되고 많은 사람들이 도시에 모여 살게 된 이후에도 여전히 천둥 번개는 무서운 대상일 뿐이었던 것 같다.

반면에 자석(magnet)은 사람들이 가장 신기하게 생각한 대상 중 하나였다. 자석의 발견에 대해서는 여러 가지 전설이 전해온다. 마그네시아(Magnesia)라는 섬은 쇠붙이를 당기는 힘이 있어서 지나가는 배가 끌려간다는 전설도 있고, 소아시아의 마그네스(Magnes)라는 양치기가 철이 붙는 신기한 돌을 발견했다고도 한다. 그 외에도 여러 가지 전설이 전해오고 있다.

정확한 사실은 알 길이 없지만 한 가지 분명한 것은 인류는 아주 오래 전부터 자석이라는 것을 알고 있었다는 것이다. 위에서 이야기한 전설은 고대 그리스의 문헌에 기록되어 있는 것들인데, 고대 그리스는 사회나 인간 뿐 만 아니라 자연 현상에 대한 관심도 큰 사회였고, 많은 철학자들이 자연 현상에 대한 연구를 하고 기록을 했다.

고대 그리스 사람들은 호박(琥珀)이라는 보석[1)]을 장신구로 사용했는데, 호박을 천 조각으로 문지르면 머리카락이나 작은 물체가 붙는다는 것을 알게 되었다. 사람들은 호박에 신비한 힘이 있다고 생각했는데, 어떤 사람은 마법의 돌이라고 생각하고 부적처럼 몸에 달고 다니고

호박 (amber)

1) 정확히 말하면 보석(寶石)은 아니고 송진 등의 수지가 굳어져서 만들어진 것이다. 그래서 호박 중에는 가운데 곤충이 들어 있는 것들이 있다.

어떤 사람은 무서워서 근처에 가려고 하지도 않았다고 한다.

탈레스

호박에 작은 물체가 붙는 현상은 호박을 문지를 때 정전기(靜電氣, static electricity)가 발생하기 때문인데, 고대 그리스 사람들은 정전기라는 것은 모르고 있었다. 어쨌든 이 현상을 고대 그리스 철학자 탈레스[2)]가 기원전 550년경에 기록했는데, 이것이 전기에 대한 가장 오래된 기록이다.

그 이후 2000년이 넘는 시간 동안 인류는 아무것도 더 알아내지 못했다. 호박을 문지르면 작은 물체를 끌어당긴다는 것이 전기에 대해 알고 있는 전부였다. 자석은 서로 밀거나 당기고 남북을 가리킨다는 것은 알았지만, 호박이 물체를 끌어당기는 현상과 자석이 쇠를 끌어당기는 현상이 같은 현상인지 다른 현상인지도 알지 못하고 있었다.

1.1 정전기의 발견

탈레스로부터 2000년 후인 16세기 말에 길버트[3)]는 호박을 문지를 때 생기는 현상이 자석이 쇠를 당기는 것과는 다르다는 것을 알아냈고, 호박을 뜻하는 그리스어 'elektron' 이라는 단어를 변화시켜 'electrica' 라는 이름으로 불렀다.[4)]

이 이름은 길버트가 쓴 책인 "*De Magnete* (자석에 대하여)"에 나오는데, 라틴어

2) Thales (Θαλςς, BC.624~546, 고대 그리스) 만물의 근원은 물이라고 한 철학자. BC 585년의 일식을 예견하였고, 막대기와 그림자를 이용하여 피라미드의 높이를 측정했다고 한다. 원 지름의 원주각이 직각이라는 '탈레스의 정리'를 증명했다. 별을 보며 걷다가 우물에 빠지는 것을 본 하녀가 하늘의 이치만 보고 바로 앞의 우물은 못 본다고 비웃었다는 이야기의 주인공이다.
3) William Gilbert (1544~1603, 영국) 자기학(磁氣學)의 아버지라고 불린다. 원래 직업은 의사이다.
4) 전기를 뜻하는 영어의 electricity, 불어의 électricité, 독일어의 Elektrizität, 이탈리아어의 elettricita, 스페인어의 electricidad 등의 어원이다.

로 쓰인 이 책은 갈릴레이, 케플러, 데카르트 등 많은 당시의 학자들에게 영향을 준 책이다.

*De Magnete*의 표지

그러나 책 제목에서도 알 수 있듯이 길버트는 정전기를 중요한 주제로 취급하지 않았고, 자석에 더 관심을 가졌다. 자극을 N 극, S 극이라고 명명하고 지구가 하나의 큰 자석이라는 것을 보이기 위해 지구 모양의 자석을 만들어 지구 위에 있는 나침반이 남북을 가리키는 것을 보이기도 했다. 그는 나침반의 N 극 바늘이 수평보다 약간 아래를 가리키는 것을 알아내고, 지구가 자석이기 때문에 자침이 땅 속을 가리키는 것이라고 했다.

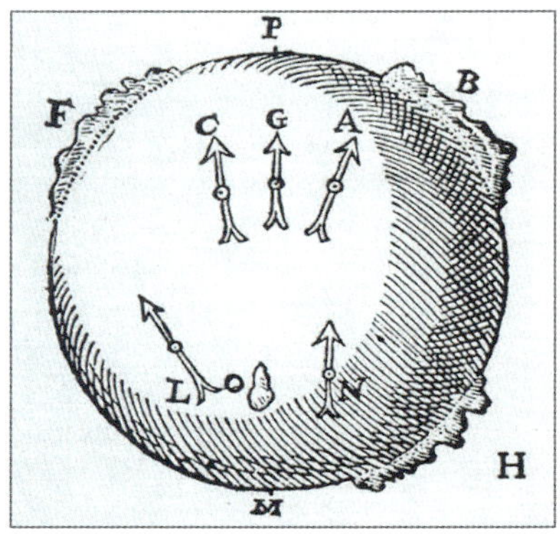

길버트의 지구 모양 자석. 돌기는 산을 나타낸다.

길버트는 지구가 하나의 큰 자석이라고 했다. 그렇다면 다른 천체도 아마 자석일 것이고 천체가 서로 당기고 있는 힘은 자력(磁力)에 의한 것이라고 생각할 수도 있다.[5] 그 당시 많은 사람들이 그런 생각을 했는데, 그 중 게리케[6]는 지구를 구성하는 광물과 비슷한 성분으로 된 공 모양 자석을 만들어 길버트의 실험을 발전시켜 보려고 했다. 마찰시켰을 때 생기는 힘이 자력이라고 생각했는지는 모르지만, 게리케가 택한 방법은 마찰을 시키는 방법이었다.

5) 뉴턴의 만유인력의 법칙은 그로부터 23년 후인 1687년 발표되었다.
6) Otto von Guericke (1602~1686, 독일) 구리 구(球)의 공기를 빼서 진공을 만들고, 공기를 빼기 전후의 무게 차로부터 공기의 무게를 산출하고, 공기 중에서 물체에 부력이 작용한다는 것을 보였다. 기압계를 발명했고, 진공 속에서의 소리와 빛의 전파현상 등을 연구했다. 1654년 대기압의 세기를 보인 마그데부르크의 반구(半球) 실험은 실험적 방법을 확립했고, 보일 등에 의한 기체역학의 기초가 되었다.

게리케의 정전기 발생장치 실험

지구를 구성하는 광물이 뭔지 정확히 알지도 못했지만, 아무 광물이나 다 자유자재로 다룰 기술도 없었기 때문에 게리케는 쉽게 다룰 수 있는 광물인 황(S)으로 구를 만들었다. 유리로 구를 만들고 황을 녹여서 유리구 속에 붓고 황이 굳은 다음 유리를 깨어내면 황으로 만든 구가 된다. 황으로 만든 구에 축을 끼워서 돌리면 천체의 회전을 흉내 내는 장치가 된다. 회전시키면서 천으로 구를 문지르고 나니 구는 작은 물체들을 끌어당겼다. 1663년의 일이다.

끌어당기는 이유는 황으로 만든 구에 정전기가 생기기 때문인데, 게리케는 그것을 모르고 있었다. 어쨌든 그는 광물로 만든 구를 사용해서 밀거나 당기는 힘을 발생시키는데 성공했다. 그러나 가끔 불꽃이 튀는 이유가 무엇인지는 설명하지 못했다. 게리케는 자신이 만든 장치가 정전기를 발생시키는 장치라는 것을 모르고 있었지만, 지금은 그의 장치를 최초의 정전기 발생 장치라고 부르고 있다.

그 후 많은 과학자들이 비슷한 연구를 했지만, 황을 채우지 않고 유리구만 사용해도 같은 현상이 일어난다는 것을 안 것 이외의 뚜렷한 성과 없이 시간은 계속 흐르고 있었다. 게리케가 정전기 발생 장치를 만든 지 30년 후인 1705년, 혹스비[7)]는 기압계로 실험을 하던 중 재미있는 현상을 발견했다.

그 당시의 기압계는 진공으로 된 유리관에 수은을 조금 넣은 구조로 되어 있었다. 어느 날 혹스비는 어두운 곳에서 기압계를 흔들다가 유리관 속에서 약한 빛이 발생하는 것을 보았다. 여러 번 다시 해 본 후 그는 그 빛은 수은이 유리에 마찰되면서 발생된다는 것을 알게 되었다.

7) Francis Hauksbee (1666~1713, 영국) 왕립 학회의 실험 책임자였다.

더 강한 빛을 만들려면 더 강하게 마찰을 시켜야 할 것이라고 생각한 혹스비는 게리케의 방법을 사용하기로 했다. 그래서 유리로 구를 만들고, 수은을 조금 넣은 상태에서 유리구 속을 진공으로 만들었다. 그리고 그림과 같은 장치를 만들어서 게리케가 했던 것처럼 돌리면서 마찰시켰다.

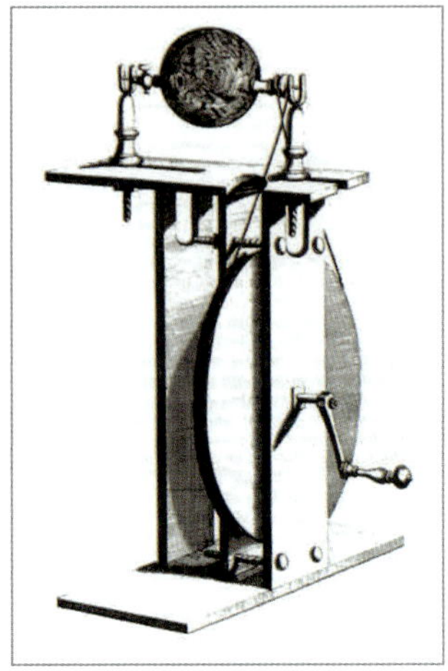
혹스비의 정전기 발생장치

그 상태에서 유리구에 손을 대면 유리구 속에 번개 비슷한 모양의 빛이 생긴다. 지금은 장식용으로 사용되는 plasma globe는 이 원리를 이용한 것이다. 수은등, 네온등 등도 이 원리를 응용하여 만든 것이다.

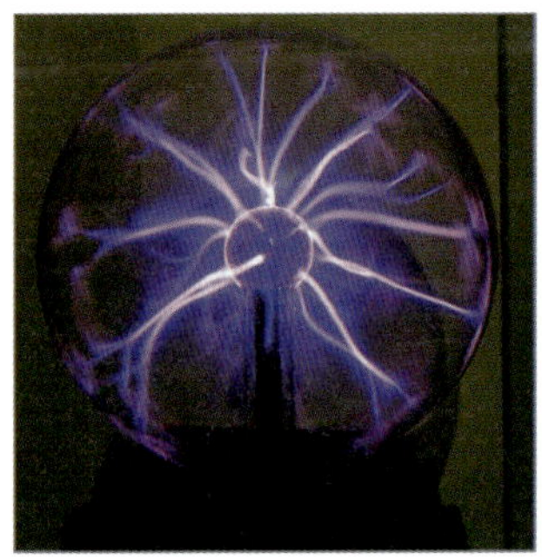
plasma globe

방전 때 생기는 불꽃은 그 당시의 많은 과학자들의 관심을 끌었지만 원인을 규명하지는 못했고, 정전기의 정체는 아직 밝혀져 있지 않은 상태였다. 정전기에 대한 연구는 그로부터 24년 후에야 본격적으로 시작되었다.

1.2 정전기 연구

1729년 염색 기술자인 그레이[8]는 실을 묶어둔 관을 문지르면 묶인 실이 옆에 있는 종잇조각과 붙는 것을 보게 되었다. 흥미를 가진 그레이는 정전기 발생 장치를 사용해서 여러 가지의 실험을 하게 되었다. 그래서 그는 전기가 실을 따라 멀리 떨어진 곳까지 전달될 수 있다는 것을 알아냈는데, 실이 적당한 물질로 만들어지

8) Stephen Gray (1666~1736, 영국) 인체도 도체라는 것을 밝혀내기도 했다.

면 전달되고, 물질이 적당하지 않으면 새 나간다는 것을 알았다.

그레이는 삼베 실로 150m 거리까지 전기를 보낼 수 있었는데, 금속선을 사용하면 더 멀리까지도 보낼 수 있었다. 단, 금속선이 땅이나 다른 물체에 직접 닿으면 안 되고, 삼베 실 같은 것으로 매달아야만 전달이 되었다. 그리고 그는 가까운 곳에 전기를 띤(帶電) 물체가 있으면 다른 물체도 전기를 띠게 된다(정전기 유도 현상)는 것도 알아냈다.

그레이는 이런 식으로 여러 가지 물질로 실험을 해본 결과 물질 중에는 전기를 잘 띠는 물질이 있고 잘 띠지 않는 물질이 있다는 것을 알게 되었다. 그 당시는 전류라는 것이 있다는 것을 몰랐기 때문에 도체, 부도체라는 개념은 없었지만, 그레이는 금속 같은 물질이 전기를 잘 띠지 않는 이유는 전기를 퍼뜨리는 성질이 있기 때문이며, 그렇기 때문에 금속으로 실을 만들면 전기가 더 멀리까지 간다고 생각했다.

즉 부도체는 전기를 잘 전달하지 못해서 전기를 띠고 있게 되는 물질이고 도체는 전기를 잘 전달하므로 전기를 띠고 있지 않는다는 것이다.

그레이는 어떤 성질을 가진 실이 전기를 얼마나 잘 전달할 수 있는지를 밝혀내지는 못했다. 그러나 그의 실험은 정전기 단계에서 진일보한 것으로, 전기가 선을 타고 움직일 수 있다는 것을 보여준 최초의 실험이라는 의의가 있다. 한 가지 재미있는 것은 그 당시 많은 사람들이 전기를 얼마나 잘 전달하는지는 실을 만든 물질의 색깔에 따라 정해질 것이라고 생각했다는 것이다.

뒤페

그 이후 뒤페[9]가 정전기에는 두 가지 종류가 있다는 것과, 같은 종류의 전기를 띤 물체는 밀어내고 다른 종류의 전기를

9) Charles François de Cisternay du Fay (1698~1739, 프랑스) 군인으로 활동하다 자연과학 연구로 전향하여 파리 왕립식물원장을 역임하기도 했다.

띤 물체는 끌어당긴다는 것을 알아냈다. 그는 두 종류의 전기를 '유리 전기(vitreous)'와 '수지 전기(resinous)'라고 이름 붙였다. 마찰 시킬 때 유리에 남는 전기는 '유리전기'라 부르고, 수지(호박 등)에 남는 전기는 '수지전기'라고 부른 것으로 음양의 개념은 아니었다. 두 가지 물질이 있다고 생각한 것이다.

그 이후 게리케의 정전기 발생 장치를 발전시킨 장치들이 많이 만들어졌는데, 주로 유리구나 유리 원통을 사용하여 만들어졌다. 시간이 지나면서 점점 더 강한 정전기를 발생시키는 장치가 만들어지고,[10] 정전기의 존재도 조금씩 인식되기 시작하였다. 그리고 점점 더 다양한 실험이 가능해졌지만 학문적인 연구라고 하기보다는 호기심 충족의 수준이었다.

그 당시 전기는 사람들에게 짜릿함을 주는 용도나 통증을 줄이는 용도로 주로 사용되었다.[11] 많은 사람들이 감전의 짜릿함을 즐겼다고 하는데, 전기의 위험성에 대한 개념이 없는 때였으므로 크고 작은 사고가 많이 일어났을 것을 짐작할 수 있다.

짜릿한 키스를 하게 해주는 장치

어쨌든 정전기는 당시 상당한 인기를 누리고 있었다. 그러나 정전기 발생장치는 상당히 덩치가 큰 '기계'였으므로 그 기계가 설치된 곳에서 사용해야 했고, 다른 곳에서 사용하려면(즐기려면) 기계를 운반해야 되는 불편함이 있었다. 그러다보니 전기를 저장하여 들고 다닐 방법이 없을까 생각하

10) 정전기 발생 장치는 이후에도 오랜 기간 동안 발전했는데, 그 중에도 커스버트슨 (John Cuthbertson, 1743~1821, 영국)이 1780년대에 설계한 서로 반대 방향으로 회전하는 유리판을 이용한 정전기 발생 장치는 강력한 것으로 유명하다.

11) 우리나라에는 100년 정도 후에 들어왔는데, 1827년 실학자인 이규경(李圭景, 1788~1856, 조선)이 일본에서 수입한 뇌법기(雷法器)에 대한 소개를 한 적이 있다. 유리 공을 슬슬 돌려주면 번쩍번쩍 불꽃을 내는데, 불꽃을 유리병에 보관할 수도 있다고 했다. 이 불을 이용하여 고질병을 고칠 수도 있다고 했는데, 당시 일본에서는 의료기구로 널리 판매되고 있었다.

는 사람들이 생겨났다.

1745년 클라이스트[12]는 전기를 담을 수 있는 병을 만들려고 했다. 클라이스트의 생각은 병에 물을 담고 금속을 통해서 물 속에 전기를 녹여 넣은 다음 전기가 날아가지 못하게 (증발하지 못하게) 코르크로 병을 막는 것이었다. 그래서 병에 물을 담고 코르크 마개로 병을 막을 다음 코르크 마개에 긴 못을 꽂아서 못 끝이 물에 닿게 했다. 이 상태에서 정전기 발생장치로 만든 전기를 못을 통해 흘려 넣고 못을 뽑아 올렸다.

이렇게 해도 아무 일도 일어나지 않자, 클라이스트는 전기를 더 잘 보관하기 위해 유리병의 안팎에 금속을 입히고 다시 시도해 보았다. 전기를 흘려 넣고 못에 손을 대는 순간 클라이스트는 감전되어 뒤로 자빠졌다. 드디어 전기를 담는데 성공한 것이다.

클라이스트가 전기를 병에 담았다는 소문이 퍼졌고 다른 사람들도 같은 실험을 해 보았지만 전기는 저장되지 않았다. 왜 클라이스트가 하면 되는데 다른 사람이 하면 안 되는지 의견이 분분했다.

1년 뒤인 1746년, 라이덴 대학에 있던 뮈센브루크[13]가 그 이유를 밝혀냈다. 뮈센부르크가 알아낸 것은 전기를 병에 넣을 때 병을 손으로 잡고 있어야 전기가 병에 담긴다는 사실이다. 클라이스트가 성공한 것은 클라이스트의 실험실이 환경이 열악해서 전기를 병에 넣을 때 병을 손으로 잡고 있어야 하기 때문이었다. 아마 다른 사람들은 실험실 사정이 좋아서 병을 세워두고 전기를 흘려 넣을 수 있는 여건이 되었던 모양이다.

뮈센브루크

12) Edwald Georg von Kleist (1700~1748, 독일) 법률가, 루터교회 성직자, 물리학자.
13) Pieter van Musschenbroek (1692~1761, 네덜란드) 실험 물리학자. 라이덴병을 만들었을 때 라이덴 대학의 대학원생이었다. 영국에서 활동할 때 만난 뉴턴의 역학을 네덜란드에 소개했다.

그리고 뮈센부르크는 또 한 가지 클라이스트가 허탈해 할 만한 사실을 알아냈는데, 그것은 병에 물을 채울 필요가 없다는 것이다. 물을 채우지 않더라도 못이 금속에 닿게 하면 전기를 저장할 수 있었던 것이다. 이렇게 해서 만들어진 것이 오늘날 라이덴병(Leyden jar)이라 부르는 것으로, 최초의 축전기[14]이다.

라이덴병

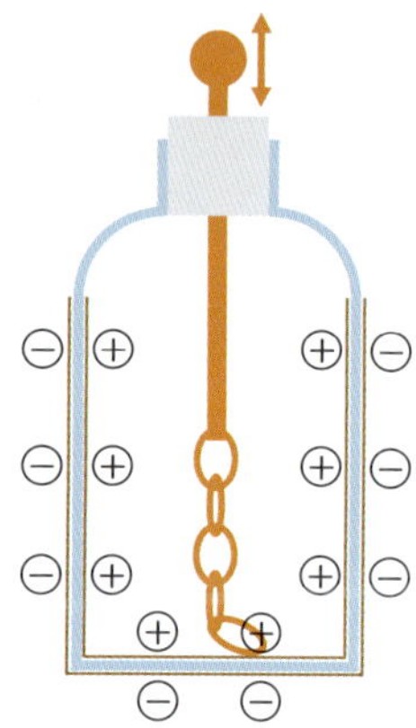

라이덴병의 구조

라이덴병은 위의 그림과 같이 유리병 안팎에 금속을 입히고 코르크와 같은 절연물질로 만든 뚜껑에 구멍을 뚫어 금속 봉과 금속 사슬을 단 구조로 되어 있다. 금속 봉을 내리면 사슬이 바닥에 닿고 금속 봉을 올리면 사슬이 바닥에서 떨어지게 된다.

사슬이 바닥에 닿은 상태에서 봉을 정전기 발생 장치로 대전(帶電, 전기를 띠게 만드는 것)시키면, 병 안쪽이 대전되고 바깥쪽은 반대 극으로 대전된다. 이 때 손으로 병을 잡아서 전기가 빠져나가거나 들어올 수 있어야 바깥쪽이 대전될 수 있다.[15]

봉을 들어 올려 사슬이 바닥에서 떨어지게 하면 대전된 상태가 유지되면서 전기가 저장된다. 안과 밖이 반대 극으로 대전되어 서로 당기고 있으므로 전기가 새어

14) 蓄電器. 커패시터(capacitor). 전기를 저장하는 장치라는 뜻이다. 콘덴서(condenser)라고 부르기도 한다.
15) 손으로 잡는 것은 접지(接地)를 하는 것이다. 즉, 손으로 잡지 않더라도 전선으로 땅이나 수도관 등에 연결해도 된다.

나가지 않고 저장되는 것이다.

그리고 여러 가지 실험을 해 본 결과 유리병에 바른 금속의 면적이 클수록 더 많은 전기가 저장된다는 알았다. 그리고 유리병의 두께가 얇을수록, 즉 안과 밖 금속 사이의 거리가 가까워질수록 더 많은 전기가 저장된다는 것도 알았다.

금속의 면적이 크면 더 많은 전기가 저장된다는 것은 당연하다고 생각할 수 있지만 금속 사이의 거리가 짧으면 더 많은 전기가 저장되는 것은 쉽게 이해가 되지 않았다.

지금은 유리가 얇으면 두 전하[16)]사이의 거리가 짧아지므로 커패시턴스[17)]가 커지고, 그래서 더 많은 전하를 저장할 수 있다는 것을 알고 있지만 그 당시는 그 이유를 정확히 알지 못했다.

이유는 정확히 몰랐지만 어쨌든 점점 더 많은 전기를 저장할 수 있는 기술은 개발되었다. 나중에는 라이덴병에 저장시킨 전기로 작은 동물을 감전시켜 죽일 수 있을 정도였다고 한다.

그 당시에는 전기가 사람들에게 짜릿함을 주는 목적으로 사용되었는데, 라이덴병에 의해 더 강하면서도 들고 다닐 수 있는 전기를 만들 수 있게 되자, 장난의 규모도 점점 커져갔다. 그 때 유럽 전역에 라이덴병으로 사람을 놀라게 한다든지 불꽃을 내는 공연을 하며 돌아다니는 '유랑 곡마단' 비슷한 것이 유행했다고 한다.

놀레[18)]는 많은 사람을 한꺼번에 감전시키는 실험을 구상했다. 수도원장이었던 그는 200명의 수도사들을 손잡고 둘러서게 한 다음 제일 바깥의 두 명에게 라이

16) 電荷, electric charge. 전기의 근원을 부르는 개념적인 말. 양전하와 음전하가 있는데 전하가 모여 있는 것이 정전기이고 전하가 이동하는 것이 전류이다.

17) Capacitance. 정전용량(靜電容量) 축전기에 전기를 저장할 수 있는 양을 나타내는 것으로, 평행판 축전기의 경우 판의 면적이 넓을수록 커지고 두 판의 간격이 작을수록 커진다. 자세한 것은 "2.14 커패시턴스와 전압 변화"를 참고.

18) Abbe Jean Antoine Nollet (1700~1770, 프랑스) 성직에 종사하다가, 자연과학의 실험 연구에 흥미를 느껴 연구로 전향했다. 1747년 삼투현상을 발견했고 마찰전기도 연구하여 전위계를 제작하였다.

덴병의 양 극에 손을 대라고 했다. 손을 대는 순간 200명 모두가 동시에 깜짝 놀라며 뒤로 자빠졌다. 놀레의 입장에서는 재미있는 장난이었겠지만, 한 번 당한 수도사들은 다시는 하지 않으려 했다.

놀레

그러나 이런 것이 소문이 나지 않을 리가 없다. 소문은 금방 퍼져서 프랑스 왕인 루이 15세의 귀에 까지 들어갔고 놀레는 또 한 번 대형 장난을 할 수 있는 기회를 잡게 되었다. 베르사이유 궁전 앞에서 루이 15세와 신하들이 지켜보는 가운데 180명의 근위병들을 서로 손을 잡고 둘러서게 하고 라이덴병으로 감전을 시킨 것이다.

깜짝 놀라 뒤로 자빠지는 병사들의 모습을 보면서 왕이 "병사들이 이렇게 재빠르게 동작하는 건 처음 봤다"라고 말하며 즐거워했다고 한다. "라이덴병"이라는 이름도 놀레가 붙인 것으로 알려져 있다.

라이덴병에 대한 소문은 미국까지 갔다. 미국에서 정치가로 활동하고 있던 프랭클린[19]이 라이덴병에 대한 이야기를 듣고 영국에 있는 친구에게 하나 보내 달라고 부탁을 했다. 라이덴병을 본 프랭클린은 전기에 대해 흥미를 가지게 되고 40의 나이에 전기에 대한 연구를 시작하게 되었다. 그리고 46세 되던 1752년 비오는 날 연을 날려 번개로 라이덴병을 충전시키는 방법으로 번개가 전기임을 입증했다.

프랭클린

이 실험은 정말 위험한 실험이었다. 조금만 운이 나빴다면 그는 아마 '벼락 맞아 죽는' 운명이 되었을 것이다.[20] 그 당시는 전기에 대한 지식이 별로 없었고, 특히

19) Benjamin Franklin (1706~1790, 미국) 계몽 사상가이며 정치인으로 '미국 건국의 아버지' 중 한 명이다. 피뢰침, 다초점 렌즈 등을 발명하였다. 달러화 인물 중 대통령이 아닌 인물은 해밀턴(10달러)과, 프랭클린(100달러) 두 명뿐이다. 다방면에 박식하여 미국의 레오나르도 다빈치라 불리기도 한다.

20) George Wilhelm Richmann(Георг Вильгельм Рихман, 1711~1753, 러시아)은 이와 유사한 실험을 하다가 사망했다.

캐번디시

미국은 유럽에 비해 뒤떨어져 있었기 때문에, 얼마나 위험한지를 몰랐던 것 같다. 그러나 어쨌든 그는 죽지 않고 실험에 성공했고 결국 피뢰침(lightning rod)을 발명하여 수많은 사람의 목숨을 건지게 된 것이다.

이렇게 대중들 사이에 전기의 인기가 높아져 가는 가운데 학자들은 정량적인 연구에 관심을 가지게 되었다. 가장 먼저 관심을 둔 것은 두 전하 사이의 힘이 거리에 따라 어떻게 변하느냐 하는 것이었다. 캐번디시[21]등 여러 과학자들이 연구하여 전하 사이의 밀거나 당기는 힘은 중력과 마찬가지로 전하 사이의 거리의 제곱에 반비례할 것이라는 것을 짐작하고는 있었지만 그 사실을 정량적으로 입증하지는 못하고 있었다.

쿨롱

정확한 측정을 하기 어려운 이유는 힘 자체가 아주 미세하기 때문이다. 보통 사용하는 용수철저울 같은 것으로 측정하기엔 힘이 너무 작고, 작은 힘에도 움직일 수 있는 장치를 만들면 정확한 측정이 안 되었다. 이 미세한 힘을 정확히 측정하는데 성공한 사람은 쿨롱[22]인데, 1785년 은으로 만든 가느다란 철사의 비틀림을 이용하여 이 정밀한 측정을 성공하였다.

쿨롱은 아래의 그림과 같이 은으로 만든 가느다란 철사 끝에 양쪽에 공이 붙은 막대를 수평으로 균형을 잡아 매달았다. 끝에 붙은 두 공 중 하나를 대전시키고, 대전된 다른 공을 근처에 대면 대전된 공 끼리 밀거나 당기는 힘에 의해 매달린 수

21) Henry Cavendish (1731 프랑스~1810 영국) 물리학자, 화학자. 다양한 분야에 대한 실험으로 공기의 조성, 수소의 성질과 특성, 물질의 비열, 물의 조성 및 전기의 다양한 특성과 같은 현상들을 연구했다. 지구의 밀도와 질량을 측정하고 중력 상수를 구했다. 귀족이었지만 명성을 싫어하여, 사람들과 잘 만나지도 않았고, 연구 결과를 잘 발표하지 않았다.

22) Charles Augustin de Coulomb (1736~1806, 프랑스) 토목학자, 물리학자, 전기 학자. 전하량의 단위 C(쿨롱)은 그의 이름을 딴 것이다.

평 막대가 돌아가게 된다.

돌아가면서 철사가 비틀리게 되는데, 철사에는 비틀림 탄성[23)]이 있으므로 힘에 비례하는 만큼 돌아간다. 즉 비틀어져 있는 각도와 두 공 사이의 거리를 측정하면 거리와 힘의 관계를 알 수 있는 것이다.

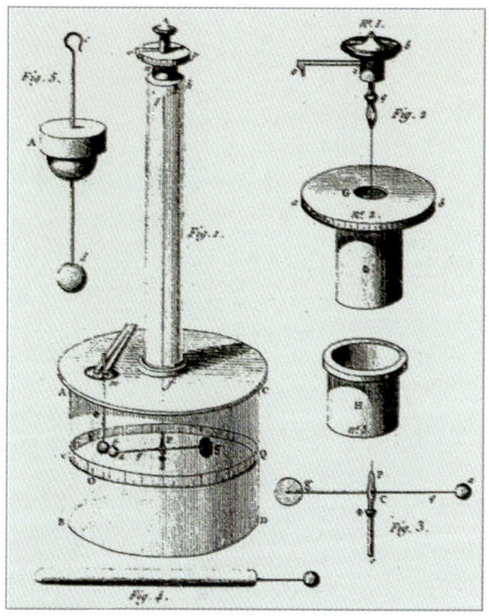

쿨롱의 비틀림 저울. 저서인 "전기와 자기에 관한 연구"에 있는 그림.

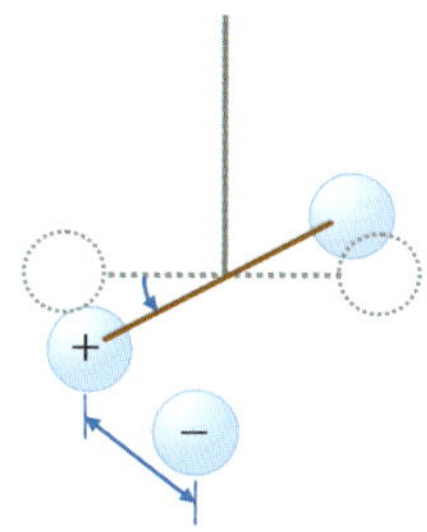

비틀림 저울의 동작 원리

쿨롱은 똑 같은 금속 공을 여러 개 만들었다. 공 하나를 정전기 발생 장치로 대전시키고 (전기를 띠게 만들고) 대전이 되지 않은 공을 대전된 공에 접촉시키면 두 공은 전하를 반씩 가지게 될 것이다. 1/2 전하를 가진 공에 대전되지 않은 공을 접촉시키면 공의 전하량은 처음의 1/4이 된다. 이렇게 하면 원래 전하량의 1, 1/2, 1/4, 1/8, 1/16, ...가 되는 공을 만들 수 있다.

이런 방법으로 여러 가지의 전하량을 가진 공을 만들고 위의 그림과 같이 비틀림 저울로 힘을 측정해본 결과 쿨롱은 두 공 사이의 힘은 전하량의 곱에 비례하고 두 공 사이의 거리의 제곱에 반비례한다는 것을 알게 되었다.

23) Torsional elasticity. 비틀어진 철사가 원래의 모양으로 돌아가려고 하는 성질.

전하 사이의 힘에 대한 이 법칙은 쿨롱의 법칙이라고 불린다.[24] 쿨롱은 같은 방법으로 전기뿐 아니라 자기의 경우에도 밀거나 당기는 힘이 거리의 제곱에 반비례한다는 것을 증명할 수 있었다. 쿨롱의 법칙은 2.1 에서 설명한다.

1.3 흐르는 전기

와트

18세기 말은 1765년 와트[25]가 증기기관을 발명한 것이 계기가 되어 산업혁명[26]이 일어나고 있던 시기로, 사회적으로 큰 변화가 있는 시기였는데, 과학 기술에 대한 관심이 높았던 시기이기도 하다. 정전기에 대한 연구도 여러 사람들이 진행하고 있었고, 정전기를 이용해 보려는 시도도 많이 이루어지고 있었다. 그에 따라 전기에 관한 지식도 점점 넓어져 가고 있었는데, 전기에 관련된 중요한 발견은 다소 엉뚱한 곳에서 나왔다.

1780년 갈바니[27]는 죽어있는 개구리 다리를 해부하던 중 수술 칼을 댈 때 개구리 다리의 근육이 움찔거리는 것을 발견했다.[28] 여러 가지 실험을 해 보고 난 후 그는 생체 속에는 전기가 있고 이 전기가 근육을 움직이는 데 사용된다는 결론을

24) 캐번디시가 먼저 발견했지만 발표하지 않았다.
25) James Watt (1736~1819, 영국) 기계 기술자. 압력계 발명, 마력(馬力)의 단위에 의한 동력의 측정 등의 업적도 있다. 일률의 단위인 W(와트)는 그의 이름을 딴 것이다.
26) Industrial revolution. 18세기 중엽부터 19세기까지 영국에서 시작된 기술의 혁신에 의해 일어난 사회 경제적인 변혁. 산업혁명이라는 말은 아놀드 토인비(Arnold Joseph Toynbee, 1889~1975, 영국의 역사학자)가 처음 사용했다.
27) Luigi Galvani (1737~1798, 이탈리아) 의학자, 생리학자, 동물학자. 1797년 새 공화국의 통치자인 나폴레옹에 대한 충성 맹세를 거부해서 교수직을 잃었다. 검류계(檢流計)를 Galvanometer라고 부르는데, 이 이름은 갈바니의 이름을 따서 지은 것이고, 갈바니가 검류계를 발명한 것은 아니다.
28) 제자들이 발견했다고 하는 사람도 있고, 건강이 나쁜 부인을 위해 특효약인 개구리탕을 끓이다가 발견했다고 하는 사람도 있다. 그 외에도 여러 가지 설이 있는데, 아무튼 이 이야기는 세계적으로 유명해졌고, 우리나라에도 1883년 11월 한성순보(漢城旬報, 1883~1884, 한자로 된 우리나라 최초의 근대 신문)에 소개된 적이 있다.

제1부 전기 문명의 역사

내렸다. 그 때까지 알려진 '수지전기' 나 '유리전기' 와는 조금 다른 형태의 '동물 전기' 가 존재한다는 것이 그의 주장이었다.

갈바니

그 당시 사람들은 전기가 물질이라고 생각하고 있었다. 갈바니의 주장은 동물은 뇌에서 전기를 만드는데, 이 전기가 온몸의 근육에 흘러 들어가 저장되어 있다가 근육을 움직일 때 사용된다는 것이다. 죽은 근육이 움찔거리는 것으로 봐서 근육 속에 전기가 저장되어 있는 것은 틀림없는데, 몸의 모든 근육이 전기를 생산하는 것으로는 생각되지 않았던 것이다.

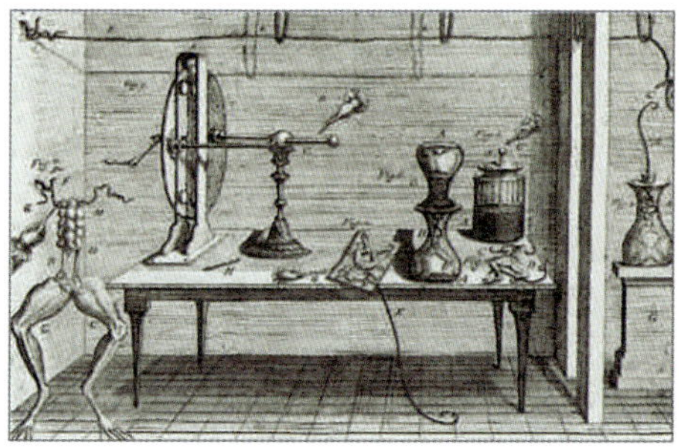
갈바니의 실험실

이 발견으로 갈바니는 순식간에 유명해졌고 많은 사람들이 동물전기를 직접 확인해보고 싶어 했다. 그래서 많은 사람들이 갈바니와 같은 실험을 해보았는데, 사람들은 호기심을 충족할 수 있었는지 모르지만, 개구리들은 엄청난 수난을 당하게 되었다.

볼타

그런데 갈바니는 한 종류의 금속을 접촉시켜서는 움찔거리지 않고 두 가지 금속선을 이어서 접촉시킬 때는 움찔거리는 이유를 설명하지 못했다. 이 현상을 설명하고자 했던 사람은 볼타[29]였다. 그는 개구리 다리를 움직인 전기는 동물전기가 아니라 종류가 다른 두 금속을 접촉해서 일어난 것이라고 주장했다.

볼타가 자신의 가설이 맞음을 입증하기 위해서는 개구리 다리가 움직일 때 사용

29) Alessandro Giuseppe Antonio Anastasio Volta (1745~1827, 이탈리아) 물리학자. 초기에는 주로 기체의 성질을 연구했고, 나중에 전기를 연구했다. 전압의 단위인 V(볼트)는 그의 이름을 딴 것이다.

했던 두 가지 금속 사이에 동물이 아닌 것을 끼워서 전기가 발생됨을 보여야 된다. 그러나 볼타는 그 방법으로 전기가 발생됨을 보이지 못하고 있었다.

두 이탈리아 학자 모두 자신의 가설이 맞는다는 증거를 내놓지 못하고 있었는데, 당시의 지식으로는 두 가설 모두 쉽게 받아들일 수 없는 것이었으므로 논쟁만 계속되는 상황이었다.

20년이 걸린 긴 논쟁은 1800년 볼타가 자신의 가설이 맞음을 보이는 증거를 발견하면서 끝났다.[30)] 볼타는 구리판과 아연판 사이에 소금물에 적신 천 조각을 끼운 것을 여러 층으로 쌓아올린 것을 만들어 전기를 발생됨을 보일 수 있었다. 전지를 쌓아올린 것이라고 해서 '전퇴(電堆, electric pile)' 라고 부른다. 우리말로 하면 '전기더미' 정도로 표현할 수 있을 것이다.

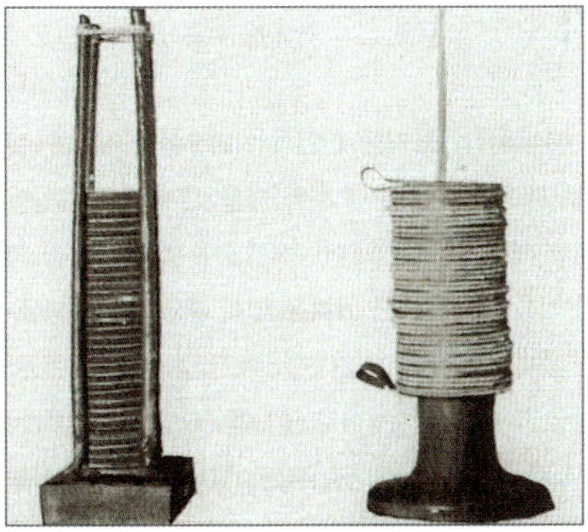

볼타 전퇴. 밀라노의 레오나르도 다빈치 국립과학기술 박물관 소장품.

볼타가 20년 동안 실패했던 이유는 발생되는 전기가 너무 약해서(전압이 낮아서)였다. 그 당시는 측정 장치는 고사하고 전기가 뭔지도 모를 때였다. 손으로 만져보는 것이 전기가 있는지를 알아보는 거의 유일한 방법이었는데, 여러 층으로 쌓아올리지 않으면 느낄 수 있을 정도의 전압이 되지 않았던 것이다. 지금의 개념으로 말하면 직렬연결을 해서 전압을 높이는 방법으로 성공한 것이다.

볼타는 이것으로 전기를 발생시킬 수 있다는 것을 보여 자신의 주장이 맞음을 입증하였고, 갈바니와의 논쟁은 볼타의 승리로 마무리되었다. 그러나 볼타는 어떤 원리에서 전기가 발생되는지를 알지는 못했다.

30) 갈바니와 볼타는 논쟁의 처음부터 끝까지 신사적인 행동을 유지하고 서로를 존중했다. 그래서 이 두 사람의 논쟁을 과학적 논쟁의 모범이라고 말한다.

전퇴는 '논쟁에서 이길 수 있는 증거' 정도의 의미가 아닌, 역사적으로 아주 중요한 의미가 있는 발명품이다. 그때까지의 전기를 만드는 장치는 모두 정전기를 만드는 장치였는데, 방전시키면 불꽃을 내면서 저장된 전기가 순간적으로 사라져 버리게 된다. 그런데 전퇴는 전기를 계속 흘릴 수 있는 것이기 때문에 인류가 정전기의 수준에서 벗어나서 흐르는 전기를 이용할 수 있게 되는 첫걸음이 된 중요한 발명이라고 할 수 있다. 즉 '전류'를 발명한 것이다.

이 전퇴의 원리를 이용해서 더 오래 사용할 수 있도록 만든 것을 볼타전지(Volta cell)라고 한다. 볼타 전지는 묽은 황산 수용액 속에 구리와 아연을 담근 구조로 되어 있다. 볼타는 그 원리를 모르고 있었지만, 볼타 전지는 물질의 성질인 이온화 경향에 의해 1.1 V 전압의 전기를 발생시킨다. 볼타 전지에 대한 것은 "2.2 볼타 전지에서 건전지까지"에서 설명한다.

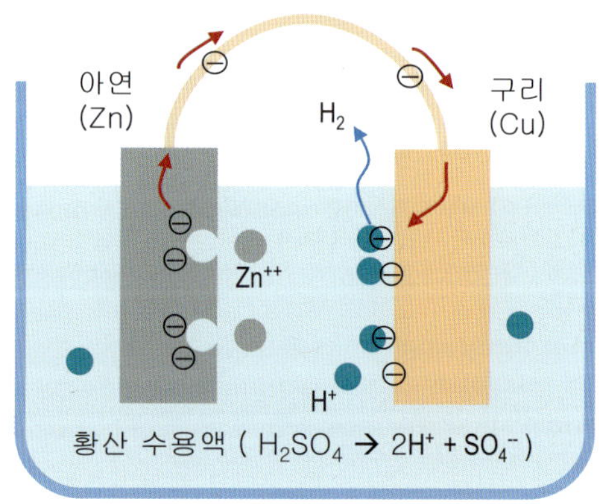

1.4 흐르는 전기에 대한 연구

전지가 발명되면서 전기라는 것은 가만히 저장되어 있다가 불꽃을 내며 사라지기만 하는 것이 아니고, 긴 시간 동안 흐를 수 도 있다는 사실이 밝혀졌다. 그리고 전류를 이용하기 위한 연구뿐만 아니라 전기의 본질이 무엇인지를 밝히기 위한 많은 연구가 진행되었지만 명확히 밝혀진 것은 없고 의견이 분분한 상태가 계속되었다.

그 당시 가장 뜨거웠던 논쟁은 전류가 한 가지 물질의 흐름인지 두 가지 물질의 흐름인지 하는 것이었다. 전류를 모르던 시대에 뒤페가 전기에는 두 가지가 있다고 생각했다는 것은 앞에서 설명한 적이 있다. (1.2 정전기 연구) 그 때는 정전기밖에 몰랐기 때문에 두 물질이라고 생각한 것이 전혀 이상하지 않았다.

그러나 두 물질이라고 생각하면 전류가 잘 설명되지 않는다. 두 물질이라고 하면 “어떻게 두 물질이 항상 반대 방향으로 정확히 같이 움직일 수 있나?” 하는 의문에 대해 답하기 어려운 것이다.

한 물질이라고 생각하면 정전기가 두 가지 종류가 있다는 것이 설명하기 어렵고, 두 물질이라고 생각하면 전류를 설명하기 어려웠던 것이다. 지금은 전류란 전자의 흐름이라는 것을 알고 있으므로 이 논쟁이 우습게 보일지 모르지만, 이것은 전자가 발견되기 100년 전의 이야기이다.

많은 학자들이 이 논쟁에 참가했는데 두 가지 물질의 흐름이라고 주장한 대표적인 사람은 놀레이고, 한 가지 물질의 흐름이라고 주장한 대표적인 사람은 프랭클린이다.

프랭클린은 전기는 한 가지 물질에 의한 것인데, 이 물질이 남으면 양의 정전기, 모자라면 음의 정전기가 되고, 이 물질이 움직이면 전류가 되는 것이라고 했다. 그리고 전기의 양과 음을 정하고 전류란 이 한 가지 물질이 양에서 음으로 움직이는 것이라고 설명했다.

그 이후 캐번디시를 비롯한 여러 학자들에 의해 프랭클린의 가설이 맞는 것으로 확인되었다. 그로부터 100년 후 전자가 발견되었는데, 불행히도 전자가 움직이는 방향이 프랭클린이 말한 것과는 반대 방향이었다. 그렇다고 100년 동안 쌓아올린 모든 체계를 다 바꿀 수는 없는 곤란한 상황이 되었다.

그래서 찾아낸 묘안이 전자가 띠고 있는 전기를 음(−)이라고 부르는 것이었다. 만약 프랭클린이 전기의 흐름을 반대로 잡았다면(확률은 50% 이었다), 지금의 과학 책에 "원자핵은 - 전기를, 전자는 + 전기를 띠고 있다"라고 되어 있을 것이다.

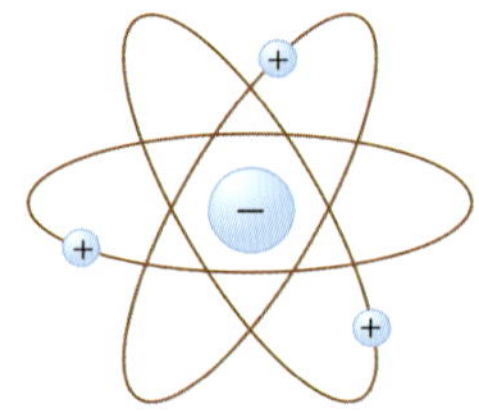

몇몇 학자들이 전기의 근본이 한 가지 물질이냐 두 가지 물질이냐 하는 다소 철학적인 논쟁을 하고 있는 동안에 다른 과학자들은 볼타 전지를 사용한 여러 가지 실학적인 연구를 계속하고 있었다.1800년에 니콜슨[31]이 볼타 전지를 사용하여 물을 전기분해해서 수소와 산소를 발생시키는데 성공했고, 1807년에는 데이비[32]가 전기분해에 의해 알칼리 금속과 알칼리 토금속[33]을 분리하는데 성공했다.

데이비

이와 같이 이 시대의 전기에 대한 연구, 특히 전기를 이용한 연구는 화학자가 중심이 되어 이루어졌다. 화학자라고 해서 화학 연구만 하는 것은 아니다, 특히 이 시대는 학문의 구분이 지금보다 훨씬 적은 시대로 화학자 중심으로 전기에 관한 많은 공학적 연구도 이루어지고 있었다.

특히 데이비는 전기에 대해 관심이 많았다. 그는 전기분해보다 더 실생활에 유용한 것을 만들기 위한 연구도 했는데, 바로 조명이었다.

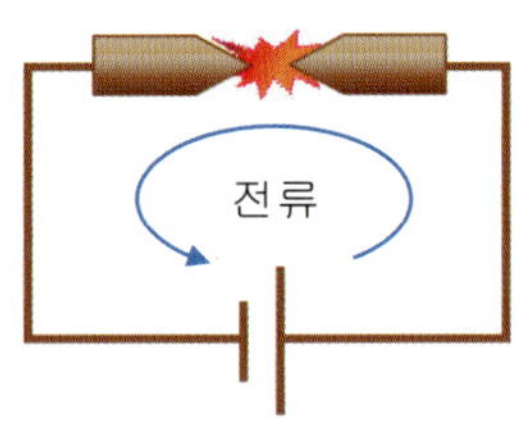

정전기가 방전될 때 불꽃이 튄다는 것은 이전부터 잘 알려진 사실이었다. 정전기의 경우 서로 다른 극성으로 대전된 두 물체를 접근시키면 불꽃이 튀면서 정전기는 사라지게 된다. 그렇다면 두 전극을 불꽃이 튈 정도로 가깝게 배치하고, 전

31) William Nicholson (1753~1815, 영국) 화학자, 저술가, 발명가

32) Humphry Davy (1778~1829, 영국) 화학자, 발명가. 알칼리 금속, 알칼리 토금속 발견 이외에도 많은 연구 업적을 남겼고, 광산의 안전을 위한 안전 램프를 발명한 것으로 유명하다.

33) 알칼리 금속(alkali metal)은 주기율표의 1 족에 해당되는 Li, Na, K, Rb, Cs, Fr 등의 원소이고, 알칼리토금속(alkali earth metal)은 주기율표의 2 족에 해당되는 원소들로, Be, Mg, Ca, Sr, Ba, Ra 등이 있다.

극에 전지의 두 극을 연결하여 전류를 계속 흘려주면 불꽃이 계속 튈 것이다. 데이비는 이런 방법으로 조명을 만들 수 있을 것이라고 생각했던 것이다.

이론은 그렇지만 실제로 빛을 내는 장치를 만드는 것은 그렇게 간단한 일이 아니었다. 우선 라이덴병에 저장된 정전기는 상당히 강했기 때문에(전압이 높았기 때문에) 불꽃이 튀지만, 볼타 전지는 약해서(전압이 낮아서) 불꽃이 튀도록 하려면 많은 숫자를 직렬로 연결해야 한다. 또 불꽃이 계속 튀게 하려면 상당히 많은 전기(전류)가 흘러야 하므로 많은 전지를 병렬로 연결해야 한다.

전극을 만드는 일도 쉬운 일이 아니었다. 두 전극은 불꽃이 튈 수 있을 정도의 작은 간격을 두고 떨어져 있어야 되는데, 불꽃이 튀기 시작하면 전극이 손상되면서 금방 간격이 넓어져 버리는 것이었다. 많은 노력 끝에 데이비는 탄소로 전극을 만들어서 조명을 만드는데 성공했는데, 이것이 최초의 전기 조명인 아크등(arc lamp)이다.

1809년 그는 이 새로운 조명 장치에 지하에 설치한 2000 개의 전지로 전원을 공급하는 방법으로 기름이나 가스를 태워서 내는 빛과는 차원이 다른 밝은 빛을 사람들에게 보여주었다.

데이비의 아크등 점등 시범 (www.queenslibrary.org)

하지만 데이비는 실제 사용할 수 있는 아크등을 만들지는 못했다. 전지를 2000 개나 연결해도 그리 오래 켜지 못하는 문제도 있었지만, 탄소로 만든 전극도 얼마 버티지 못하고 금방 손상되어 버렸기 때문이다.

데이비는 사용할 수 있는 조명을 만들지는 못했지만 아크등 시연은 많은 사람들의 관심을 끌기에는 충분했다. 그 이후 해양 국가인 영국에서는 밝은 빛이 필요한 등대에 아크등을 설치하는 것을 시도했고,[34] 밤 문화가 발달된 프랑스에서는 도시에 아크등을 설치하는 것이 시도되었다.[35]

1858년의 등대용 아크등 (www.sciencemuseum.org.uk)

그 당시에 많은 사람들이 아크등의 전극을 개선하기 위한 연구를 했지만 만족할 만큼의 긴 수명을 가지는 아크등을 개발하지는 못했다. 그리고 아크등에 전기를 공급해줄 수 있는 장치라고는 볼타전지(물론 개선을 하기 위한 노력을 했지만) 밖에 없기 때문에 아크등의 이용이 크게 확산되지는 못했다.

하지만 사람들은 "번쩍" 하고 사라지는 전기가 아닌 계속 흐르는 전기에 대해 관심을 가지게 되었다. 어떤 사람은 흐르는 전기를 이용하는 방법에 대해 연구했고 어떤 사람은 전기가 흐르는 현상 자체에 대해 연구하게 되었다.

전기에 대해 연구하는 사람이 많아지면서 전기와 자기와의 사이에 관계가 있다는 것을 암시하는 현상들이 하나둘씩 나타나기 시작했다. 항해 중에 번개가 칠 때 나침반이 흔들린다는 것은 선원들 사이에서는 오래 전부터 널리 알려져 있는 사실이었고, 라이덴병을 방전시킬 때 나침반이 떨리는 것을 본 학자들도 있었다. 이외에도 여러 가지 현상들이 관찰되었는데, 그런 현상이 왜 일어나는지에 대해서

34) 실제로 사용된 것은 발전기가 발명된 이후였다. (1.12 발전기의 발전)
35) 최초로 설치된 곳은 파리(Paris)가 아니라 리용(Lyon)이었다.

는 아무도 정확히 알지 못했다.

외르스테드

어떤 학자들은 전기와 자기가 어떤 관계가 있을 것이라고 했지만 결정적인 증거를 발견하지 못하고 있었고, 다른 학자들은 아무 관계가 없다고 주장했다. 이런 상황에서 1820년 외르스테드[36)]는 전기와 자기가 관련이 있다는 것을 보여주는 결정적인 증거를 발견했다. 전류가 흐를 때 전선 가까이 있는 나침반의 바늘이 움직이는 것을 발견한 것이다.

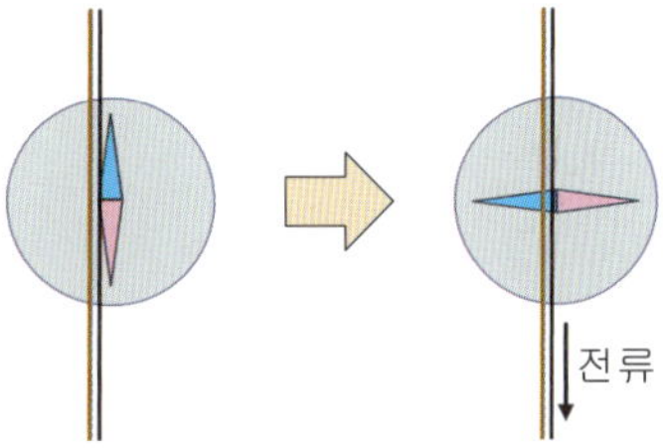

이 발견은 학자들을 혼란에 빠뜨렸다. 당시 학자들이 알고 있던 힘은 중력, 전기력, 자기력 등이었는데 모두 서로 밀거나 당기는 힘이었다. 그러나 외르스테드가 발견한 힘은 서로 밀거나 당기는 것이 아닌 회전을 시키는 힘으로 그 당시의 이론으로는 설명할 수 없는 이상한 힘이었다.

이상한 현상이 발견되자 많은 학자들이 정말 그런지 확인을 하기 위해서 외르스테드의 실험을 따라 해 보고 외르스테드의 주장이 맞는다는 것을 알게 되었다. 일부의 학자들은 새로운 실험을 하기도 했다. 어떤 사람은 전류가 흐르는 도선에 철가루가 붙는 것을 발견하기도 했고 어떤 사람은 도선에 붙었던 철이 자성을 띠게 된다는 것을 발견하기도 했다.

원인이 뭔지는 알지 못했지만, 이런 여러 가지 새로운 발견에 의해 사람들은 전기와 자기가 어떤 관계가 있을 것이라는 생각을 조금씩 하게 되었다.

36) Hans Christian Oersted (1777~1851, 덴마크) 전기 화학자, 물리학자. 코펜하겐 공과대학을 설립했고, 과학 보급 운동에도 힘썼다. 지구 자기 관측소를 설립했고, 덴마크 왕립 과학 협회를 창설하고 회장이 되었다. 자기장 세기의 단위인 Oe(에르스텟)은 그의 이름을 딴 것이다. 문학에도 조예가 깊어 시인 욀렌슐레거와 동화작가 안데르센과도 친교가 있었다.

아라고

이런 상황에서 또 한 가지의 새로운 현상이 발견된다. 1824년 아라고[37)]가 도체 원판(전류가 흐르지 않는)을 회전시키기만 해도 나침반이 회전하는 현상을 발견한 것이다. 아라고는 그림처럼 도체 원판과 자석을 축이 일치되어 있는 상태에서 따로 회전할 수 있도록 만들었다. 이 상태에서 아래에 있는 도체 원판을 돌리면 위에 있는 자석이 도체 원판 보다 느린 속도로 따라 돌게 된다. 반대로 자석을 돌리면 원판이 자석보다 느린 속도로 따라 돌게 된다.

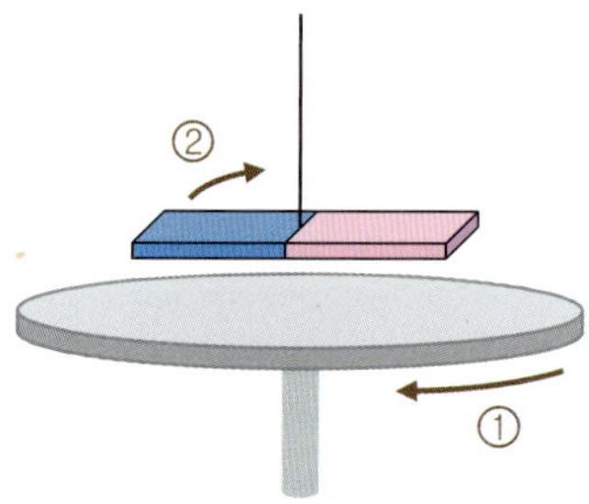

이 발견은 가뜩이나 혼란스러운 학자들을 더 혼란스럽게 만들었다. 전류가 자석을 회전시키는 현상도 명쾌하게 설명하지 못하고 있는데, 이제는 전류가 흐르지 않는데도 자석이 따라 도는 불가사의한 현상까지 발견된 것이다.

아라고 원판형 전력량계

이 현상이 생기는 이유는 도체 원판에 맴돌이 전류(와전류, 渦電流, eddy current)가 생기기 때문인데, 31년 후 푸코[38)]가 이유를 알아내기 전까지는 아무도 설명하지 못하고 있었다. 이 장치를 아라고 원판(Arago disk)이라고 부르는데, 지금도 전기 계량기 (전력량계, 적산전력계, watt-hour meter)에 사용되고 있다.[39)] 아라고 원판의 원리를 이용한 장치 중 가장 많이 사용되는 것은 유도전동기인데, "1.14 전력 전송의

37) Dominique Francois Jean Arago (1786~1853, 프랑스) 물리학자, 천문학자, 정치가. 외르스테드의 논문을 프랑스어로 번역하여 프랑스의 과학 잡지에 발표했다. 빛에 대한 연구를 했는데, 빛의 파동설을 주장한 사람 중의 하나이다.
38) Jean Bernard Leon Foucault (1819~1868, 이탈리아) 물리학자. 빛의 속도 측정에 큰 역할을 했다. 지구의 자전에 대한 증거인 푸코 진자를 만든 것으로 유명한 사람이다.
39) 현재 전자식 전력량계가 도입 중에 있는데 아직은 아라고 원판을 사용한 방식이 많다.

시작"과 "2.19 전동기와 발전기"에서 설명한다.

이론에 맞지 않는 현상이 발견되면 이론을 수정하든지 새로운 이론을 만들어야 한다. 외르스테드의 발견 역시 기존의 이론으로는 설명할 수 없는 것이므로 학자들은 새로운 이론을 만들기 위해 노력했다. 그 중 대표적인 사람이 비오,[40] 사바르,[41] 앙페르[42] 등이었다. 전기가 자기를 일으키는 것을 정량적으로 표현하고자 한 것은 세 사람이 같았지만 보는 관점은 달랐다.

비오

사바르

앙페르

비오와 사바르 두 사람은 '전류가 여기저기 흐르고 있을 때 한 점에서의 자기의 세기는 어떻게 될 것인가?' 하는 관점을 가지고 함께 연구하고 있었고, 앙페르는 '전류가 흐를 때 생기는 자기의 힘이 공간에 어떻게 퍼져나갈까?' 하는 관점을 가지고 있었다. '그게 그거 아니냐?' 하고 생각할 수도 있지만 이 두 관점은 엄청난 차이가 있다.

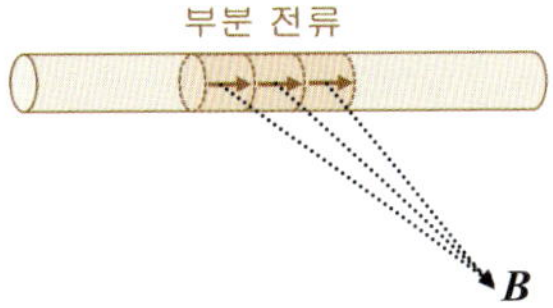

비오와 사바르가 연구한 결과는 한 점에서의 자기의 세기는 주위의 모든 '부분 전류'에 의한 자기의 세기를 합한 것과 같다는 것으로 비오-사바르의 법칙이라고 부른다. "전체 전류에 의한 자기는 각 부분

40) Jean Baptist Biot (1744~1862, 프랑스) 물리학자
41) Felix Savart (1791~1841, 프랑스) 물리학자
42) Andre Marie Ampere (1775~1836, 프랑스) 물리법칙을 수학적으로 정식화하고, 독자적인 수학 연구도 하여, 미분방정식에 관한 논문 등을 남겼고, 과학 철학에도 힘을 기울였다.

전류에 의한 자기의 합"이라는 법칙으로 어찌 보면 당연하다고 할 수 있는 법칙이다. 비오-사바르 법칙을 적용하려면 그림처럼 한 전선의 전류도 부분 전류들이 모인 것으로 생각해야 한다.

그림은 전선이 직선인 경우를 나타내고 있는데, 전선이 구부러져 있는 경우에도 이 원리는 그대로 적용된다. 다만 계산이 쉽지 않을 것이다. 그리고 자기는 방향을 가지고 있으므로 자기의 합이라고 하는 것은 단순히 숫자를 더하는 것이 아니라 방향까지 고려한 벡터 합[43)]을 계산해야 한다.

비오와 사바르는 계산 방법에 중점을 둔 반면에, 앙페르는 보다 근본적인 원리를 찾고자 했다. 그는 전류가 흐르면 자기가 생겨서 공간으로 퍼져 나가는데, 자기는 항상 전류의 주위를 오른 나사 방향으로 도는 형태로 생긴다고 했다. 이것을 앙페르의 오른나사 법칙이라고 부른다.

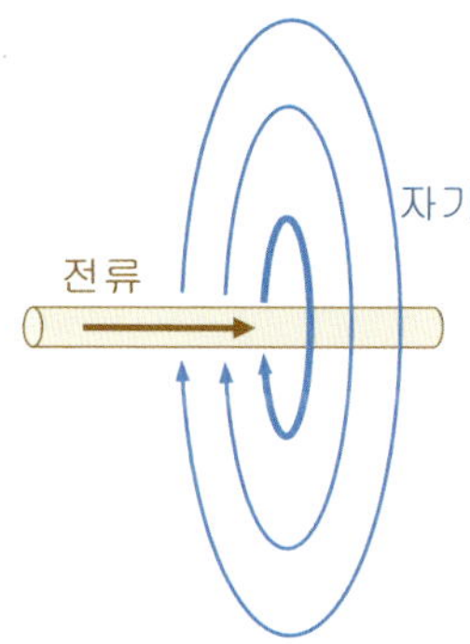

앙페르는 자기의 세기에 대해서도 그림과 같이 설명했다. 그림에서 보는 것과 같이 전선에서 멀어지면 자기의 세기는 약해진다. 그러나 그 대신 둘레의 길이가 길어지는데, 둘레를 따라 자기의 세기를 다 더하면 전체의 합은 항상 일정하다고 했다. 즉 2π×(반지름)×(자기의 세기)는 일정하다는 것이다. 물론 전류가 두 배가 되면 이 값이 두 배가 된다. 이것을 앙페르의 법칙이라고 부르는데, 자세한 내용은 2.7에서 설명한다.

앙페르의 생각은 이전의 생각과는 차원이 다른 것이었다. 이전에는 전기든 자기든 닿아있지 않고 서로 떨어진 두 물체 사이에 힘이 작용한다는 것을 신기하게 여기는 정도였고, 그 힘이 얼마나 센지 하는 것에 관심이 집중되어 있었다. 어쨌든

43) 예를 들어 크기가 같고 방향이 반대인 두 벡터의 합은 0이 된다. 비오 사바르 법칙을 이용한 실제 계산에는 벡터의 적분을 해야 한다. 자세한 내용은 전자기학 책을 참고.

힘이란 두 물체 사이의 관계에서 생긴다는 생각이었다. 그런데 앙페르는 전류가 흐르면 그 전류의 영향력이 주위의 공간으로 뻗어 나간다는 혁신적인 생각을 한 것이다.

이렇게 해서 전기와 자기가 별개의 현상이 아니라는 것이 알려지면서, 인류의 지식은 한 단계 도약하게 되었다. 그러나 자기와 관련된 것 만 도약을 한 것은 아니었다. 전기가 흐를 수 있다는 것을 알게 된 이후, 전기 자체에 대한 것도 큰 도약을 하게 되었는데, 바로 전압과 전류가 무엇인지가 명확해지고 전기 회로라는 개념이 생기기 시작한 것이다.

1.5 전기 회로

그 당시는 전기와 자기에 대한 연구가 중심이었고, 전압과 전류에 대해 어느 정도 알고는 있었지만 명확한 개념이 정립되어 있지 않았다. 전지를 사용하여 전기분해를 하는 것을 그 당시의 말로 표현을 하면 아마 다음과 같이 될 것 같다.[44)]

"전지를 직렬로 연결하면 전기가 더 강해진다. 전기가 더 강해지면 전기가 더 많이 흘러서 전기분해의 속도가 빨라진다. 전지를 병렬로 연결하면 전기가 강해지지는 않지만 전기가 더 오래 흐를 수 있게 된다."

옴

옴[45)]은 이런 애매모호한 설명이 마음에 들지 않았다. 그래서 전기의 흐름을 열의 흐름과 비교하여 생각해 보았다. '열을 많이 가하면 열이 강해져서 열이 많이 흐르고....' 무슨 뜻인

44) 설명을 위해서 조금 과장한 것이다.
45) Georg Simon Ohm (1789~1854, 독일) 물리학자. 전기뿐만 아니라 음향학, 결정에 의한 빛의 간섭 현상 등의 연구도 했다.

지 알 수 있을 것 같기는 하지만, 이래가지고는 전혀 과학적이 아닌 부정확한 말이 될 수밖에 없다.

정확히 설명하려면 온도라는 개념을 사용해야 한다. 온도차가 크면 클수록 열이 많이 흐른다고 해야 과학적으로 정확한 설명이 된다. 전기도 이와 같이 온도에 해당되는 전압(전기의 세기)과 열의 흐름에 해당되는 전류(흐르는 전기의 양)라는 개념을 가지고 접근해야 된다는 것이 옴의 생각이었다.

전압과 전류에 대한 명확한 개념을 가지게 된 옴은 굵기와 길이가 다른 금속에 전기를 흘리면서 전압과 전류 사이에 어떤 관계가 있는지를 연구하였다. 옴은 직렬 연결한 전지의 개수로 전압을 조절하고, 전선 옆에 둔 나침반의 바늘이 돌아간 각도로 전류를 측정하는 방법으로 실험을 했다.

1827년 옴은 "전류는 열의 흐름과 비슷하고 전압은 온도차와 비슷하다"는 말로 전압과 전류의 개념을 설명했다. 그리고 전압과 전류는 비례하는데($V=IR$) 비례상수는 전압과 전류에 의해 정해지는 것이 아니라 전선의 굵기와 길이에 따라 정해진다고 했다.

그 비례상수가 크면 클수록 전류가 흐르기 어렵게 된다. 그래서 옴은 이 비례상수를 저항(resistance)이라고 불렀다. 옴의 법칙은 "2.10 전압과 전류 그리고 저항"에서 설명한다.

전압 (V)	전류 (A)	저항 (Ω)
1	1	1
2	1.95	1.03
3	2.85	1.05
4	3.7	1.08
5	4.5	1.11

그러나 이 이론에 대한 학자들의 반응은 "말도 안 되는 소리"라는 것이었다. 지금은 옴의 법칙을 전기의 가장 기본적인 법칙 중 하나로 인정하고 있기 때문에 그 당시 학자들의 비판이 바보같이 생각될지 모르지만, 그 당시의 지식으로는 학자들의

비판은 전혀 이상한 것이 아니었다. 예를 들어 표와 같은 실험 결과가 있다고 해 보자.[46] 분명히 전압과 전류는 비례하지 않는다.

이 결과를 설명할 수 있는 가설은 여러 가지가 가능하겠지만 옴은 전압과 전류는 비례하고 그 비례 상수인 저항이 변한다는 가설을 세웠다. 그러나 저항이 왜 그리고 어떻게 변하는지에 대한 명확한 설명이 없었기 때문에 다른 학자들은 그의 가설을 인정하지 않았던 것이다. 많은 학자들의 비판을 견디지 못한 옴은 결국 교수직을 사임하게 되었다.

렌츠

옴의 가설이 틀렸다는 것이 거의 모든 학자들의 공통적인 견해인 상황에서 옴의 가설을 지지하는 결과를 발표한 것은 렌츠[47]였다. 렌츠는 금속의 온도를 변화시키면 전압과 전류의 비율이 달라진다는 것을 알아냈다. 온도가 높아질수록 같은 전압일 때 전류가 적게 흐른다는 것인데, 옴의 가설을 기준으로 말한다면 온도가 높을수록 저항이 커진다는 것이다.

줄

그렇다면 위 표의 결과는 금속에 전류가 흐르면서 금속의 온도가 올라갔다는 말이 되고, 따라서 금속에 전류가 흐르면 발열이 있다는 말이 된다. 이 사실을 정량적으로 확인한 사람은 줄[48]이었다. 줄은 발열량은 저항 값에 비례하고 전류의 제곱에 비례한다는 것(I^2R)을 알아내고 1840년에 발표했는데, 이것이 줄의 법칙이다. 후에 열량(에너지)의 단위는 그의 이름을 따서 J(줄)로 정해졌다.[49] 줄의 법칙은 "2.10 전압과 전류 그리고 저항"에서 설명한다.

46) 이 결과는 설명을 위해 과장한 것으로, 실제 결과가 아니다.

47) Heinrich Friedrich Emil Lenz (1804 러시아~1865 독일) 1834년 발표한 자기장의 변화에 의해 전류가 발생할 때 전류의 방향은 자기장의 변화를 방해하는 방향이 된다는 렌츠의 법칙으로 유명하다. (1.6 전자기학의 발전)

48) James Prescott Joule (1818~1889, 영국) 열역학 제1법칙인 에너지 보존 법칙의 창설자. 켈빈과 함께 줄-톰슨 효과를 발견했다. 절대온도로 유명한 켈빈(Baron Kelvin, 1824~1907, 영국)은 본명이 Robert William Thomson으로, Kelvin이라는 이름은 귀족이 되면서 받은 칭호이다. (Lord Kelvin = 캘빈 경)

49) 저항에 전류가 흐르면서 생기는 열을 "줄 열(Joule's heat)"이라고 부른다.

이렇게 해서 옴의 가설이 맞는다는 것이 인정되기 시작했다. 그리고 옴은 1841년 영국 왕립학회가 수여하는 최고의 상인 코플리(Copley)상을 받게 되었는데, 영국에서 인정하자 독일에서도 인정하게 되고 뮌헨 대학 교수로 다시 활동하게 되었다.

옴의 실험에서 전압을 조절해 준 것은 볼타의 전지였고(1.3 흐르는 전기), 전류를 측정한 것은 앙페르의 법칙을 이용한 것이었다(1.4 흐르는 전기에 대한 연구). 그래서 전압의 단위는 볼트(V)가 되고 전류의 단위는 암페어(A)가 되었다. 저항의 단위는 옴(Ω)이 되었다.

옴의 법칙은 전압과 전류의 관계를 설명한 것이므로 가장 간단한 회로의 개념을 설명한 것으로 볼 수 있다. 그러나 옴의 법칙 만으로 직렬, 병렬로 연결된 회로의 전압과 전류를 계산할 수 있는 것은 아니다. 여러 개의 선이 연결된 복잡한 '진짜 회로'를 해석할 수 있는 방법은 18년 후인 1845년 키르히호프[50)]에 의해 만들어졌다.

키르히호프

키르히호프는 아무리 복잡한 회로라도 '마디(node)'와 '고리(loop)'가 모여서 이루어진 것이라는 사실에 착안했다. 그림에서 보는 것과 같이 마디란 선 여러 개가 모이는 점을 말하고 고리란 회로를 따라 돌아서 제자리까지 돌아오는 경로를 말한다.

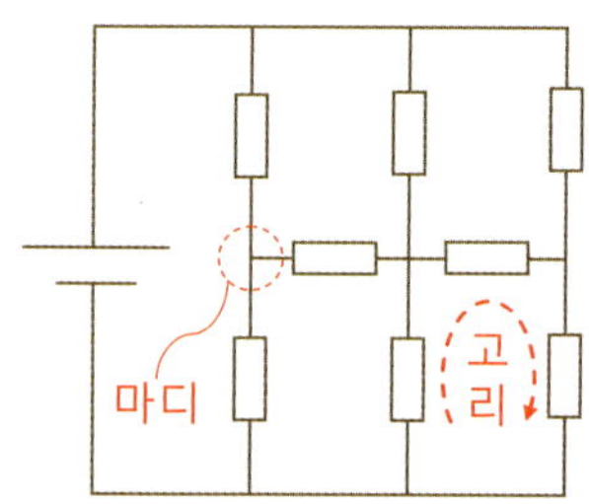

키르히호프는 복잡하게 연결되어 있는 회로를 마디와 고리로 분해해서 해석하는 방법을 제시했다. 회로에 있는 모든 마디나 고리에 옴의 법칙을 적용한 식을 만들고 회로의 모든 마디 또는 고리의 식을 모아서 연립 방정식을 만들어서 해를 구하는 것이 키르히호프의 방법이다. 키르히호프 법칙에 대해서는 2.12에서 설명한다.

50) Gustav Robert Kirchhoff (1824~1887, 독일) 물리학자. 전기 뿐 만 아니라 파동방정식, 유체역학 등 다방면의 연구를 하였다. 미국 사람들은 키르히호프를 "커얶챠프"와 비슷하게 발음한다.

1.6 전자기학의 발전

전문가는 자기 분야의 혁신적인 발견을 하기 어렵다는 말이 있다. 생각이 자기 지식의 틀 속에서 좀처럼 벗어나려 하지 않는다는 말인데, 그래서인지 '정상적인 교육' 을 받지 못한 사람으로부터 큰 발견이 나오는 경우가 종종 생긴다.

패러데이

지금 설명하려는 큰 발견 역시 가난한 집에서 태어나 초등 교육 밖에 받지 못한 패러데이[51]에 의한 것이다. 패러데이는 초등 교육 밖에 받지 못했지만 과학에 관심이 많았고 책방에서 일하면서 많은 과학책을 읽었다. 그리고 아크등으로 유명한 데이비 교수의 강연이 있다는 소식을 듣고 달려간다. 강연 자리에서 인사를 한 후, 비서로 써 달라고 편지를 보냈다.

마침 빈자리가 생겨서 데이비 연구실에 취직을 하긴 했지만, 패러데이가 맡은 일은 실험실 청소와 실험 기구 관리였다. 패러데이는 잡일을 하면서 데이비에게 멸시를 당하기도 했지만 연구에 대한 정열을 잃지 않았고 드라마 같은 과정을 거쳐 결국은 화학과 교수까지 되었다.

외르스테드, 앙페르 등은 전류가 자기를 발생시킨다는 것을 알아내었다. 그렇다면 자기가 전류를 발생시킬 수도 있다는 것이 패러데이의 생각이었다.

그래서 전선에 아주 작은 전류도 측정할 수 있는 검류계[52]를 달고 선 주위에 자석을 갖다 놓았지만 검류계의 바늘은 움직이지 않았다. 그는 거기서 포기하지 않고 더 자석을 더 강한 것으로 바꾸고 선을 코일 모양으로 감아도 보고 자석 대신

51) Michael Faraday (1791~1867, 영국) 전자기 유도, 전기 분해 법칙을 발견했을 뿐 만 아니라 전동기와 발전기를 발명했고(1.8 전동기의 발명, 1.9 발전기의 발명), 빛의 자기 효과, 반자성 등도 발견했다.

52) 미세한 전류를 측정할 수 있는 전류계로 1920년경 발명되었다. 검류계를 Galvanometer라고 부르는데, 갈바니가 발명한 것은 아니고 갈바니의 이름을 딴 것이다. 코일을 사용하는 검류계는 1836년 스터전(1.7 전자석의 발명)이 발명했다.

코일을 사용해 보는 등 여러 가지의 시도를 해 보았다.

연구를 시작한 지 10년째 되던 1831년 패러데이는 드디어 전류를 측정하는데 성공했다.[53] 그런데 결과는 생각했던 것과는 좀 차이가 있었다. 전선 옆에 자석을 붙여 놓는다고 해서 전류가 생기는 것이 아니라, 자석이 움직일 때에만 전류가 생기는 것이었다. 그리고 자석이 움직이는 방향을 반대로 하면 전류의 방향도 반대로 되었다. 즉 자석을 넣을 때와 뺄 때의 전류의 방향은 반대가 된다.

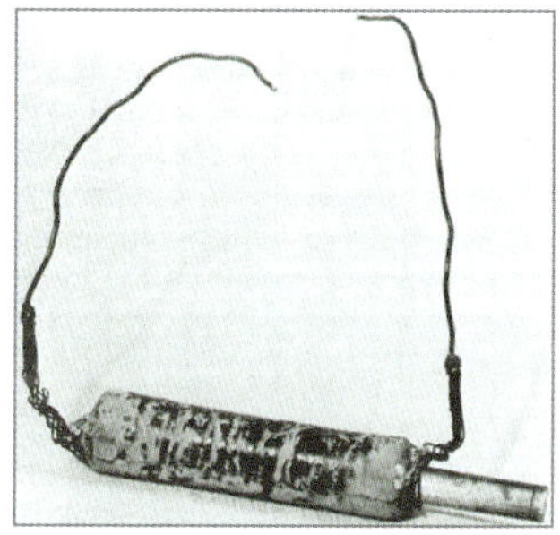
패러데이의 실험 장치.
런던 왕립과학연구소.

코일에 전류를 흘리면 자기장이 발생한다. 그렇다면 전류가 흐르는 코일을 움직여도 자석을 움직이는 것과 같은 결과를 얻을 수 있을 것이다. 한걸음 더 나아가서 패러데이는 전류가 흐르는 코일을 가까이 가져가는 경우와 코일에 흐르는 전류를 증가시키는 경우는 같은 결과가 될 것이라고 생각했다. 물론 코일을 멀어지게 하는 것과 전류를 감소시키는 것도 같은 결과가 될 것이다.

실험해본 결과 패러데이는 코일 두 개를 나란히 두고 한 코일에 전류를 흘릴 때 첫 번째 코일의 전류가 변할 때 만 두 번째 코일에 전기가 발생하는데, 첫 번째 코일의 전류가 늘어날 때와 줄어들 때의 두 번째 코일의 전류 방향은 반대가 된다는 것을 확인할 수 있었다.

이것을 패러데이의 전자기유도 법칙 (電磁氣 誘導 法則, induction law)이라고 한다. 그냥 패러데이의 법칙이라고 부르지 않는 이유는 패러데이가 발견한 법칙이 또 있기 때문인데, '패러데이의 전기분해 법칙' 이 그것이다.[54]

53) 헨리(1.7 전자석의 발명)가 패러데이보다 1년 먼저인 1830년 발견했지만, 논문으로 발표하지 않았다.
54) 전기분해 법칙은 전기분해할 때 발생되는 물질의 양이 흐른 전하량에 비례한다는 것으로, 2년 후인 1833년에 발표되었다. 이 법칙에 의해 물질의 화학당량 등의 개념이 확립되었고, 전하량에도 최소 단위가 있다는 것을 예측할 수 있었다.

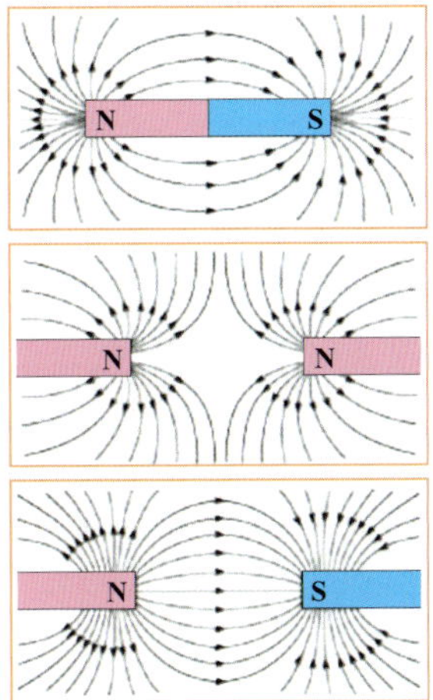

자석의 자기력선

패러데이는 그의 법칙을 수학적으로 나타내지 못했다. 패러데이는 초등 교육 밖에 받지 못했기 때문에 수학을 몰랐던 것이다. 그러나 그는 수학에 능한 사람도 하지 못한 간단하면서도 직관적인 자기(磁氣)에 대한 설명을 만들어 냈다. 자석 또는 전류의 주위에 자기력선이 생기는데, 자기력선은 서로 교차되지 않으며, 자기력선이 밀집할수록 자기장이 더 강해진다는 것이 그의 자기에 대한 철학이었다.

수학에 능한 학자들이 미적분을 동원한 어려운 수식을 사용하여 현상을 설명하려고 하고 있을 때 패러데이는 텅 빈 공간에 수많은 '힘의 선'이 지나가는 그림을 그렸다. 이 개념은 "붙어 있지도 않은 두 자석이나 전선이 어떻게 서로 영향을 미치는가?" 라는 질문에 대해 설명할 수 있는 개념인데, 이것이 지금도 사용하고 있는 장(場, field)의 개념이다.[55)]

패러데이에 의하면 자석이나 전류가 흐르는 전선의 주위에는 자기력선이 생긴다. 자석이 강하거나 전류가 많이 흐를수록 (코일에 전류를 흘릴 경우 코일을 많이 감아도) 더 많은 자기력선이 발생될 것이다. 자기력선이 있는 곳에 코일이 있다면 코일의 내부에도 자기력선이 지나가게 되지만 이 상태에서는 코일에 아무 일도 일어나지 않는다.

코일 내부를 통과하는 자기력선의 개수가 변하면, 변하는 동안 코일에 전압이 발생하게 되는데, 변화가 급격할수록 더 높은 전압이 발생된다. 자기력선이 많아질 때 발생되는 전압과 적어질 때 발생되는 전압의 방향은 반대가 된다. 자기장의 방

55) 장이론은 "마당 이론"이라고도 부르는데, 전기장, 자기장, 중력장 등 공간을 통해 힘을 미치는 것을 "장"이라는 개념을 통해 설명한다. 물리적인 모든 장을 하나의 통일된 장으로 설명하려는 이론이 "통일장 이론"이다. Kurt Lewin(1890~1947, 독일)이 심리학에 장이론을 도입한 이후 사회과학에서도 장이라는 개념이 사용되고 있다.

향이 반대가 되어도 전압의 방향이 반대가 된다.

자기장이 늘어날 때의 전압 방향은 반대 방향 자기장이 줄어들 때의 방향과 같다. 이와 같이 전압이 발생되는 방향만 생각해도 상당히 복잡해지는데, 이 방향을 알기 쉽게 정리한 것이 "자기장의 변화를 방해하는 방향으로 전류가 흐른다."라는 렌츠(1.5 전기 회로)의 법칙이다. 패러데이의 전자기 유도법칙에 대해서는 2.8에서 설명한다.

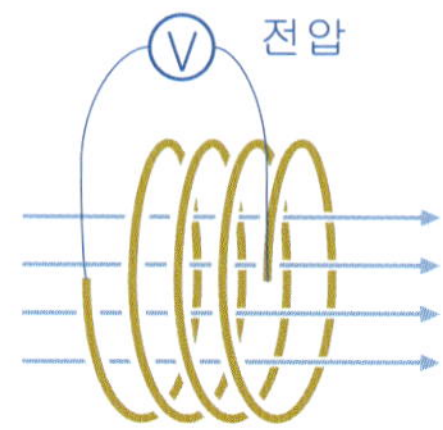

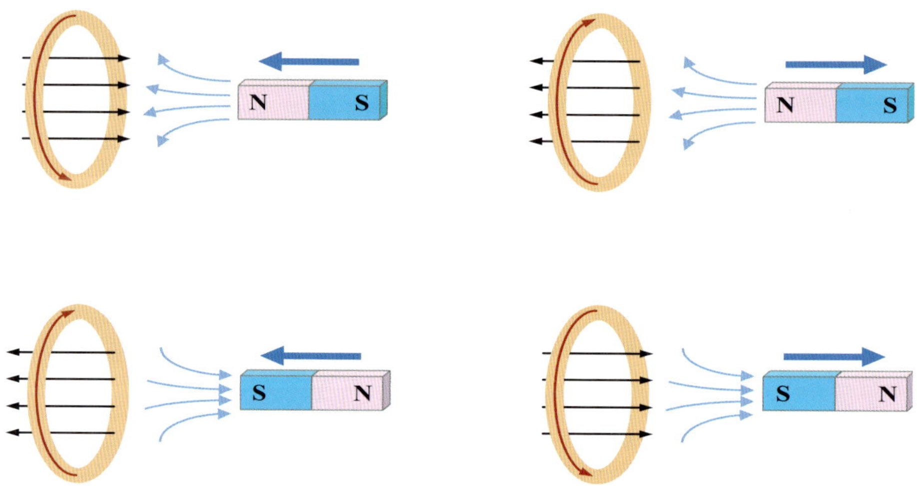

자석의 움직임에 대한 코일의 전류 방향

자석에서 자기력선이 나온다고 생각할 수 있다면, 전하가 있을 때 전하의 주위로 전기력선이 나온다는 생각도 할 수 있다. 이 개념으로 전하와 전기장에 대한 현상을 법칙으로 정리한 사람은 가우스[56]이다.

56) Karl Friedrich Gauss (1777~1855, 독일) 역사상 가장 위대한 수학자로 불린다. 정수론, 통계학, 해석학, 미분기하학, 측지학, 정전기학, 천문학, 광학 등 많은 분야에서 크게 기여하였다. 초등학교 때 1에서 100 까지 더하는 것을 빨리 하여 선생님을 놀라게 했다는 일화는 유명하다.

가우스

정확히 말하면 가우스는 전기력선의 문제를 직접적으로 다룬 것도 아니고 전기장이론을 말한 것도 아니었다(가우스는 수학자였다). 가우스가 한 일은 '세기가 거리의 제곱에 반비례하는 힘' 에 대한 수학적 법칙인 가우스 정리 (Gauss' s theorem)[57]를 만든 것이다. 어떤 힘이든 세기가 거리의 제곱에 반비례하기만 하면 성립하는 법칙인데 중력이 여기에 해당한다.

앞에서 설명한 것과 같이 전하 간의 힘과 자석 간의 힘이 거리의 제곱에 반비례한다는 것을 쿨롱이 밝혔다(1.2 정전기 연구, 2.1 쿨롱의 법칙). 따라서 전하 간의 힘과 자석 간의 힘은 가우스 정리를 사용하여 설명할 수 있다. 가우스 법칙에 대해서는 2.6에서 설명한다.

이와 같이 많은 학자들에 의해 전자기 현상에 대한 지식들이 하나씩 하나씩 쌓여가고, 전기와 자기의 관계에 대한 것도 하나씩 알려지고 있었다. 많은 지식이 쌓이게 되자 학자들은 전체를 하나의 법칙으로 설명하려는 생각을 하게 되었다.

전기에 대한 법칙과 자기에 대한 법칙을 잘 정리하여 하나의 통일된 방식으로 설명하려고 시도하는 것은 누구나 생각할 수 있는 것인지도 모른다. 그러나 실제로 그 일을 하는 것은 아무나 할 수 있는 일이 아니다.

이 책은 이미 모든 것이 정리된 상태에서 요약하여 설명하고 있으므로 정리하는 일이 별 것 아닌 것처럼 보일 수 도 있다. 하지만 그 당시는 무엇이 진실인지는 아무도 정확히 모르는 상태에서 온갖 학설과 수식이 난무하고, 누가 어떤 주장을 하면 다른 사람이 반박하는 복잡한 상황이었다.

이런 상황에서 수많은 주장 중에서 어떤 주장이 맞는 것인지를 가려내고 핵심을

57) 폐곡면에서 벡터장 F의 div F 의 체적분은 경계면에 수직한 F 성분의 면적분과 같다는 것으로 "가우스의 발산정리" 또는 "발산정리(divergence theorem)"라고도 한다.

뽑아서 정리한다는 것은 전체를 이해할 수 있는 통찰력이 있으면서도 수학에 뛰어난 천재가 아니면 할 수 없는 일이었다.

맥스웰

맥스웰[58]이 바로 그 천재인데, 맥스웰의 성장 과정은 패러데이와는 대조적이었다. 그는 부유하고 뼈대 있는 집안에서 태어난 공부 잘하는 아이였고, 캠브리지 대학을 졸업한 기본 실력이 탄탄한 학자였다. 이 뛰어난 실력을 갖춘 천재가 이론적 토대로 삼은 것은 패러데이의 이론이었다.

패러데이의 이론은 장(field)이라는 개념으로 전자기 현상을 간단명료하게 설명하고 있지만 수학적인 연구는 되어있지 않았기 때문에 뛰어난 수학 실력으로 무장한 맥스웰에게는 정말 도전해 보고 싶은 과제였을 것이다.

맥스웰은 가우스, 앙페르 등의 식이 전자기 현상을 표현할 수 있는 기본적인 식이라는 것을 파악했다. 그리고 그 당시의 학자들이 간과하고 있는 것이 한 가지가 있는데, 그것까지 고려해야 전자기 현상이 완벽하게 표현된다는 것도 알았다.[59] 이런 식으로 5년 넘는 시간 동안 정리하는 작업을 하여 전자기를 표현하는 식을 20개의 방정식으로 정리했다.

이후 여러 학자들이 정리를 하고 1884년 헤비사이드[60]가 다시 추려서 4개의 방정식으로 정리한 것이 지금 우리가 알고 있는 맥스웰 방정식(Maxwell' s equations)이다. 맥스웰 방정식과 그 의미에 대해서는 "2.9 맥스웰 방정식과 전자기파"에서 설명한다.

58) James Clerk Maxwell (1831~1879, 영국) 토성의 고리가 미세 입자들로 구성되어 있다는 것을 증명했고, 어안(魚眼)렌즈를 발명했다. 색의 인식에 대한 연구에서도 많은 진전을 이루었고, 희박 기체(rarified gas)의 이론적 이해에도 크게 기여하였다.

59) 맥스웰이 새로 고려한 것은 변위 전류(變位 電流, displacement current)에 대한 것인데, 이것을 고려하지 않으면 전자기파에 대한 것이 설명되지 않는다. 자세한 내용은 "2.9 맥스웰 방정식과 전자기파"와 전자기책 참조.

60) Oliver Heaviside (1850~1925, 영국) 수리 물리학자, 전기 공학자. 전리층의 존재를 예측한 사람이다. (1.17 무선통신과 진공관의 발명)

미분으로 표현	적분으로 표현
$\nabla \cdot \vec{E} = \frac{\rho}{\epsilon}$	$\oint \vec{E} \cdot d\vec{A} = \frac{Q}{\epsilon}$
$\nabla \cdot \vec{B} = 0$	$\oint \vec{B} \cdot d\vec{A} = 0$
$\nabla \times \vec{B} = \mu \vec{J} + \mu \epsilon \frac{\partial \vec{E}}{\partial t}$	$\oint \vec{B} \cdot d\vec{l} = \mu \vec{I} + \mu \epsilon \frac{d}{dt} \oint E \cdot d\vec{A}$
$\nabla \cdot \vec{E} = -\frac{\partial \vec{B}}{\partial t}$	$\oint \vec{E} \cdot d\vec{l} = -\frac{d\Phi}{dt}$

맥스웰 방정식

맥스웰이 전자기 방정식을 정리하기 위한 조사를 하면서 한 가지 놀라운 사실을 알아냈는데, 그것은 옴의 법칙이 발견되기 40년 전에 캐번디시(1.2 정전기 연구)가 전압과 전류가 비례한다는 것을 이미 알고 있었다는 것이다.

캐번디시 시대에는 전류를 측정할 방법이 없었는데, 그는 자신의 몸을 통해 전류를 흘려 감전되면서 느끼는 방법으로 전류가 얼마나 흐르는지를 알아냈다고 한다. 느낌으로 전류를 측정하려고 시도한 것도 대단하지만, 느낌으로 전류를 어떻게 잴 수 있었는지도 신기할 따름이다. 그리고 똑똑하고 반듯한 천재인 맥스웰이 캐번디시의 몸을 사리지 않는 '무식한' 실험 정신을 존경스러워 했을지 어처구니 없다고 생각했을지도 궁금한 일이다.[61)]

맥스웰 방정식은 전자기 법칙을 정리했다는 의미가 있지만 또 한 가지의 큰 의미가 있는데, 그것은 전자기파의 존재를 예측했다는 것이다. 그 당시 전자기파의 존재를 주장하는 학자가 있었던 것도 아니고 전자기파의 존재를 암시하는 어떤 실험 결과가 있었던 것도 아니었다. 맥스웰은 완전히 수학적인 방법만으로 전자기파의 존재를 예측하고 빛도 전자기파의 일종이라는 것을 알아 낸 것이다. (1.16 전자기파의 발견)

61) 1873년 캠브리지 대학에 캐번디시 연구소가 설립되었는데, 이 연구소의 초대 소장을 역임한 것은 맥스웰이었다.

1.7 전자석의 발명

전자기 이론이 정리되어 가는 중에도 한편에서는 전자기 현상을 이용하여 여러 가지 장치를 만들어 보려는 시도가 계속되고 있었다. 여러 가지 시도가 있었는데, 가장 관심이 많이 집중된 것은 전자석, 전동기, 발전기 등이었다.

전류가 흐르면 자기장이 생긴다는 것은 그 당시 이미 잘 알려져 있었고, 전선을 많이 감을수록 자기장이 강해진다는 것도 이미 잘 알려져 있었다. 그렇기 때문에 '전류를 흘리면 자석이 되는 장치' 는 발명이라고 할 수 도 없는 것이었다. 그런데 문제는 전선을 아무리 많이 감아도 힘이 자석(영구자석)만큼 강하게 되지 않는다는데 있었다.

스터전[62]은 전기에 관심이 많았는데, 특히 실험을 좋아했다. 여러 가지를 시도해 보던 스터전은 1823년 전선을 철(Fe)로 된 물체에 감으면 자기장이 엄청나게 강해진다는 것을 발견했다. 그림이 스터전이 만든 전자석인데, 가운데 있는 U 자 모양이 철에 구리선을 감은 것이고, 왼쪽에 Z, d 라는 표시가 되어 있는 부분이 스위치이다.

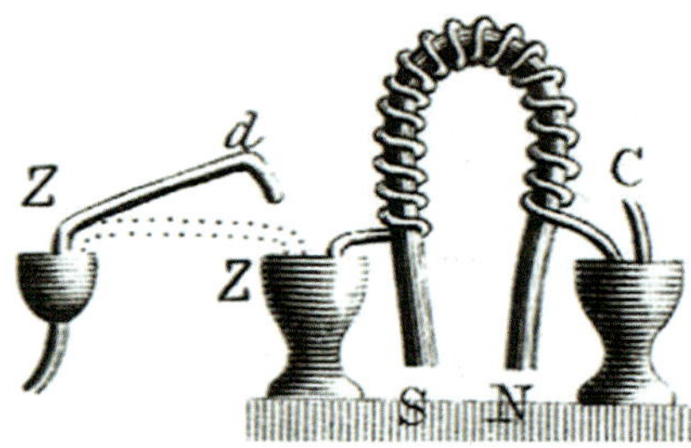

스터전의 전자석. (Transactions of the Society for the Encouragement of the Arts)

이렇게 해서 자석보다 훨씬 강하면서도 끄고 켤 수 있는 자석인 전자석이 만들어진 것이다. 이론적으로는 철에 감으면 자기장이 4000 배 정도 강해지는데, 강해지는 이유는 철이 가지고 있는 강자성[63]이라는 성질 때문이다. 강자성에 대해서

62) William Sturgeon (1783~1850, 영국) 물리학자, 발명가. 1836년 코일이 움직이는 방식의 검류계(檢流計, galvanometer, 미세 전류를 측정할 수 있는 전류계)를 발명했다.
63) 强磁性. Ferro magnetism

는 "2.21 강자성, 반자성"에서 다룬다.

스터전의 전자석 그림에서 보는 것과 같이 구리선은 서로 닿지 않도록 띠어서 감아야 한다. 구리선끼리 닿으면 전류가 접촉하는 부분을 통해서 흘러버리므로 전자석이 되지 않기 때문이다. 헨리[64]는 얇은 부도체를 구리선에 입히면 구리선을 더 촘촘히 감을 수 있고, 여러 층으로 감을 수 도 있기 때문에 (즉, 같은 부피에 더 많은 선을 감을 수 있어서) 더 강한 전자석을 만들 수 있을 것이라고 생각했다.

헨리

그래서 얇은 부도체를 입힌 구리선을 철심 위에 촘촘히 여러 층으로 감은 전자석을 1829년에 만들었는데,[65] 이렇게 만들어진 헨리의 전자석은 이전의 전자석에 비해 200배 정도 강했다고 한다.[66] 얇은 부도체를 구리선에 입힌 것이 발전되어 에나멜선이 된 것이므로 촘촘히 여러 층으로 감는 오늘날의 권선(捲線) 방법은 헨리가 발명한 것이라고 할 수 있다.

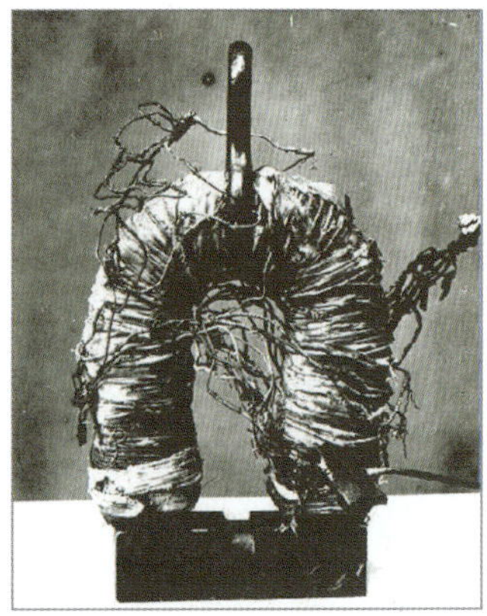
헨리의 전자석

그리고 헨리는 전류가 인접한 코일에만 영향을 주는 것이 아니라 전류가 흐르는 코일 자신에게도 영향을 준다는 자체 유도 현상(self induction)을 발견했다.[67] 인덕턴스의 단위인 H(Henry)는 그의 이름을 딴 것이다. 인덕턴스에 대해서는 "2.13 인덕턴스와 전류 변화~2.16 R, L, C와 복소평면"에서 다룬다.

64) Joseph Henry (1797~1878, 미국) 전동기, 전신기 등을 고안하였고, 전류계 제작, 방전에 의한 전자기 진동 등을 연구했다. 과학적인 일기예보 방식을 만들고, 태양흑점의 열복사를 관찰하였다. 패러데이보다 1년 먼저 전자기 유도법칙을 발견했지만 논문을 발표하지 않았다고 한다.

65) 부인의 속옷에서 명주로 된 얇은 부분을 잘라서 구리선에 감았다는 이야기가 있다.

66) 많은 사람들이 보는 앞에서 이전 세계 기록의 약 200 배인 950 kg 무게의 쇳덩어리를 전자석으로 들어 올렸다.

67) 인접한 코일에 주는 영향은 상호 인덕턴스 (mutual inductance)라는 값으로 나타낸다.

1.8 전동기의 발명

전자석도 쓸모가 있었겠지만, 역시 사람들이 원하는 것은 전기에 의해서 움직이는 장치였다. 전기로 움직이는 장치를 최초로 발명한 사람은 전자기학의 발전에도 혁혁한 공을 세운 패러데이였다.

자기의 변화가 전기를 발생시킨다는 패러데이의 법칙을 발표하기 10년 전인 1821년, 패러데이는 전기와 자석을 이용하여 회전하는 장치를 만들었다. 앞서 말한 것과 같이 전류와 자석 사이의 힘은 밀거나 당기는 것이 아닌 회전하는 힘이었는데, 패러데이는 그 힘을 이용하여 회전하는 장치를 만들려고 했다.

패러데이는 액체 금속인 수은 속에 자석을 두고 수은을 통해 전류를 흘리는 방법을 택했다. 움직이는 상태에서 계속 전류를 흘려주기 위해서는 선을 연결해서는 안 되고 액체 금속을 사용하는 것이 좋겠다는 생각이었다. 나중에는 액체 금속을 사용하지 않고 접촉을 하면서 계속 움직이는 장치도 만들었는데 돌아가는 원리는 같다.

왼쪽 그림에 두 가지 형태의 패러데이 회전 장치를 보여주고 있다. 둘 다 수은을 사용한 방법인데, 왼쪽 것은 자석이 회전하는 형태이고 오른쪽 것은 자석이 가운데 있고 도체 봉이 회전하는 형태로 되어 있다. 동작 원리는 오른쪽 그림에서 설명하고 있다.

유리잔에 수은을 채우고 자석에 백금 추를 매단 것을 가라앉힌다. (자석은 수은보다 가볍고, 백금은 수은보다 무겁다.) 수은의 아래 위에 전극을 접촉시켜서 전류를 흘리면 전류는 수은을 통해 수직 방향으로 흐르게 된다. 그러면 자석은 전류와 직각 방향으로 돌아가려고 하는데, 아래쪽 끝이 고정되어 있기 때문에 위쪽 끝만 옆으로 돌아간다. 이런 현상이 계속 일어나면서 자석이 오른쪽 그림의 화살표처럼 주위로 회전하게 되는 것이다.

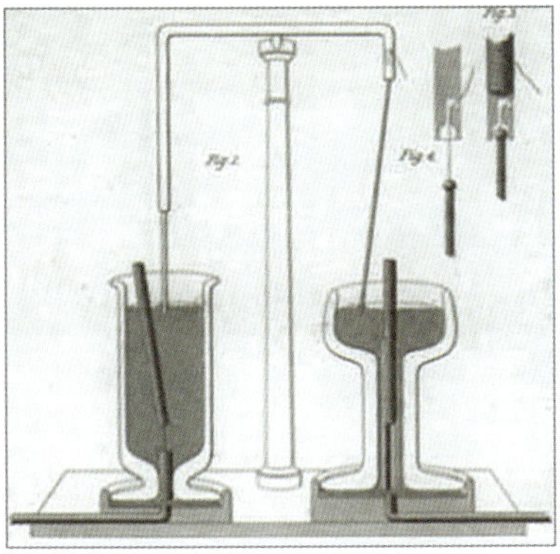

패러데이의 회전 장치. Quarterly Journal of Science에 실린 그림

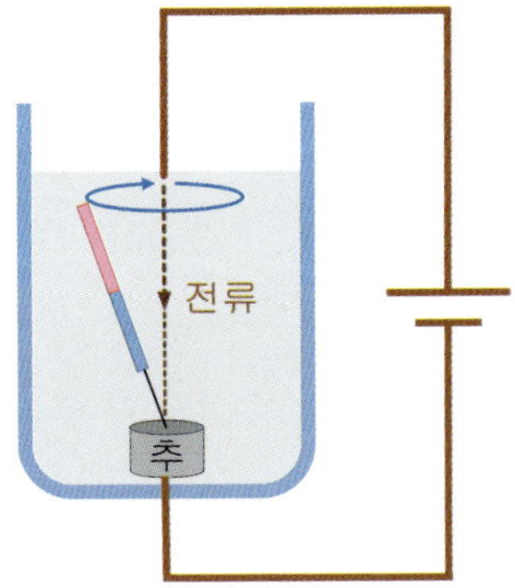

패러데이 회전 장치의 원리

패러데이의 회전 장치는 전선 옆에 둔 나침반이 돌아가는 원리를 그대로 이용한 것으로 아주 초보적인, 그야말로 장난감 같은 장치였다. 그리고 축을 중심으로 회전하는 장치도 아니었으므로 전동기라고 말할 수 있는 것은 아니다. 그렇지만 이 장치는 전기를 이용하여 회전하는 장치를 만들 수 있다는 것을 보여주었다는 큰 의미가 있다. 그래서 이 장치를 최초의 전동기로 인정하고 있다.

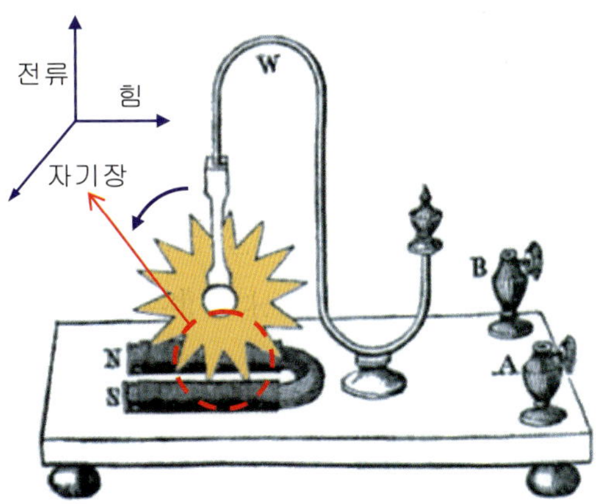

2년 후인 1823년 바로우[68]는 축을 중심으로 회전하는 장치를 만들었다. 그림에서 톱니처럼 생긴 것이 금속으로 만든 회전판이다. 아래에 있는 자석의 가운데 수은이 있고 톱니의 끝이 수은에 닿게 되어 있다. 회전판의 중심에 전지의 -를 수은에 전지의 +를 연결하면 회전판의 아래 부분에 전류가 아래에서 위로 흐른다. 이 전류와

68) Peter Barlow (1776-1862, 영국) 수학자, 물리학자

자기장의 상호 작용에 의해 회전판의 아래 부분이 오른쪽으로 움직이면서 회전판이 회전하게 된다.

"1.4 흐르는 전기에 대한 연구"에서도 설명한 것과 같이, 전류와 자기의 관계는 그 시대 학자들이 이론적으로 정확히 설명하지 못하는 현상이었다. 이론은 고사하고 어느 방향으로 움직일지에 대한 감을 잡는 것도 쉽지 않은 일이었다. 바로우도 톱니가 회전하는 기본 원리를 정확히 알고 이 장치를 만든 것은 아니었다. 자석이 전류에 의해서 움직이는 것이 하도 신기한 현상이라 많은 사람들이 시행착오에 의해 여러 가지 장치를 만들어 보고 있었던 것이다.

움직이는 방향은 72년 후인 1895년 플레밍[69]이 학생들이 이해하기 쉽도록 왼손의 세 손가락을 사용해서 나타냈는데, 그것이 플레밍의 왼손 법칙이다. 플레밍의 법칙에는 왼손법칙과 오른손 법칙이 있는데, 왼손 법칙은 자기장 속에서 전류가 흐르는 전선이 있을 때 어느 방향으로 힘을 받는지를 나타내는 것이고, 오른손 법칙은 자기장 속에서 전선을 움직일 때 어느 방향으로 전류가 생기는지를 나타낸다.[70]

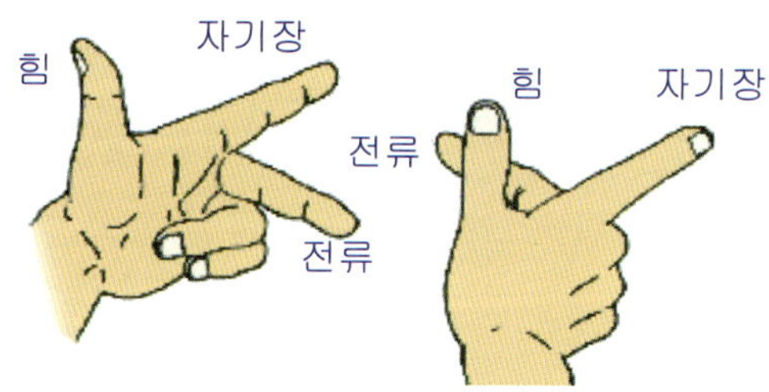

플레밍의 법칙

1831년 헨리는 시소처럼 움직이는 재미있는 장치를 만들었다. 그림에서 C와 D는 자석인데, 두 자석 사이에 수직 막대가 있고

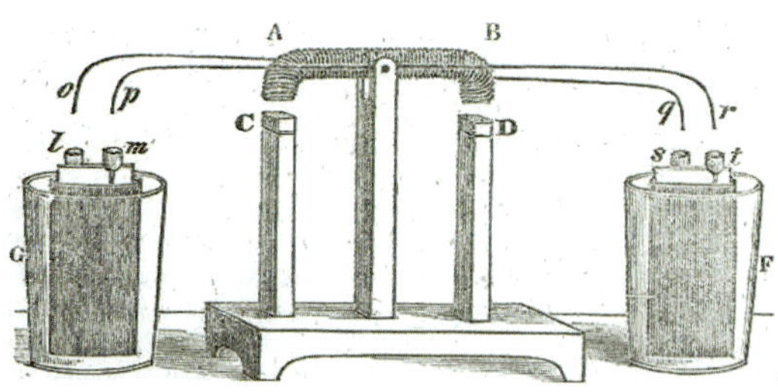

헨리의 장치. American Journal of Science

69) John Ambrose Fleming (1849~1945, 영국) 전기공학자. 2 극 진공관 발명자. (1.17 무선 통신과 진공관의 발명) 페니실린을 발명한 플레밍과는 다른 사람이다.

70) "중지 – 검지 – 엄지"의 순서로 "전 – 자 – 력"이라고 기억하면 쉽다.

그 위에 코일이 시소처럼 움직일 수 있게 고정되어 있다. A를 아래로 누르면 o, p가 전지에 닿아서 코일에 전류가 흐르고 A는 C와 반발하면서 위로 올라간다. 그러면 이번에는 q, r이 전지에 닿게 되고 D와의 반발에 의해 B가 위로 올라간다. 이것이 반복되면서 시소 운동을 하는 것이다.

이 장치의 특징은 움직이는 부분이 정해진 위치에 오면 코일이 전지에 연결되도록 만들어져 있다는 것, 즉 위치에 따라 전선의 연결이 바뀌게 되어 있다는 것이다. 헨리는 자석의 반발력을 이용하여 왕복 운동을 하는 장치를 만들었는데, 이 아이디어를 발전시켜 선의 연결을 바꾸면서 회전을 하는 장치를 만든 것은 철심을 넣은 전자석을 발명했던 스터전이었다.

스터전은 자석 속에 코일을 두어 회전하도록 만들고, 반 바퀴 회전할 때 마다 전선의 연결이 반대로 되도록 하는 장치를 고안했다. 전선의 연결이 반대로 되면 코일의 극성이 바뀌어서 계속 회전하게 될 것이다. 이렇게 코일의 극성을 계속 바꾸어 주는 장치를 정류자(commutator)라고 하는데, 그림에서 동작 원리를 설명하고 있다.

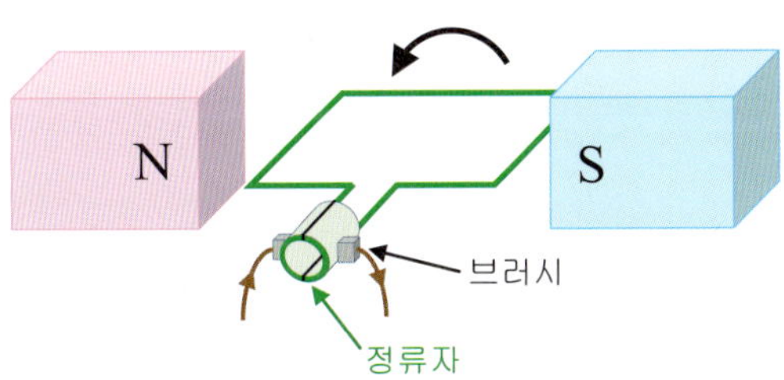

그림에서 코일의 끝에 있는 두 개의 반원 모양으로 되어 있는 원통이 정류자인데, 코일과 함께 회전하게 되어있다. 브러시(brush)는 회전하지 않고 고정되어 있는데, 정류자에 접촉하여 정류자에 전기를 공급해 주는 역할을 한다.

그림과 같은 상태에서 코일에 의한 자기장의 방향은 '위에서 아래' 이므로 코일과 정류자는 화살표 방향으로 돌게 된다. 정류자가 없다면 90도 돌아간 위치에서 더 이상 회전하지 않고 멈추겠지만, 관성에 의해 90도 보다 조금 더 도는 순간 정류자가 전류의 방향을 바꾸어 버린다. 그러면 코일에서 발생되는 자기장의 방향이 반대가 되고 다시 같은 방향으로 회전을 하게 된다. 이런 과정이 반복되면서 회전이 계속되는 것이다. 이것이 지금도 사용하고 있는 직류 전동기의 기본 원리이다.

이후에 많은 사람들에 의해서 여러 가지 장치가 만들어졌지만, 장난감 수준을 크게 벗어나지 못했다. 예를 들면 1833년 리치[71]가 만든 장치는 코일의 두 전선 끝이 수은으로 채워진 두 개의 반원 모양의 홈 속에서 움직이는 구조로 되어 있다. 전기는 두 개의 수은 홈을 통해 공급된다.

리치의 지자계 회전 장치
(www.sparkmuseum.com)

코일의 끝이 수은 홈에 담긴 상태로 돌다가 다른 수은 홈으로 들어가면서 코일의 극성이 바뀌는 것이 리치가 만든 회전 장치의 동작 원리이다. 코일의 두 끝이 정류자의 역할을 하고 두 개의 반원 모양 수은 홈이 브러시의 역할을 한다고 생각하면 된다. 그는 자석을 사용하지 않고, 지구의 자기장에 의해 코일이 돌아가도록 했다.

1년 뒤에는 야코비[72]가 이것을 발전시켜, 코일로 자기장을 만들어주는 방식의 전동기를 만들었다. 이 전동기는 코일로 자기장을 만들어준다는 것 이외에는 리치의 전동기와 다를 바가 없다. 그러나 리치의 전동기는 회전력이 아주 약해서 실제 사용하기 어려웠지만[73]야코비의 전동기는 코일만 개선하면

야코비의 전동기
(www.sparkmuseum.com)

71) Rev. William Ritchie (1790~1837, 영국)
72) Moritz Hermann Jacobi (1801~1874, 독일) 물리학자, 전기기술자. 러시아 과학아카데미 회원을 지냈다. 전동기, 전기 도금법, 전기 지뢰 등을 발명했고 표준 전기 저항기 설정, 전기 저항 측정법 확립 등 전기 기술에 많은 업적을 남겼다.
73) 지역에 따라 다르지만 지구의 자기장은 1 Gauss 이하이다. 1 Gauss는 만분의 1 T(Tesla)로 보통 사용하는 영구자석이 낼 수 있는 자기장의 수백~수천분의 1 정도이다.

더 강한 전동기를 만들 수 있는 가능성을 보여준 것이다. 그래서 야코비의 전동기는 전자석을 이용한 최초의 전동기로 평가받고 있다.

스터전과 헨리가 강한 전자석을 발명했고, 전자석(코일)에 의해 회전하는 장치들이 만들어지고 있었으므로, 그 다음에는 강한 전자석을 사용한 강한 전동기를 만드는 것이 자연스러운 발전 순서라고 생각할지 모르겠다.

그러나 그런 시도는 불붙지 않았는데, 그 이유는 증기기관이 있었기 때문이다. 석탄만 때면 돌아가는 강력한 증기기관이 있는데, 엄청나게 많은 전지를 연결해야 되는 불편한 전동기를 사용할 이유가 없었던 것이다.

조명의 경우도 마찬가지였다. 가스등 사용이 활성화되어 있었고 곳곳에 가스관이 설치되고 있었기 때문에, 아무리 밝다 하더라도 많은 전지를 연결해야 되는 불편한 아크등을 사용할 이유가 없었던 것이다. 결국 전지보다 강력한 '전기를 만드는 장치'가 필요했던 것이다.

1.9 발전기의 발명

전동기를 발명한지 10년 후인 1831년 패러데이는 자기장의 변화가 전기를 일으킬 수 있다는 것을 알아내었고(1.6 전자기학의 발전) 그리고는 바로 '전기를 만드는 장치' 만들기에 도전했다.

전동기를 발명해본 경험이 있어서인지 자신이 발견한 원리를 이용했기 때문인지는 모르지만 패러데이는 전자기 유도 법칙을 발표한지 3 개월 만에 '돌리면 전기를 만들어 내는 장치'를 발표했다.[74] 이 장치는 패러데이 원판(Faraday disk)또

74) 패러데이의 전동기는 외르스테드가 원리를 발견한 때부터 1년 2개월 후에 발표되었다.(1.8 전동기의 발명)

는 '패러데이 원판 발전기(Faraday disk dynamo)' 라고 부르는데, 최초의 발전기라는 역사적으로 큰 의미가 있는 것이다. 지금은 이런 방식의 발전기를 단극 발전기[75)]라고 부른다.

패러데이 원판

패러데이 원판의 원리는 바로우의 회전 톱니의 원리를 역으로 사용한 것이라 생각할 수 있는데, 아래의 그림에서 설명한다. 왼쪽 그림은 자석 사이에서 도선을 움직이면 전류가 발생하는 것을 나타낸다. 전선을 그림처럼 아래 방향으로 이동시키면 전선에는 화살표 방향의 전류가 발생한다.

전선 여러 개를 두 번째 그림처럼 바퀴 모양으로 만들어 돌려도 똑 같은 현상에 의해 전류가 발생한다. 세 번째 그림처럼 전선으로 바퀴를 만들지 않고 구리 원판을 사용하면 패러데이 원판이 된다.

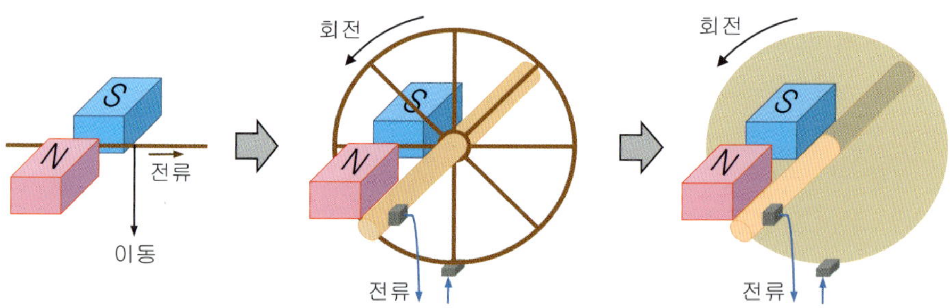

다음해인 1832년에 픽시[76)]가 새로운 형태의 발전기를 만들었다. 아래 그림처럼 두 개의 코일을 배치시키고 그 아래에 말굽자석을 돌리는 장치를 만든 것이다. 이

75) 單極 發電機, homo-polar generator. 낮은 전압 큰 전류의 직류를 발전하는 특수 용도로 지금도 사용되고 있다.
76) Hippolyte Pixii (1808~1835, 프랑스)

장치는 패러데이의 원리를 이용한 것이기는 하지만 패러데이 원판을 발전시킨 것이라고 하기는 어렵다.

픽시와 앙페르의 발전기

이 장치는 전류의 크기가 일정하지 않았고, 방향도 왔다 갔다 했다. 지금의 개념으로 보면 교류 발전이지만, 그 당시에는 아무 쓸모가 없었다. 전기분해에도 사용하지 못하고 라이덴병을 충전시키지도 못하는 전기 발생 장치였던 것이다. 픽시는 과학자가 아니라 장치를 제작하는 일을 직업으로 하는 사람이었다. 과학에 대한 지식이 짧았기 때문에 일정한 전류(직류)를 만들어야 된다는 사실을 모르고 있었던 것이다.

전류가 일정해야 된다는 사실을 알고 난 후 픽시는 앙페르에게 상의를 했는데, 앙페르는 정류자의 사용을 제안했다. 그래서 픽시는 회전하면서 자동으로 전선의 연결 방향을 바꾸어주는 정류자를 만들어 붙였다. 그림에서 자석과 수평판 사이에 있는 것이 정류자이다. 그렇게 해서 전류의 방향이 바뀌지 않도록 할 수 있었는데, 전류의 크기가 일정하지 않은(맥동이 있는) 것은 어쩔 수 없었다.

픽시는 코일을 고정하고 자석을 회전시켰다. 코일에서는 전선이 나와서 단자에 연결되어야 하기 때문에 코일을 회전시키면 전선이 꼬여버리기 때문이었다. 정지해 있는 코일에서 전기를 뽑아내긴 했지만, 전류의 방향을 잡기 위해 회전하는 정류자에 다시 연결해야 되는 상황이 되어버렸다.

그렇다면 코일을 고정시킨 것은 아무 의미가 없어진다. 코일이 회전하도록 하고

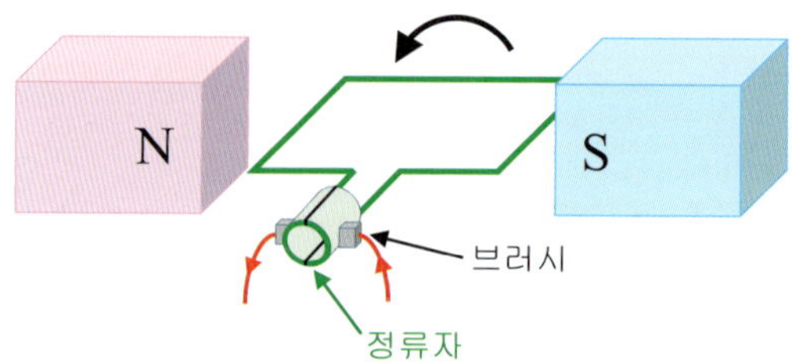

전류를 뽑아낼 때 전동기에서 전류를 공급하기 위해 했던 것처럼 정류자를 거쳐 뽑아내면 훨씬 구조가 간단해질 것이다. 그 이후부터는 자석을 고정하고 코일을 회전시키는 방법을 사용하게 되었다. 전동기의 정류자와 같이 코일 끝에 원형 정류자를 붙이고 정류자에 맞닿아 있는 브러시로 전기를 받아내면 되는 것이다.

이렇게 되면 구조가 전동기와 완전히 같아진다(1.8 전동기의 발명). 지금은 용도에 따라, 그리고 성능과 효율을 좋게 하기 위해 전동기와 발전기를 조금 다른 구조로 만들고 있지만, 근본적으로는 발전기와 전동기는 같은 장치이다.

이 당시 학자들도 전류가 자기장을 발생시키고 자기장의 변화가 전류를 발생시키므로 전동기와 발전기가 '가역성(可逆性)' 이 있다는 것을 말하고 있었다. 그러나 그것은 학문적 측면에서 하는 이야기이고, 실제 전동기와 발전기를 겸용으로 사용하자는 것을 말한 것은 아니었다. 전동기, 발전기도 딱히 쓰일 데도 없던 그 시대에 겸용은 생각할 필요조차 없는 것이었다.

많은 혁신적인 기술은 처음에는 재미로 또는 학문적 관심에 의해 만들어진다. 이 시대에도 마찬가지로 뚜렷이 필요한 곳은 없었지만 전동기와 발전기가 조금씩 발전하고 있었다. 상당히 강력한 전자석을 만들 수 있게 되었고, 헨리의 권선 방법을 사용하면 성능이 좋은 코일을 만들 수도 있게 되었다. 여러 가지 새로운 구조가 시도되면서 전동기와 발전기 제작 기술도 조금씩 쌓여갔다.

그러나 아직 조건이 성숙되지 않았다. 전동기를 사용하자니 전기를 공급해 줄 수 있는 장치가 필요했고, 발전기를 만들자니 그걸로 뚜렷이 할 일이 없었던 것이다. 증기기관으로 발전기를 돌려 발전하고, 그 전기로 전동기를 돌리는 것이 아무 의미가 없다는 것은 말할 필요도 없을 것이다.

다니엘

지금까지 설명한 것과 같이 많은 사람에 의해 전기를 만드는 기술과 전기를 사용하는 기술이 발전하고 있었지만 서로 맞물려 돌아가지 못하고 있었다. '이전에는 불가능하던 것을 할 수 있는 전기 장치' 가 발명된다면 발전기가 사용되기 시작할 것이고, '편리하게 전기를 생산할 수 있는 장치' 가 발명된다면 전동기가 사용되기 시작할 것이다. 즉 어떤 계기가 필요했는데, 처음 그 계기를 제공한 것은 다니엘[77]이었다.

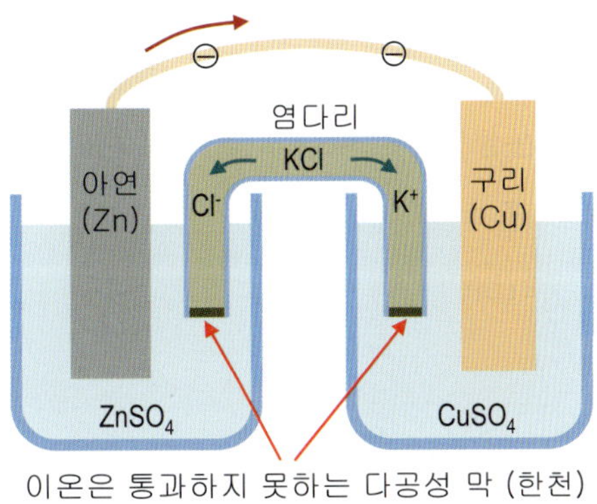

다니엘 전지의 구조

다니엘은 볼타 전지를 개선하는 연구를 했다. 볼타전지는 양(+)극으로 사용하는 구리판에서 수소가 발생하는데, 수소 기포가 구리판을 덮으면서 반응이 점점 줄어들게 되므로 전압이 금방 낮아져버린다. 다니엘은 전압이 금방 낮아져 버리지 않게 하기 위해 기체가 발생하지 않게 하는 방법을 연구 했다. 연구 끝에 다니엘은 수소도 발생되지 않고 볼타 전지에 비해 여러 가지가 개선된 전지를 만들 수 있었는데, 이것을 다니엘 전지라고 부른다.

다니엘 전지는 볼타 전지처럼 전압이 금방 낮아져버리지 않기 때문에 더 오래 사용할 수 있다. 그리고 한 번 사용하고 나면 버려야 하는 볼타전지와는 달리 전류를 역방향으로 흘려주면 역반응이 일어나 사용 전의 상태로 돌아간다. 지금의 개념으로 말하면 충전을 할 수 있다는 것이다. 볼타 전지와 다니엘 전지의 원리는 "2.2 볼타전지에서 건전지까지"에서 설명한다.

77) John Frederic Daniell (1790~1845, 영국) 화학자, 기상학자

수소는 불에 잘 타는 기체이다. 폭발 위험을 감수하면서 수소가 부글부글 나오는 볼타 전지를 사용하고 싶어 하는 사람은 아마 없을 것이다. 다니엘 전지는 수소를 발생시키지 않기 때문에 특히 실내에서 사용할 경우에 볼타 전지에 비해 큰 이점이 있다.

다니엘 전지는 전기를 생산할 수 있는 편리한 방법을 제공했고 전동기에 전원을 공급하는 용도로 사용하는 것이 시도되기 시작했다. 그러나 다니엘 전지는 볼타 전지를 개선한 것이지 획기적으로 많은 에너지를 공급할 수 있는 것은 아니었다. 동력용 전동기에 전기를 공급해 주기에는 아무래도 부족했던 것이다.[78)]

이런 상황에서 '이전에는 불가능하던 것을 할 수 있는 전기 장치' 인 전신(telegraph)이 발명되었다. 전신은 전동기 보다는 훨씬 작은 전력으로 동작하므로 다니엘 전지로도 충분히 동작할 수 있었다. 그리고 전신기는 실내에서 사용하는 것이 보통이므로 수소가 발생되지 않는 다니엘 전지가 안성맞춤이라고 할 수 있다.

1.10 전기 통신의 시작

강한 전자석을 만드는데 성공한 헨리(1.7 전자석의 발명)는 전자석으로 종을 울리는 장치를 만들었다. 헨리의 장치는 전류를 흘리면 전자석이 쇠막대를 끌어당기면서 쇠막대가 종을 치는 구조로 되어 있다. 이 장치에 긴 전선을 연결하면 멀리서도 종을 울릴 수 있다. 몇 번의 시도 끝에 헨리는 2km 가까이 되는 곳에 있는 종을 울릴 수 있었다고 한다.

그냥 종을 울린 것이지만 이것은 멀리 떨어진 곳에 신호를 보낼 수 있다는 것을 보인 것으로 전기 통신의 시작이라고 할 수 있다. 하지만 사람들이 그냥 종을

78) 전기 기차를 다니엘 전지로 움직이기도 했지만 전지를 감당하기 어려웠다.

"땡" 하고 울리는 것만으로 만족할 리는 없다. 여러 사람이 이것을 더 발전시켜 어떤 의미를 실은 신호를 보내는 연구를 하게 되었다.

의미를 실어 보내려면 알파벳을 전송할 수 있는 것이 가장 좋을 것이다. 영어의 경우 알파벳은 26자이니까 이론적으로는 5 개의 선과 하나의 공통선이 있으면 모든 문자를 보낼 수 있다.[79)]

그러나 5 개 중 어느 선에 신호가 들어왔는지를 보고 어떤 문자인지를 아는 것은 상당히 불편한 일이다. 신호를 보낼 때에도 불편함은 마찬가지이다. 신호를 보내고 받을 때 사람이 알아보기 쉽게 하는 것이 필요하다.

쿡

휘트스톤

외국과의 교류가 많아서 통신의 중요성을 잘 알아서인지 모르지만, 전신기를 처음으로 고안한 사람은 러시아의 외교관인 실링[80)]이었다. 실링은 1830년경 마름모꼴의 판에 알파벳을 배치하고 자침으로 가리키는 방식의 전신기를 시험 제작했다. 쿡[81)]은 이 전신기를 보고 사업을 할 생각을 했다. 자신은 전기에 대한 지식이 부족했기 때문에 휘트스톤[82)]교수에게 자문을 구하여 실링의 장치를 개량하고 1837년 특허를 받았다.

이 전신기는 그림과 같이 5 개의 바늘 중 두 개가 신호에 따라 좌우로 움직이게 되어 있다. 두 개의 바늘이 함께 가리키는 문자가 보내고자 하는 문자가 된다. 그

79) 2^5=32이므로 아무 신호도 없는 경우부터 모든 선에 신호가 들어오는 경우까지를 다 생각하면 32가지 신호가 되지만, 신호 없는 경우를 제외하면 31 가지의 신호를 보낼 수 있다.
80) Baron Pavel L'vovitch Schilling (1780 에스토니아~1836 러시아)
81) William Fothergill Cooke (1806~1879, 영국) 전기 기술자, 실험 물리학자
82) Charles Wheatstone (1802~1875, 영국) 물리학자, 발명가. 저항을 정밀하게 측정하는데 사용되는 휘트스톤 브리지로 유명하다. 전기의 속도를 회전거울을 써서 측정하는 연구, 방전에 의해 기화된 금속의 백열증기 스펙트럼 속에 휘선(輝線)이 존재한다는 것을 발표하는 등의 연구와 여러 발명을 하였다. "1.12 발전기의 발전" 참조

림의 경우 전송하는 문자는 'B' 가 된다.

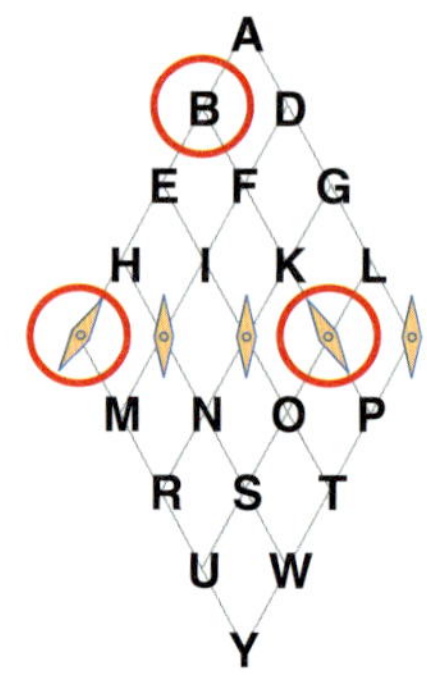

이 방식은 20개 밖에 기호를 나타내지 못하므로 다른 문자로 대체해도 의미를 알 수 있는 6 개의 알파벳을 제외해야만 했다. C, J, Q, V, X, Z가 제외되었는데, 이 글자를 사용하지 않고 단어를 절묘하게 선택하여 전송해야만 했다.

쿡은 이 방식의 전신기를 "Great Western railway"라는 철도회사에 팔았다. 이 철도 회사는 1939년 Paddington과 West Drayton 사이의 21 km 구간에 철도를 따라 전신선을 설치하고 전신기를 통해 역 사이의 연락을 하였다. 이 전신기는 5 개의 침을 사용한다 하여 "5침전신기(five-needle telegraph)"라 부르기도 한다. 그러나 이 방법은 수십 km 이상의 거리에 구리선을 6 가닥이나 설치해야 되므로 (바늘 하나당 1 선 + 공통선) 공사비, 특히 자재비가 너무 많이 드는 방법이었다.

휘트스톤은 전선의 개수를 줄이기 위해서는 바늘의 개수를 줄이는 것이 필요하다고 생각하고 바늘의 개수를 줄일 수 있는 방법을 찾기 시작했다. 5침 전신기의 경우 두 개의 바늘이 가리키는 글자를 읽는 방식인데, 바늘 하나만 움직이는 경우도 사용하면 4 개의 바늘로도 20 개의 문자를 다 표현할 수 있다는 것을 알아낸 휘트스톤은 그림과 같은 4침 전신기를 만들었는데, 그림의 경우 전송하는 문자는 'L' 이 된다. 그러나 이 방법으로는 선을 한 가닥 밖에 줄이지 못한다. 획기적으로 줄일 수 있는 방법이 필요했다.

아무리 궁리를 해봐도 이 방식으로는 더 이상 바늘의 숫자를 줄이는 것이 불가능하다고 생각한 휘트스톤은 결국 5침, 4침 전신기의 가장 큰 장점을 포기하기로 마음을 굳혔다. 5침, 4침 전신기의 가장 큰 장점은 바늘이 가리키는 곳을 보면 문

2침전신기 (www. science-museum.org.uk)

자가 바로 보인다는 것으로, 특별히 훈련을 받거나 연습을 하지 않아도 전신을 보낼 수 있고 받아서 이해할 수 있다는 것이었다.

1843년 휘트스톤은 3 가닥의 선만 있으면 되는 "2침전신기(double needle telegraph)"를 개발했다. 이 방식은 바늘을 두 개만 사용하는 대신 바늘을 두 번 움직이는 경우를 추가했다. 이젠 연습을 하거나 표와 대조해 보지 않으면 바늘만 보고는 무슨 문자인지를 알아볼 수 없게 되었지만 전선의 개수를 반으로 줄이는 데는 성공했다.

2침 전신기가 4침, 5침 전신기에 비해서 좋아진 것이 한 가지가 더 있는데, 그것은 C, V, X를 사용할 수 있게 되었다는 것이다. 즉 이제는 J, Q, Z 만 제외시키면 된다는 것이다. Great Western railway사는 전신기를 2침 전신기로 바꾸고 일반인 대상의 전신 영업을 시작했다.

1845년 어느 날 런던 경찰은 살인 용의자인 John Tawell이 Paddington행 기차를 탔다는 정보를 입수했다. 즉시 용의자의 인상착의를 새로 설치된 전신을 통해 Paddington 경찰에게 보냈고,[83] 연락을 받은 Paddington 경찰은 기차에서 내리는 그를 알아보고 미행을 시작했다.

기차보다 더 빠른 연락 방법이 없는 줄 알고 안심하고 있었던 범인은 새로 나타난 전신 기술 때문에 체포되어 결국 교수형을 당하게 되었다. 그 이후 전신은 "기차보다 빨리 편지를 보낼 수 있는 방법"으로 각광을 받기 시작했다.

그 후 쿡과 휘트스톤은 "단침전신기(single needle telegraph)"를 개발하는데 성

83) "Quaker"라는 단어를 보내야 하는데(그는 퀘이커교의 전통 의상을 입고 있었다), Q자는 제외된 글자라서 "Kwaker"라고 바꿔 보냈는데, 다행히 수신측에서 이해했다고 한다.

공했다. 그러나 두 사람 다 전신을 발명하는 데에는 자신의 역할이 더 컸다고 생각하고 있다 보니, 전신을 발명한 사람의 영예를 누가 차지할 것인가에 대한 논쟁이 시작되었다. 논쟁은 쉽게 끝나지 않았고 결국 두 사람의 협력 관계는 깨어지고 단침 전신기는 상품화되지 못했다.

1825년 미국의 뉴욕 대학 예술대학 교수인 모스[84]는 초상화 그리는 작업을 위해 장거리 출장을 갔다. 그림 작업이 한창 진행 중이던 어느 날 말을 타고 온 우편 배달원이 부인이 아프다는 편지를 전해주었다. 작업을 중단하고 당장 집으로 달려갔지만 이미 부인은 세상을 떠나 땅에 묻힌 후였다. 그 이후 모스는 기차와 말 보다 빠른 연락 방법에 대해 관심을 가지게 되었다.

모스

몇 년 후 루브르 박물관 명작의 축소 모사[85]를 위해 유럽에 간 모스는 1832년 돌아오는 배에서 잭슨[86]이라는 전기 공학자를 만났는데, 같이 배를 타고 오면서 헨리가 멀리 있는 종을 울린 이야기 등 여러 가지 이야기를 들었다.

이제 루브르 명화는 뒷전이 되었다. 돌아오는 내내 모스의 머릿속은 종 울리는 것을 응용하여 통신할 수 있는 장치를 만드는 것으로 가득 차 있었다.

모스는 미국에 돌아와서 뉴욕 대학 동료 교수였던 게일[87]교수를 만나 자신의 아이디어를 설명했다. 그리고 젊고 열정적인 베일[88]을 영입하여 자신이 구상한 전신기를 개발하기 시

베일

84) Samuel Finley Breese Morse (1791~1872, 미국) 화가, 발명가
85) 루브르에 전시된 명화 38 점을 축소하여 한 장의 캔버스에 그리는 계획이었다.
86) Charles Thomas Jackson (1805~1880, 미국) 의사, 물리학자.
87) Leonard Gale (1800~1883, 미국) 뉴욕 대학의 과학과 교수였다. 헨리(1.7 전자석의 발명)의 개인적인 친구이기도 하다.
88) Alfred Lewis Vail (1807~1859, 미국) 기계기술자, 발명가

작했다. 그래서 개발된 것이 그 유명한 '모스 전신기' 이다.

모스 전신기는 기본적으로 헨리의 종을 울리는 장치를 발전시킨 것이라고 생각하면 된다. 종을 울리는 방법으로 신호를 보낸다고 생각해보자. 가장 쉽게 생각할 수 있는 방법은 한 번 치면 'A' 두 번 치면 'B' 와 같은 식으로 문자를 나타내는 방법이다.

그러나 이 방법으로 'Z' 를 보내고자 할 경우 26번을 쳐야 하므로 비효율적인 방법이 아닐 수 없다. 그냥 "땡" 하고만 칠 수 있는 종이라면 다른 방법을 찾기는 어렵겠지만 종을 길게 칠 수 있다면 짧게 치는 것과 길게 치는 것을 조합해서 사용할 수 있게 된다. 그러면 훨씬 효율적으로 신호를 보낼 수 있게 되는데, 이것을 이용한 것이 모스 부호이다.

초기의 모스 전신기는 종이테이프에 모스 기호를 인쇄하는 방법을 사용했다. 그러다가 모스 부호를 외우고 있는 사람이 많아지면서 소리를 내는 방식으로 바뀌었다. 나중에는 소리를 들으면서 바로 통역할 수 있는 전신 기사들도 생겼고, 전신 기사들이 빨리 치기 시합을 하기도 했다.[89)]

초기의 모스 수신기
(www.sparkmuseum.com)

모스 전신기와 모스 부호를 발명한 것이 모스가 아니라는 이야기가 있다. 모스는 단지 자신의 기본 아이디어를 알려주고 연구비를 조달했을 뿐이며, 공동으로 소유해야할 특허권을 독점했다는 것이다. 모스 부호를 베일이 발명한 것이라는 주장도 상당히 타당성이 있어 보인다.

베일이 모든 것을 다 했는지는 명확하지 않지만, 분명한 것은 베일이 전신기의 제

89) 조난 신호인 SOS는 모스 부호로 "· · · − − − · · ·"인데, 기억하기 쉬우면서도 식별이 가능한 것으로 정한 것이다. "Save Our Ship"의 약자라는 것은 속설일 뿐이다.

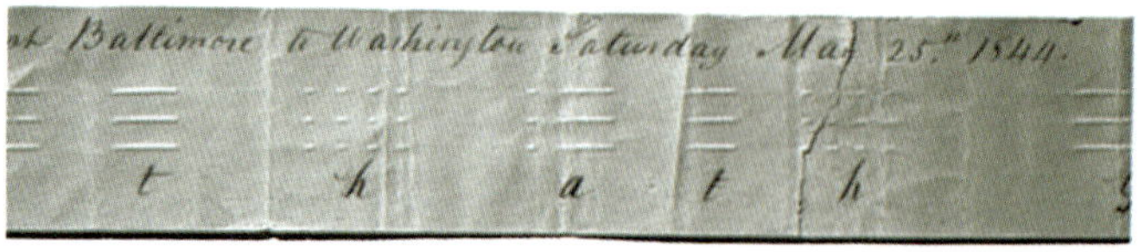

모스의 최초 전신문의 일부 (미국 국회 도서관)

작과 모스 부호의 발명에 결정적인 역할을 했다는 것이다. 그러나 어쨌든 1844년 워싱턴과 볼티모어 간 64㎞ 구간에 전선이 연결된 후 "What hath God wrought" 이라는 최초의 전문[90]을 전송하여 전신시대의 막을 연 것은 모스였다.

그 이후, 미국의 몇몇 기업들이 모스 전신 체계를 도입하여 사업을 시작하였고 전신이 확대되어 나갔다. 정부가 전신을 관리했다면 국가 표준이 정해지고 통신 방식이 통일되었을 것이다. 그러나 기업이 주도했기 때문에 새로운 전신기, 새로운 통신 부호가 계속 나타나게 된다. 이런 치열한 경쟁 체계 속에서 전신은 빠른 속도로 발전해 나갔다.

어떤 전신 체계이든 전신을 하려면 전신선이 있어야 한다.[91] 완전히 새로 전신선을 가설하는 것은 쉽지 않기 때문에 전신선은 주로 철도를 따라 가설되었다. 그리고 역 사이에 전신으로 연락을 함으로써[92]철도의 운행 정보를 고객에게 제공할 수 있게 되었고 철도를 더 효율적이고 안전하게 운영할 수 있게 되었다.

통신 수단인 전신은 이렇게 이동 수단인 철도와 함께 발전해 갔는데, 통신과 이동이 함께 발전하면서 사람들의 생활이 급격하게 변하게 되고, 따라서 사회는 급격히 변화되어 갔다.

90) "신이 만든 것(을 보라)"이라는 뜻으로, 특허국장의 딸인 Annie Ellsworth가 성경의 구절 중에서 선택한 문장으로 전해진다.

91) 전신선은 일정 간격으로 세워진 기둥에 걸치는 방법으로 설치되었는데, 이 기둥을 전신주(電信柱) 또는 전봇대(전보(電報) + 대)라고 불렀다. 나중에 전력선이 설치될 때 같은 기둥을 사용했기 때문에 아직도 전기선을 걸치는 기둥을 전봇대 또는 전신주라고 부르고 있다.

92) 초기에는 기차역이 전보 통신국을 겸했으므로 전보를 보내려면 역에 가야 했다.

영문자		한글		일본어				숫자	
A	·-	ㄱ	·-··	イ	·-	ノ	··--	1	·----
B	-···	ㄴ	··-·	ロ	·-·-	オ	·-···	2	··---
C	-·-·	ㄷ	-···	ハ	-···	ク	···-	3	···--
D	-··	ㄹ	···-	ニ	-·-·	ヤ	·--	4	····-
E	·	ㅁ	--	ホ	-··	マ	-··-	5	·····
F	··-·	ㅂ	·--	ヘ	·	ケ	-·--	6	-····
G	--·	ㅅ	--·	ト	··-··	フ	--··	7	--···,
H	····	ㅇ	-·-	チ	··-·	コ	----	8	---··
I	··	ㅈ	·--·	リ	--·	エ	-·---	9	----·
J	·---	ㅊ	-·-·	ヌ	····	テ	·-·--	0	-----
K	-·-	ㅋ	-··-	ル	-·--·	ア	--·--		
L	·-··	ㅌ	--··	ヲ	·---	サ	-·-·-		
M	--	ㅍ	---	ワ	-·-	キ	-·-··		
N	-·	ㅎ	·---	カ	·-··	ユ	-··--	특수 문자	
O	---	ㅏ	·	ヨ	--	メ	-···-	ー(장음)	-····-
P	·--·	ㅑ	··	タ	-·	ミ	··-·-	.	·-·-·-
Q	--·-	ㅓ	-	レ	---	シ	--·-·	,	--··--
R	·-·	ㅕ	···	ソ	---·	ヱ	·--··	단락 나눔	·-·-··
S	···	ㅗ	·-	ツ	·--·	ヒ	--··-	(	-·--·
T	-	ㅛ	-·	ネ	--·-	モ	-··-·	)	-·--·-
U	··-	ㅜ	····	ナ	·-·	セ	·---·	본문	-··---
V	···-	ㅠ	·-·	ラ	···	ス	---·-	정정/종료	···-·
W	·--	ㅡ	-··	ム	-	ン	·-·-·		
X	-··-	ㅣ	··-	ウ	··-	゛(탁점)	··		
Y	-·--	ㅐ	--·-	ヰ	·-··-	゜(반탁점)	··--·		
Z	--··	ㅔ	-·--						

에디슨

에디슨[93)]은 역의 신문 가판대에서 일하다가 기차에 치일 뻔한 역장 아들을 구해준 것이 계기가 되어 전신 기술을 배우게 되었다. 에디슨은 약간의 청각 장애가 있었다. 인쇄하는 전신기를 사용할 때는 문제가 안 되었지만, 소리 내는 방식으로 바뀌고, 속도도 점점 빨라지면서 점점 듣기가 어려워졌다. 그래서 에디슨은 모스 기호 대신 문자를 인쇄하는 장치를 발명하고 1871년 특허를 취득했다. 그는 이 특허의 특허권을 4만 달러에 팔았는데, 그 돈으로 발명의 산실이 된 멘로 파크 (Menlo Park) 연구소를 설립할 수 있었다.

1.11 전화기의 발명과 특허 분쟁

1880년대 뉴욕 시가의 전신망

앞에서 말한 것과 같이 전신이 발명되면서 멀리 있는 사람에게 연락을 하는 것이 편리해지고 사람들의 생활에 큰 변화가 생기기 시작했다. 당시 점점 더 많은 사람들이 전신을 이용하면서 '세상 참 좋아졌다'는 생각을 하고 있었는데, 더 편리한 통신 방식이 필요하다고 생각하는 사람은 별로 없었다.

지금은 전화를 생활의 필수품으로

93) Thomas Alva Edison (1847~1931, 미국) 1093 개의 특허를 낸 발명가, 사업가. 전구실험 중에 발견한 "열전자 방출"은 진공관에 응용되어 전자공업 발달의 바탕이 되었다 (1.17 무선통신과 진공관의 발명)

생각하지만 그 당시만 해도 '도대체 전기로 음성을 전달하는 것이 필요한 일이 뭐가 있냐?' 는 생각을 하는 사람이 대부분이었던 것이다.

그 당시는 통신량이 급증하고 있었는데, 선 하나로 한 회선의 신호를 보내야 하므로 사진에서 보는 것과 같이 도시는 전선으로 가득 찰 지경이 되었다. 선을 줄이기 위해서는 선 하나로 여러 회선의 전신 신호를 보내는 기술(다중 전신)의 개발이 필요했다.

그래서 많은 발명가들이 다중 전신의 개발을 위해 노력하고 있었다. 그러나 일부의 발명가들은 이미 여기저기서 전기를 사용하여 음성을 전달하는 방법을 연구하고 있었다.

메우치

이탈리아의 메우치[94)]는 미국으로 이주한 뒤 몸이 마비된 아내를 위해 침실과 자신의 작업실 사이에 통화를 할 수 있는 시스템을 개발했다. 1860년에 공개시연회를 열고, 기계를 좀 더 정교하게 개량했지만 가난한 그에게는 특허 신청에 필요한 250달러가 없었다. 결국 1871년에 1년짜리 임시 특허를 신청하고 돈을 마련한 후 갱신하는 방법을 택했다. 그러나 3년 뒤에는 특허를 갱신할 돈 마저 없어서 발명에 대한 권리를 가질 수 없게 되었다.

라이스

같은 시기에 독일에서도 전화기의 발명이 있었다. 헌 물건을 재활용하여 발명을 하는 취미를 가지고 있는 '동네의 괴짜 발명가 아저씨' 인 라이스[95)]는 1860년 돼지 방광에 스프링을 연결하여 송화기를 만들고, 전자석에 바이올린을 연결하여 수화기를 만들어서 전화기를 만들었다. 동네 꼬마들을 모아 놓고 동작하는 것을 보여줬는데 워낙 괴상하게 생긴데다가

94) Antonio Meucci (1808 이탈리아~1889 미국) 발명가. 이탈리아에 있을 때 혁명가인 가리발디 (Giuseppe Garibaldi, 1807~1882, 이탈리아)와 함께 일한 적이 있다.
95) Johann Philip Reis (1834~1874, 독일) 과학교사, 발명가

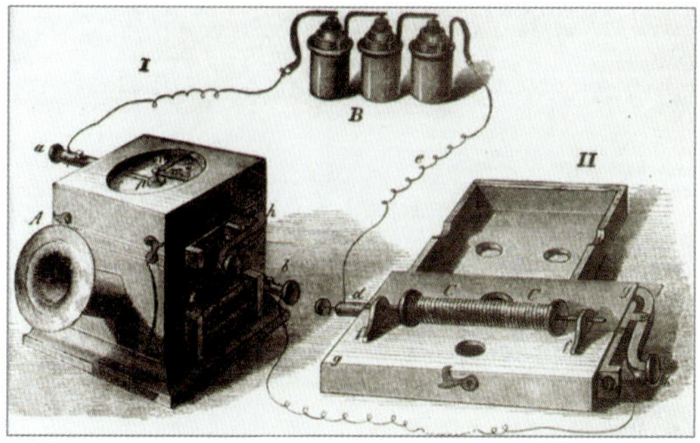

1861년 발표한 라이스의 전화기

소리를 전달하는 신기한 재주가 있는 물건이라 금방 소문이 났다. 라이스는 전화를 좀 더 개량하여 실용화하려는 포부를 가지고, 자신의 발명품에 "telephon"이라는 명칭을 붙였다.

열심히 전화기를 개선한 라이스는 1861년 10월, 프랑크푸르트의 과학자 모임에서 자신의 발명품을 야심차게 선보였지만, 학자들은 시골 학교 과학 선생인 그를 높이 평가하지 않았고, 그의 발명품을 장난감 취급했다. 영국의 한 회사도 그의 발명품을 시험해보고 동작이 됨을 확인했지만 역시 크게 중요하게 생각하지는 않았다.

그 이후에도 라이스는 굴하지 않고 실용화를 위한 노력을 했지만, 관심을 가지는 사람이 별로 없었기 때문에 계속 난관에 부딪히게 되었다. 결국 라이스는 성공하지 못하고 40세의 나이에 가난과 고독 속에서 폐결핵으로 세상을 뜨고 말았다.[96)]

그레이

라이스가 사망한 해인 1874년 어느 날, 미국의 그레이[97)]는 사촌동생의 집에 놀러갔다. 사촌동생은 화장실 욕조에 두 개의 회로로 구성된 전기 장치를 설치해 놓고 한 쪽 회로의 금속판을 진동시키면 선으로 연결된 다른 쪽 회로가 열렸다 닫혔다 하는 것을 보여 주었다. 이 실험을 본 그레이는 전선을 통해 소리를 신호로 바꾸어 전달할 수 있을 것이라는 생각을 하고 연구에 착수했다.

96) 후에 벨이 전화로 성공했다는 것을 들은 라이스의 고향 사람들이 그의 묘에 "진정한 전화기의 발명자"라는 비문을 붙이고 안타까워했다고 한다.
97) Elisha Gray (1835~1901, 미국) 전기기술자, 발명가. 그가 1869년에 설립한 Gray & Barton은 후에 Western Electric사가 되었다.

그레이의 연구는 빠른 속도로 진행되었고 몇 달 만에 금속 진동판을 사용해서 전선으로 신호를 보내는 장치에 대한 시연회까지 하게 되었다. 시연회 후 이 새로운 장치는 장안의 화제가 되었다. 그러나 전신 분야의 전문잡지였던 'Telegrapher'는 전화에 대한 착상이 재미있기는 하지만 실제로 사용할 가치는 없다고 했다.

그 때는 전신의 사용량이 폭발적으로 증가하고 있었으므로 소리를 보내는 것 보다는 한 가닥의 전선에 여러 개의 전신 신호를 보낼 수 있는 기술이 꼭 필요했다. 중견 발명가였던 그레이는 이러한 사실을 너무나 잘 알고 있었기 때문에 전화의 개발 보다는 전신 시스템을 개량하는 데 몰두하였다.

벨

왓슨

한편 벨[98)]은 농아 학교 교사로 일하면서 농아를 위한 발성법에 대한 연구를 하고 있었다. 1874년에 벨은 그레이의 활동을 알게 되었고, 그레이의 전신을 잘 활용하면 농아들의 의사소통에 응용할 수 있을 것이라는 생각을 했다. 벨은 연구비 마련을 위해 농아인 여학생[99)]의 가정교사를 하면서 왓슨[100)]이라는 기술자를 고용해 송신기와 수신기에 대한 연구를 시작했다.

1875년 6월 2일, 평소처럼 벨과 왓슨은 복도를 사이에 둔 다른 방에서 실험을 하고 있었다. 여러 가지 실험 중 왓슨이 송신기 중 하나의 진동판을 퉁겨 주었는데 건너 방에 있던 수신기에서 울리는 소리가 났다. 퉁기는 소리가 전달된다면 사람의 목소리도 전달할 수 있을 것이라고 생각한 벨은 즉시 송신 장치의 설계도를 그

98) Alexander Graham Bell (1847 영국~1922 미국) 전화기 이외에도 광선 전화, 축음기, 비행기 등도 연구했고, 일생 동안 청각장애 연구에 심혈을 기울이고 청각장애자를 위한 특수학교를 경영하고 지원했다. 그 혜택을 받은 사람 중 한 명이 헬렌 켈러(Helen Adams Keller, 1880~1968, 미국)이다.

99) 후에 벨의 부인이 되는 Mable Hubbard이다. 그녀의 아버지가 벨을 재정적으로 후원했는데, 전화 보다는 다중 전신 개발을 원했다.

100) Thomas A. Watson (1854~1934, 미국) IBM(International Business Machines)의 설립자인 Thomas J. Watson(1874~1956, 미국)과는 다른 사람이다.

려 왓슨에게 주었고, 왓슨은 다음날 장치를 만들어 왔다.

벨과 왓슨은 100m 정도의 전화선을 설치해 놓고 본격적으로 소리를 전송하는 실험을 하기 시작했다. 장치는 조금씩 개량되어 나갔고, 전화기의 성공 가능성이 보이기 시작했다.

1876년 2월 14일, 아직 동작이 완벽한 상태는 아니었지만 그는 가죽 진동판을 사용한 전화기에 대한 특허 출원을 한다. 벨의 전화기 발명을 이야기할 때 자주 나오는 극적인 순간인 벨과 왓슨의 최초 전화통신인 "Mr. Watson, come here! I need you!"는 그로부터 한 달 정도 후의 일이다.

벨이 특허를 출원한다는 소식을 전해들은 그레이는 부랴부랴 벨의 아이디어와 자신의 아이디어를 정리하여 서류로 작성해 특허 정지 신청(caveat)을 냈다. 그러나 그레이는 벨 보다 2 시간 늦고 말았고 특허는 벨에게 돌아갔다. 발명을 그레이가 먼저 했기 때문에 충분히 승산이 있는 상황이었지만,[101] 그레이는 벨의 특허를 문제 삼지 않았다. 그런 장난감에 신경 쓸 시간이 있으면 다중 전신 개발에 더 노력하겠다는 생각이었다.

그런데 특허장이 발부된 지 3 일 후 열린 벨의 전화기 공개 시연회에 나온 전화기의 진동판은 금속으로 만든 것이었다. 원래 벨의 발명은 가죽 진동판이었고 금속 진동판은 그레이의 방식이었다. 그런데 벨은 금속 진동판으로 전화기를 만든 것이다.

그렇다면 이야기는 달라진다. '벨은 완전히 개발되지 않은 상태에서 특허를 출원한 후 아무리 해봐도 안 되니까 그레이의 아이디어를 도용한 것이 아닌가?' 이렇게 생각한 그레이는 벨의 전화기가 자신의 발명과 다른 유사점도 있다는 것을 발

101) 미국 이외의 나라는 "선출원주의"를 채택하고 있어서 먼저 출원한 사람이 특허권을 받지만, 미국은 "선발명주의"를 채택하고 있어서 발명을 먼저 한 사람에게 우선권이 주어진다. 물론 먼저 발명 했다는 증거가 있어야 하는데 그레이는 공개 시연을 했기 때문에 문제될 것이 없었다. 2 시간 늦었기 때문에 그레이가 특허를 놓쳤다고 하는 것은 무리가 있는 말이다.

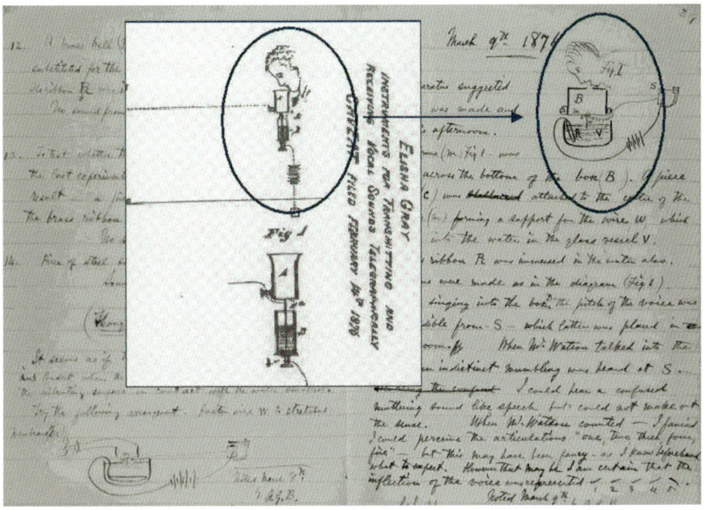

그레이의 특허정지 신청 서류(왼쪽)와 벨의 연구노트 그림(오른쪽). 출처 Wikipedia

견했다.

그레이는 벨을 사기 혐의로 고소했고, 법정 투쟁에 돌입했다. 법관들의 의견은 반반으로 팽팽히 맞서 있었는데, 2년에 걸친 치열한 재판 끝에 결국 법관들은 벨의 특허를 인정했고 벨은 전화기의 발명자로서의 권리를 획득하게 된다.

권리를 획득했으니 이제 돈을 벌어야 할 때가 된 것이다. 당초에 벨의 후원자들이 원했던 것은 다중 전신과 음악 전신기였지만, 벨이 발명한 건 전화기였으니, 어쨌든 전화로 돈을 벌어야만 한다. 그래서 벨과 후원자들은 그 당시 전신 시스템을 장악하고 있는 Western Union사에 특허를 팔려고 했지만, Western Union사는 거절했다. 이제 포기하든지 아니면 직접 사업을 하는 방법만이 남았다.

전화 사업이 성공하려면 전화선이 가설되고 전화를 사용하는 사람이 많아져야 한다. 그래서 벨은 우선 작업실과 집 사이에 약 5km 정도 길이의 전화선을 깔았다. 그리고 친분이 있던 경비업체를 운영하는 홈즈를 위해 보스턴 소재의 5개 은행을 전화로 연결했다. 물론 무료 시험 운영이었다.

그 당시는 사회 전체가 전신에 의해 움직이다시피 했는데, 전신을 하려면 전신 기사가 있어야 한다. 경비의 경우 긴급 상황에서 전신 기사를 통하지 않고 직접 말로 연락을 할 수 있다는 것은 큰 장점이 된다. 벨은 이런 점을 살려 사업을 하려고 했던 것이다. 벨은 경비 회사와 운송 회사를 중심으로 전화선을 가설하고 시험 운영을 시작했다. 몇 개의 도시에 전화선이 설치되자 1877년 7월 9일 벨 전화사가 공식 출범을 했다.

1878년 에디슨이 탄소 저항을 이용한 송화기로 특허를 취득했다. 그리고 여러 발명가에 의해 여러 가지 발명들이 이어지면서 전화는 개량되어 갔고, 사람들은 전신기사 없이도 의사소통을 할 수 있는 전화에 대해 점점 관심을 가지게 된다. 이제 Western Union사의 발등에 불이 떨어진 셈이다. Western Union사는 그레이의 특허와 에디슨의 탄소 저항을 이용한 송화기를 채용하여 만든 전화기를 내놓았다.

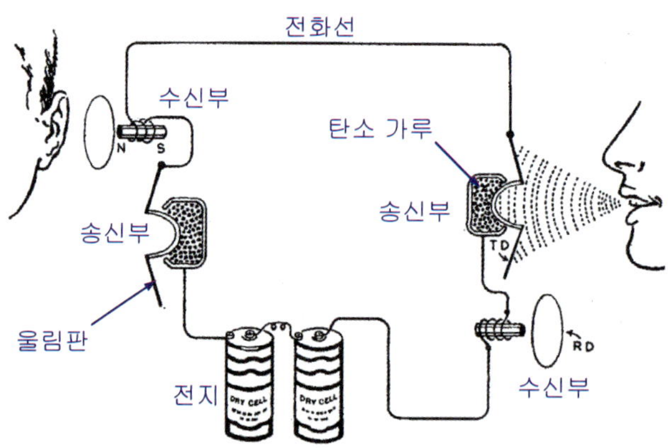

탄소 저항 송화기형 전화기

그림이 탄소 저항을 이용한 전화기의 원리를 설명하고 있다. 소리에 의해 울림판이 떨리면 울림판이 탄소 가루를 밀었다 놓았다 하게 된다. 그러면서 송화기의 저항이 커졌다 작아졌다 하게 되고, 거기에 따라 전류도 커졌다 작아졌다 하게 된다. 전류가 진동하면 수신기의 자기장이 진동하고 수신판이 따라 진동하면서 소리를 내게 된다.

Western Union사가 전화 사업에 뛰어들자 이번엔 벨 회사가 문제 삼으면서 법정 투쟁에 들어간다. 또 한 차례의 치열한 법정 투쟁 끝에 벨은 이번에도 승리하게 되고, Western Union사는 전화 대여로 벨 전화사가 얻는 이익의 20%를 챙기는 것에 합의하고 전화에 대한 권리를 포기했다.[102)]

이번엔 메우치가 가만있지 않았다. 자신이 16년이나 먼저 전화를 발명했지만 돈이 없어 특허권을 확보하지 못했다는 것도 억울했고, 벨과 연구소를 함께 사용할 때 전화기 설계도가 없어져서 벨을 의심했던 기억도 났다. 그래서 그는 벨을 상대로 소송을 제기했다.

그 동안 계속 이겨왔던 벨도 이번에는 어쩔 수 없었다. 대법원이 벨의 사기혐의를 인정하는 쪽으로 기울어진 것이다. 그러나 1889년 승리를 눈앞에 둔 메우치가 사망하면서 재판이 중단되었고 벨은 또 한 번의 위기를 넘기게 되었다. 이외에도 벨은 많은 법정 투쟁을 통해 자신의 권리를 확보했다.[103)]

그 이후 전화 가입자는 점점 늘어났고 벨 전화사는 규모가 커지면서 전신에 의해 움직이던 통신 시장을 빠른 속도로 잠식해 들어가기 시작했다. 벨 전화사는 여성 교환원이 전화 연결을 해 주는 방식으로 사업을 했다.

전화 교환실 (www.telephonymuseum.com)

벨 전화사는 1885년에 회사 이름을 AT&T로 바꾸었다. 이름을 바꾸고 난 후에도 가입자가 계속 늘어났는데, 그에 따라 교환원의 숫자도 계속 늘어났다. 진공관이

102) 이 계약은 1877년에 이루어졌는데 기간은 1894년까지였다. 즉 1894년까지는 벨 전화사가 전화 사업을 독점했고 1895년부터는 경쟁 체제가 되었다.
103) 벨은 통산 600회 정도의 법정 투쟁을 했다고 전해진다.

제1부 전기 문명의 역사

발명된 이후에는 진공관을 사용한 교환기가 도입되어 사용되었고 트랜지스터가 발명된 이후에는 트랜지스터 방식의 교환기를 사용했다. 이런 과정을 거치면서 AT&T는 미국의 통신 시장을 100년 이상 지배했다.[104)]

전화를 발명한 사람이 누구냐고 물으면 벨이라고 답하는 사람이 많을 것이다. 그러나 정확히 말하면 벨은 전화를 최초로 발명한 사람이 아니라 최초로 전화의 상용화에 성공한 사람이다.

이 시대부터는 최초의 발명자라는 명예보다는 권리의 확보가 중요해지기 시작한다. 놀레가 정전기 저장 장치를 라이덴병이라고 불렀다고 해서 클라이스트가 이의를 제기했다는 기록은 본 적이 없다. (1.2 정전기 연구) 패러데이가 맥스웰에게 자기력선에 대한 권리를 주장했다는 말도 들어본 적이 없다. (1.6 전자기학의 발전) 그러나 전화기는 발명부터 법정 투쟁이 따라다녔다. 이런 과정을 거치면서 과학과 공학이 분리되기 시작한다.

1.12 발전기의 발전

세상은 전신과 전화기를 통한 의사소통을 통해서 빠르게 변해가고 있었다. 점점 더 많은 사람들이 도시로 몰려들고 있었고 도시의 건물은 점점 높아지고 있었다.[105)] 사람들은 점점 더 편한 것과 빠른 것을 추구하기 시작했다. 대륙 간에도 통신이 많아지면서 대서양 횡단 케이블이 건설되고 있었다.[106)]

104) American Telephone & Telegraph Co. 1984년 분할을 시작으로 사세가 기울어지기 시작했고, 결국 2005년 SBC사에 인수되면서 120년의 역사가 마감되었다. SBC는 브랜드 가치를 고려하여 at&t라는 이름을 계속 사용하고 있다.

105) 1850년대 초까지는 6 층 이상의 건물이 거의 없었는데, 1853년부터는 엘리베이터가 설치되면서 건물이 높아지기 시작했다.

106) 최초의 대서양 횡단 케이블은 1866년 완공되었다. 최초의 해저 전신 케이블은 1850년 영국과 프랑스 간에 설치된 것이다. 케이블은 구리선에 천연 고무를 입힌 구조로 된 것이었다.

1850년 뉴욕 맨해튼의 모습

그런데 아직도 한 가지 부족한 것이 있었으니 바로 전기였다. 전신, 전화기가 발달하고 있었지만 쓸 만한 전기라고는 다니엘 전지 밖에 없었던 것이다. 전지로 공급할 수 있는 전력에는 한계가 있기 때문에 발전기가 필요하다는 것은 모두가 알고 있었다. 그래서 패러데이, 픽시(1.9 발전기의 발명) 이후에도 많은 사람들이 발전기를 개선시키기 위한 노력을 했지만 시대가 요구하는 정도의 강한 전력을 생산하는 발전기는 만들지 못하고 있었다.

발전기는 자기장 속에서 전선을 움직일 때 전기가 발생하는 원리를 이용한다. 따라서 강한 전기를 만들려면 자기장이 강해야 한다. 그런데 자석(영구자석)으로는 원하는 만큼 센 자기장을 만들 수 없었다. 그래서 사람들은 영구자석보다 훨씬 강한 전자석을 발전기에 사용할 생각을 하게 되었다.[107)]

헨리의 방식대로 피복을 입힌 구리선을 사용하여 철심에 선을 촘촘하게 감으면 상당히 강한 자기장을 만들 수 있으므로 강력한 발전기를 만들 수 있다. 그런데 전자석은 전류를 흘려줄 때 만 자석이 되므로, 결국 '전기를 만들기 위해 전기가 필요한' 상황이 된 것이다.

처음으로 이 문제를 해결한 사람은 와일드[108)]였다. 와일드는 영구자석을 사용한 작은 발전기에서 발전을 하고, 발전되는 전기를 큰 발전기의 전자석에 공급하여 강한 전기를 발생시키는 방식의 발전기를 개발하고 1863년에 발표했다.

107) 발전기를 영어로 generator라고 하는데, 영구자석을 사용하는 직류 발전기는 magneto, 전자석을 사용하는 직류 발전기는 dynamo, 교류 발전기는 alternator로 구분하기도 한다. 직류 발전기를 generator, 교류 발전기를 alternator라고 구분하기도 한다.
108) Henry Wilde (1833~1919, 영국) 공학자

그림의 윗부분이 영구자석을 회전시키는 작은 발전기이고 아랫부분이 전자석을 이용한 큰 발전기인데, 두 발전기는 함께 회전시켜야 한다. 즉 두 단계를 거쳐 강한 전기를 만드는 방법이다.

와일드의 발전기

이 발전기를 만들고 발표까지 한 후 와일드의 머릿속에 번쩍하고 떠오르는 것이 있었다. '왜 그 생각을 못했을까?' 지금까지 괜한 짓을 하고 있었다는 생각이 든 와일드는 작은 영구자석 발전기를 떼어버렸다. 그리고 전자석에 전류를 흘려주는 두 단자를 발전기 출력 단자에 연결했다.

이 방법은 발전되는 전기 중 일부를 전자석에 흘려주는 방법인데 처음에 이렇게 하지 않은 것은 '발전이 안 되면 전자석에 전류를 흘릴 수 없는데, 전류가 안 흐르면 발전이 안 된다' 고 생각했기 때문이었다. 그런데 철을 자석에 붙였다 떼면 자성이 조금 남아있지 않은가?

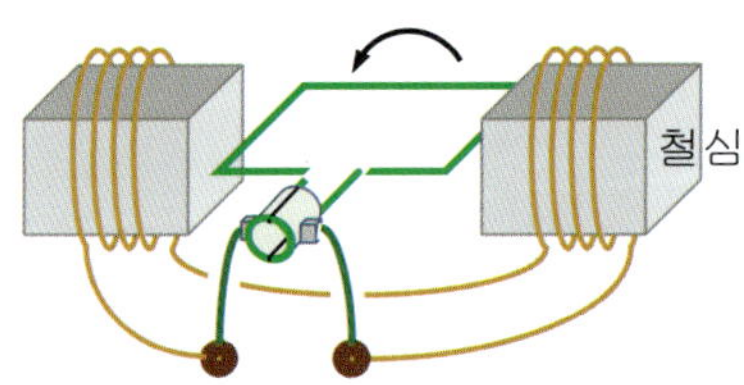

처음에 발전기를 돌릴 때 철심에 자성이 조금이라도 남아 있다면 전자석에 전류를 흘리지 않더라도 약하게 발전이 될 것이다. 그러면 전자석에 전류가 조금 흐르게 되고 자기장은 조금 강해진다. 자기장이 조금 강해졌으므로 발전량이 그만큼 늘어나고 전자석에 흐르는 전류도 늘어난다. 이 과정이 반복되면서 전자석에 흐르는 전류가 점점 커지고 강한 발전을 하게 되는 것이다.[109)]

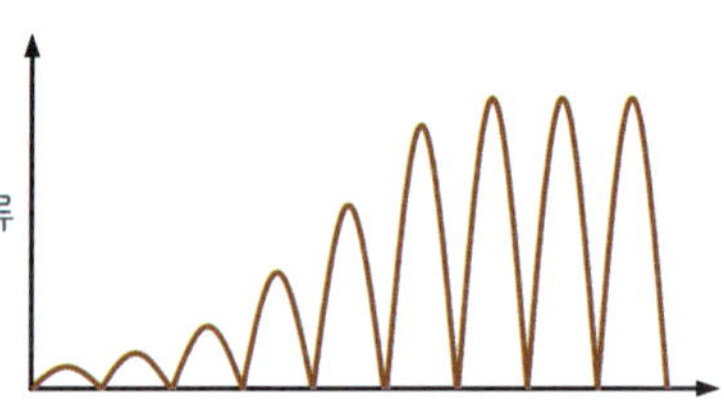

지멘스

이렇게 해서 와일드는 구조가 훨씬 간단하면서도 강한 발전을 하는 발전기(dynamo)를 개발하는데 성공했다. 그런데, 와일드 혼자만 이 방법을 생각해 낸 것은 아니었다. 와일드는 1866년에 그의 발명품을 발표했는데, 거의 비슷한 시기에 지 지멘스[110]와 휘트스톤(1.10 전기 통신의 시작)도 똑같은 발명품을 내놓았다. 세 사람이 동시에 각각 발명을 한 것인데, 이런 경우는 아마 발명의 역사상 다시 찾아보기 어려울 것이다.

와일드의 자여자 발전기는 등대의 아크등 전원과 전기 도금의 전원으로 채용되어 사용되기 시작했다. 다니엘 전지보다 훨씬 쓸 만한 전기 공급 장치가 생긴 것이다.

세 사람의 발명으로 상당히 강력한 전기를 발전할 수 있게 되었는데, 아직 해결해야 할 문제가 남아 있었다. 일정한 전압이 발전되는 것이 아니라 맥동(脈動)이 심했던 것이다.

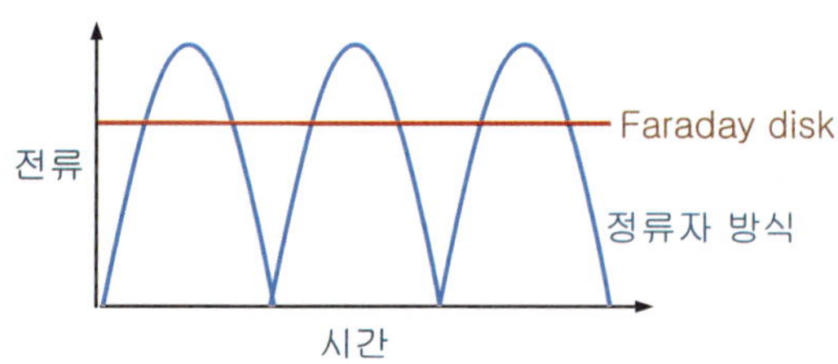

발전기의 전선이 자기장을 통과하면서 전압이 발생하는데, 자기장이 강한 곳을 통과할 때는 높은 전압이 발생되지만 자기장이 약한 곳을 통과할 때는 발생되는

109) 이 방식의 발전기는 스스로 자기장을 만든다고 해서 자여자(自勵磁, self-excitation 또는 self energizing) 방식이라고 부른다. 외부에서 전류를 공급해 주는 방식은 타여자(他勵磁, separate excitation) 방식이라고 부른다. 즉, 와일드의 2단 발전기는 타여자 발전기였다. "2.19 전동기와 발전기" 참조

110) Ernst Werner von Siemens (1816~1892, 독일) 발명가, Siemens 사의 창립자. Conductance(도전율, 저항의 역수)의 단위인 Siemens는 그의 이름을 딴 것이다. 증기기관의 차동조속기(差動調速機)를 발명한 카를 빌헬름 지멘스(Carl Wilhelm Siemens, 1823~1883)는 그의 동생이다.

전압이 낮아서 이런 맥동이 생긴다. 패러데이 원판은 맥동이 생기지 않는 방식인데, 그 이후의 정류자를 사용하는 방식은 모두 맥동이 생긴다.

맥동을 줄이려면 코일을 하나 더 두어서 한 코일이 자기장이 약한 곳을 지날 때 다른 코일이 자기장이 강한 곳을 지나도록 해 주고 자기장이 강한 곳을 지나는 코일에서 전류를 받아내면 될 것이다. 아래 그림이 이 방식을 설명하고 있다.

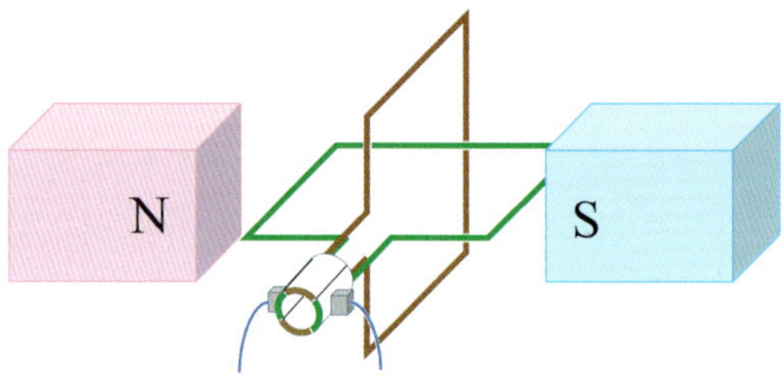

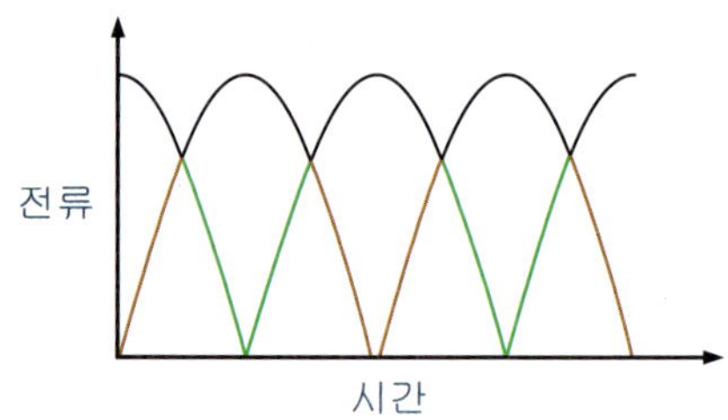

그림과 같이 정류자를 네 부분으로 나누고 코일 두 개를 90도가 되도록 배치한 경우를 생각해 보자. 이렇게 하면 정류자는 고리(loop) 두 개 중 강한 자기장을 통과하는 고리에서 전류를 받아 내므로 전류의 맥동이 적어진다. 정류자를 6 개로 나누면 맥동이 더 적어지고 8 개로 나누면 더 적어질 것이다. 정류자를 여러 개로 나누더라도 위에서 설명한 자여자 방식을 사용하는 데에는 문제가 없다.

파치노티[111)]는 이런 생각을 발전시켜 도넛 모양으로 생긴 철에 전선을 감고 그것을 전자석에서 생성되는 자기장 속을 통과시키는 구조의 발전기를 구상했다. 자신이 직접 만들 여건이 안 되었으므로, 그는 그 당시 유명한 발전기 전문가였던 그람[112)]에게 가지고 갔다. 그람은 파치노티의 아이디어를 개선하고 함께 개발하여 1870년에 발표한다.

111) Antonio Pacinotti (1841~1912, 이탈리아) 물리학자
112) Zenobe Theophile Gramme (1826~1901, 벨기에) 공학자. 박람회에서 발전기 두 대를 연결하여 동작시키는 중에 결선을 잘못하여 하나의 발전기가 전동기로 동작하는 것을 발견한 유명한 일화가 있다.

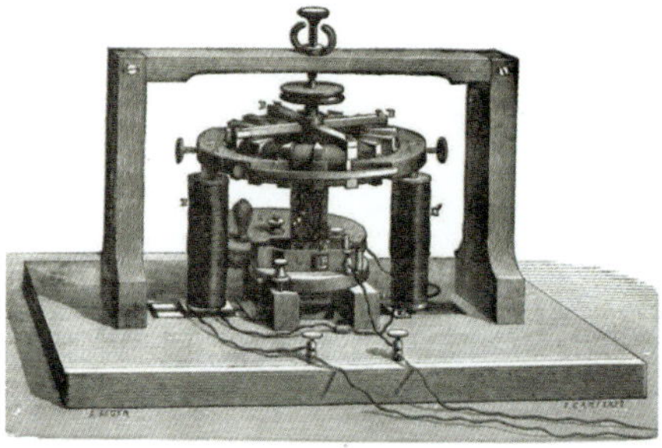

파치노티-그람의 발전기

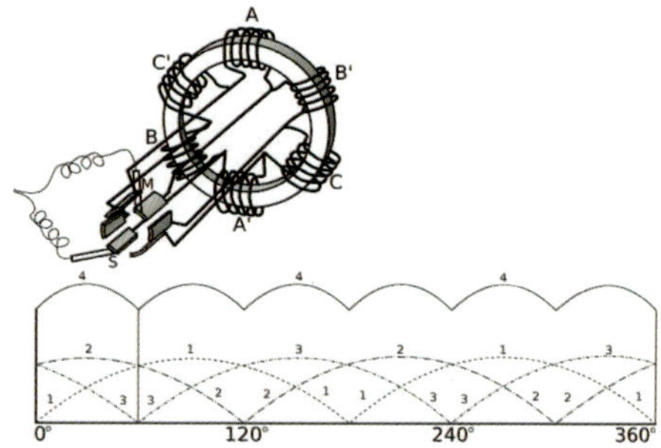

파치노티-그람의 발전기의 동작 원리

그 이후에는 지멘스도 정류자를 여러 개로 나누는 방법을 사용하여 자신의 발전기를 개선해 나간다. 그러면서 발전기는 점점 철심에 홈을 파고 그 홈 속에 전선을 분산 배치하는 현재의 직류발전기의 모양을 갖추어 나간다.[113] 전동기와 발전기에 대한 보다 자세한 설명은 2.19에 있다.

그리고 1859년 플랑테[114]에 의해 발명되었지만 진가를 나타내지 못하고 있던 납축전지가 각광을 받기 시작하게 된다. 발전기는 기계에 전기를 직접 공급하는 역할도 하지만 납축전지를 충전시키는 좋은 전원의 역할을 하기도 한다. 발전기로 발전하여 납축전지를 충전하면 전기를 들고 다니면서 사용할 수 있게 되는 것이다. 납축전지에 대해서는 "2.2 볼타전지에서 건전지까지"에서 설명한다.

1.13 전기가 생활 속으로

19세기 후반은 특허 전성시대라고 할 수 있을 정도로 특허에 대한 관심이 높던 시기였다. 이전의 과학자들과는 달리, 발견자나 발명자의 명예를 가지는 것 보다

113) 지금은 전기기계(전동기, 발전기, 변압기 등의 통칭)를 만들 때, 얇은 철판 (규소 강판)을 쌓아서 만든 철심에 홈을 파고 홈 속에 절연이 입혀진 전선을 배치하는 것이 일반적이다.

114) Gaston Planté (1834~1889, 프랑스) 물리학자. 납축전지는 지금도 자동차 배터리로 사용되고 있다.

에디슨의 Menlo park 연구소 모습

특허를 확보하여 돈을 벌겠다는 발명가들이 많이 나타나는 때였는데, 전통의 땅인 유럽 보다는 기회의 나라 미국이 이런 분위기가 더 강했다.

특허로 돈을 벌기 위해서는 학문적으로 중요한 발견 보다는 실제 사람들이 돈을 내고 살 만한 물건을 개발하는 것이 필요하다. 미국엔 이런 발명가가 많았는데, 그 중 단연 최고는 에디슨이다. 에디슨의 명의로 되어 있는 특허는 1093 건이다. 이 모든 특허가 에디슨 혼자만의 아이디어에서 나왔다고 말하면 아무도 믿지 않을 것이다. 직원들의 아이디어도 특허 출원은 에디슨의 이름으로 했다고 보는 것이 맞을 것이다.

에디슨이 했던 "천재는 99%의 노력과 1 %의 영감[115]"이라는 말의 의미를 다시 생각해 보자. 보통 이 말은 노력의 중요성을 강조하는 말로 많이 사용되지만 원래의 의미는 '노력이 중요하지만 영감이 없으면 완성되지 않는다' 는 뜻이다. 여러 가지의 해석이 가능하겠지만 이 말을 "직원들이 많은 노력을 하고 있지만 에디슨의 영감이 없으면 완성되지 않는다"는 말로, 에디슨이 직원들을 착취한다는 말에 대한 반론이라고 해석해도 될 법하다.

115) Genius is one per cent inspiration, ninety-nine per cent perspiration.

에디슨이 직원을 착취하지 않았다고 주장하는 사람은 별로 없다. 그러나 에디슨의 연구소는 한 사람이 모든 것을 다 하는 기존의 연구 방법에서 벗어나서 역할을 분담하여 연구하는 '연구소 '라는 체제가 만들어질 수 있는 초석이 되었다는 것은 분명하다.

에디슨은 하나의 장치를 개발하기 위해서 수많은 시도와 실험을 하는 것으로도 유명하다. 거의 모든 발명품이 직원들의 수많은 시도를 거쳐 만들어졌는데, 아주 간단히 만들어진 특이한 케이스가 하나 있는데, 바로 축음기이다.

1877년 어느 날, 에디슨에게 소리를 기록할 수 있는 아이디어가 떠올라서 직원에게 그림을 그려주며 설명했다. 그 직원은 그게 뭐하는 장치인지도 모르면서 제대로 만들어 왔다. 에디슨은 그 기계를 돌리며 "Marry had a little lamb"[116]이라는 노래를 부르고, 다시 돌려보니 똑같은 소리가 나서 그 직원이 깜짝 놀랐다는 것이다.

에디슨의 축음기. U.S. Department of the Interior, National Park Service

이 축음기는 구리로 만든 원통에 얇은 주석 박(tin foil)이 붙어 있고, 울림 판이 붙은 바늘이 주석 박을 누르고 있는 구조로 되어 있다. 원통을 회전시키면서 노래를 부르면 울림 판이 진동하면서 바늘이 진동의 모양을 주석 박에 그리게 된다. 진동의 모양이 그려진 상태에서 원통을 돌리면 바늘과 울림 판이 그려진 모양대로 진동하면서 녹음한 것과 같은 소리가 나오게 된다. 이 축음기는 얇은 주석 박으로 만든 축음기라고 해서 "tin foil phonograph"라고 부른다.

에디슨의 발명품 중 가장 유명한 것을 꼽으라면 아마 백열등이 될 것이다. 백열등

116) 우리나라에서는 "떴다 떴다 비행기"라는 가사로 불린다.

은 쇠를 불에 넣어 뜨겁게 하면 빨갛게 달구어지는 것과 같은 원리로 빛을 낸다. 작은 도체 조각에 전류를 흘려서 온도를 올리는데, 온도가 높을수록 밝은 빛이 나오므로 식어버리지 않도록 도체 조각을 진공 속에 넣는다.

그런데 도체 조각은 아주 높은 온도로 올리면 녹아내려 버리므로 높은 온도에서도 타거나 녹지 않는 도체가 필요했다. 이 도체를 필라멘트(filament)라고 부른다. 에디슨은 면으로 된 실을 태워 탄소로 만든 것을 필라멘트로 사용했는데 금방 끊어져버렸다.

대나무 필라멘트를 사용한 1884년 에디슨 백열등

더 수명이 긴 필라멘트 도체를 찾던 중 선물로 받은 중국 부채의 대나무 살을 태워서 실험해보니 결과가 좋았다. 그래서 에디슨은 전 세계를 뒤져서 1200 종류의 대나무를 가져다 실험해보았다. 그 결과 일본 교토의 대나무가 가장 수명이 길었으므로 교토의 대나무를 태워서 만든 필라멘트를 사용한 백열전구를 만들어 판매하기 시작했다.[117)]

사실은 에디슨보다 먼저 백열등을 발명한 사람이 있었다. 영국의 스완[118)]이 그 사람인데 진공이 잘 만들어지지 않아서 어려움을 겪은 후 1860년에는 동작하는 전구를 만들 수 있었다. 그는 종이를 태운 필라멘트를 사용한 백열전구에 대한 영국 특허를 취득했다.

스완

에디슨의 발명은 스완의 발명과 별로 다르지 않다. 결국 같은 특허를 각각 자신의 나라에서 취득한 셈이 되었는데, 스완 자신은 영국에서의 특허권 만 가지고 미국에서의 에디슨의 특허권을 인정하는 것으로 합의를 했다.[119)]

117) 지금은 잘 녹아내리지 않는 금속인 텅스텐(W) 필라멘트를 사용한다.
118) Joseph Wilson Swan (1828~1914, 영국) 물리학자, 화학자
119) 1883년에 두 사람의 공동 회사인 "Ediswan"이 만들어진다.

스완은 사용할 수 있을 정도의 긴 시간을 점등하지는 못했지만, 발명은 먼저 했으므로, 에디슨도 백열등의 최초 발명자가 아니라 백열등의 상용화에 최초로 성공한 사람이라고 하는 것이 맞다.

축음기는 사치스러운 장난감이라고 할 수도 있지만, 백열등은 전기가 실생활에 파고드는 결정적인 역할을 한 물건이다. 백열등 이전의 전기 조명은 아크등(1.4 흐르는 전기에 대한 연구)인데, 야블로치코프가 1878년 실제 사용할 수 있는 개량형 아크등을 발명한 후 사용되고 있었다. (1.21 조명의 발전)

아크등은 태양광에 가까운 색깔의 아주 밝은 빛을 내는 등이었지만 유지 보수를 잘 해야 하므로 가정에서 사용하기에는 가스등 보다 훨씬 불편했다. 그래서 아크등은 아주 밝은 빛이 필요한 곳인 등대나 가로등을 중심으로 사용되었다. 반면에 백열등은 전기만 공급된다면 가정에서도 쓸 만한 조명이었던 것이다.

전기를 사용한 기계는 가정용 기계에만 머물지 않았다. 발전기가 발전되면서 점점 더 큰 규모의 전기를 사용하는 기계들이 등장하기 시작했다. 예를 들면 승강기(elevator), 전기 기차, 전기 자동차와 같은 것 들이다.

오티스의 낙하 방지 장치

인간이 동력을 사용하기 훨씬 전에도 사람의 힘으로 움직이는 승강기가 있었다. 승강기에 대한 가장 오래된 기록은 아르키메데스[120]가 승강기를 만들었다는 기록이다. 현대식 승강기의 시초는 1853년 오티스[121]가 안전장치(낙하 방지 장치)를 만들면서부터 시작되었다고 볼 수 있다.

120) Archimedes (BC 287~BC 212, 고대 그리스) 고대 그리스 최대의 수학자 · 물리학자. 아르키메데스의 원리, 지렛대의 반비례법칙 등을 발견하여 기술적으로 응용하였고, 그 외의 많은 업적으로 그리스 수학을 더욱 진전시켰다.
121) Elisha Graves Otis (1811~1861, 미국)

오티스의 승강기는 동력으로 증기 기관을 사용했는데, 전동기와 발전기가 개량되면서 전동기를 사용한 방식으로 바뀌어 나갔다. 최초의 전기식 승강기는 1880년 지멘스(1.12 발전기의 발전)가 만든 것으로, 독일의 만하임(Manheim)에서 열린 박람회에서 시험 운전했다.

승강기가 없을 때에는 높은 층에 가려면 계단으로 가야 하므로 5층이 넘는 건물을 거의 짓지 않았는데, 승강기가 사용되면서 점점 더 높은 건물이 지어지기 시작했다. 특히 뉴욕과 같은 대도시는 도시 전체가 높은 건물[122)]로 채워지기 시작했다.

전기 기차는 1879년 지멘스가 베를린 박람회에서 800m 길이의 철도에서 20여명의 손님을 태우고 시속 8 km 속도로 시운전 한 것이 시작이었다.[123)] 그 이후 많은 발명가와 기술자의 노력이 이어졌고, 1881년 지멘스 운트 할스케사[124)]는 베를린 근교에서 세계 최초의 전철 영업을 시작했다. 미국에는 1884년 버지니아 주의 Richmond를 시작으로 곳곳에 전기 철도가 부설되었다.

베를린 박람회에서 시운전한 지멘스의 전기 기차
(mikes.railhistory.railfan.net)

122) 높은 건물을 마천루(摩天樓)라고 부르는데, 하늘을 문지르는 누각이라는 뜻으로 영어의 skyscraper를 직역한 말이다. 오랜 기간 동안 제일 높은 건물이었던 102층 건물인 엠파이어스테이트빌딩 (Empire State Building)은 1928년에 착공하여 1931년에 완공되었다.

123) 승객을 태운 최초의 전기기차로 선로를 따라 전기를 공급하기 위한 전선이 설치되었다. 그 이전에도 시험용 전기 기차는 있었는데, 초기에는 다니엘 전지를 동력으로 사용했다.

124) Siemens & Halske AG (1847~1903)

전기 기차는 선로가 설치되어 있으므로 전선을 통해 발전기로 전원을 공급할 수 있다. 전기 자동차의 경우에는 선로가 없으므로 차에 납축전지를 설치하고 발전기로 충전하여 사용하는 방법을 사용했다. 전기 자동차 이전에는 증기 기관을 장착한 자동차가 있었는데, 전기 자동차는 연기를 내뿜지 않고 조용하다는 장점이 있어서 증기기관 자동차보다 점점 우세해지고 있었다.

1883년 다임러[125]와 마이바흐[126]가 가솔린(휘발유) 내연기관을 발명한 후부터 자동차는 삼파전의 양상을 띠게 되었다. 결국 대세는 내연기관 자동차 쪽으로 기울어져 갔다. 그리고 지금까지도 자동차의 대부분은 가솔린 내연기관을 사용하고 있다.[127]

이 시대에는 전기를 사용한 장치들이 하나씩 발명되고 있었다. 새로운 전기 장치를 설치하려면 발전기도 함께 설치해야 한다. 발전기가 설치되어 있더라도 새로운 장치를 설치하기 위해서 발전기를 추가 설치하거나 더 큰 것으로 바꿔야 되는 경우도 생긴다.

누군가가 전선을 통해서 전기를 공급해 준다면 이런 불편함 없이 전기를 사용할 수도 있고, 공간을 차지하면서 시끄럽고 연기 나는 발전기를 돌릴 필요도 없을 것이다.

125) Gottlieb Wilhelm Daimler (1834~1900, 독일) 다임러 자동차 회사를 설립했는데, 다임러는 후에 벤츠(Benz)와 합병하여 다임러벤츠가 된다.

126) Wilheim Maybach (1846~1929, 독일) 그 유명한 메르세데스 모델 개발의 주역이었다. 그의 아들인 Karl이 새로운 모델을 개발하면서 발전한 마이바흐는 현재 롤스로이스(Rolls-royce), 벤틀리(Bentley)와 함께 세계 최고급 자동차로 꼽힌다.

127) 현재 전기 자동차의 개발 붐이 일고 있으므로 다시 전기 자동차의 시대가 올 것이라고 예상하는 사람이 많다.

1.14 전력 전송의 시작

전력 공급 사업은 1878년 에디슨의 전등회사가 설립되고 1882년 3 대의 직류 발전기로 3000 여 개의 백열전구에 전력을 공급하면서 시작되었다. 이때 에디슨의 전력 관련 회사에서는 전력 공급 방식으로 110 V 직류를 사용했다. 그러나 110 V 라는 낮은 전압으로는 에너지 손실이 커서[128]수 킬로미터 이상의 거리에 전력을 보내기는 무리가 있었다.

에디슨의 뉴욕 펄가 발전소의 대형발전기 (1882년)

110 V는 그 당시 발전할 수 있는 최대의 전압은 아니었다. 최대로 전압을 올리면 6000 V 정도 까지 올릴 수 도 있었는데, 그렇게 하면 송전 손실은 줄어들겠지만 전압을 내릴 기술이 없었다. 그렇다고 가정에 6000 V의 전기를 공급할 수도 없기 때문에, 에디슨은 전압을 110 V로 하고 군데군데 발전소를 설치하는 방법을 택했다.

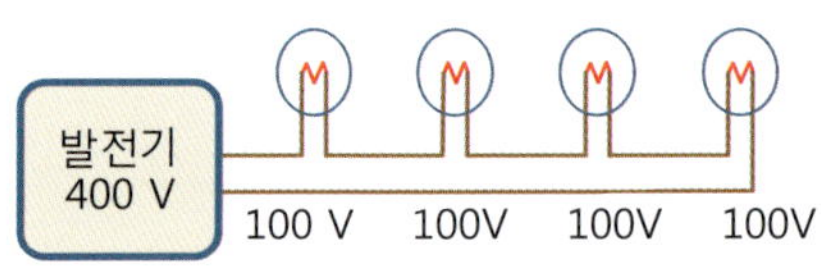

직렬 연결 방법

사실은 한 가지 방법이 있긴 하다. 그림처럼 전등을 직렬로 연결하면 높은 전압을 보내고 낮은 전압을 사용할 수 있다. 아크등의 경우 이런 방법으로 가로등을 설치한 적도 있다.

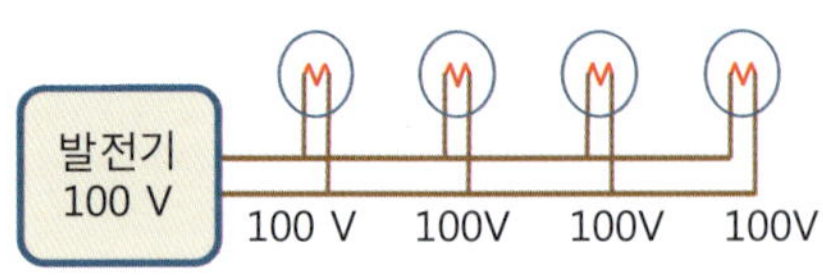

병렬 연결 방법

128) 전선의 손실은 열로 방출되는데, 열로 방출되는 에너지는 전류의 제곱에 비례하므로 (줄의 법칙, 1.5 전기회로) 손실을 줄이려면 전류를 줄여야 한다. 전류를 줄이면서도 같은 전력을 보내려면 전압을 높여야 한다. (전달되는 전력량은 전압과 전류의 곱으로 계산된다)

그러나 이 방법은 아크등 하나를 더 연결하면 모든 등의 밝기가 어두워진다. 어두워지지 않게 하려면 발전 전압을 높여야 한다. 그리고 등 하나가 끊어지면 모든 등이 다 꺼져버린다. 그래서 에디슨은 전구를 병렬로 연결하고 발전소를 가까운 곳에 설치하는 방법을 택한 것이다.

뉴욕을 시작으로 런던, 베를린 등 세계의 도시 곳곳에 낮은 전압의 직류 발전소가 세워지고 전력이 공급되기 시작했는데, 송전 선로가 많아지면서 송전선의 큰 손실이 전력 회사들에게 부담으로 작용하기 시작했다. 송전 효율 문제를 해결할 실마리를 찾은 것은 골라드[129)]와 깁스[130)]로 전압을 올리고 내릴 수 있는 장치인 변압기를 1881년에 발명했다.

골라드와 깁스 이전에 야블로치코프가 아크등의 점등에 필요한 고전압을 얻기 위해 전압을 높이는 장치를 개발하여 부착한 적이 있는데(1.21 조명의 발전), 전압을 높이는 장치의 동작 원리가 변압기의 원리와 같은 것이었다. 골라드와 깁스는 그 장치의 원리를 응용하여 전력선의 전압을 올리고 내릴 수 있는 변압기를 발명한 것이다.

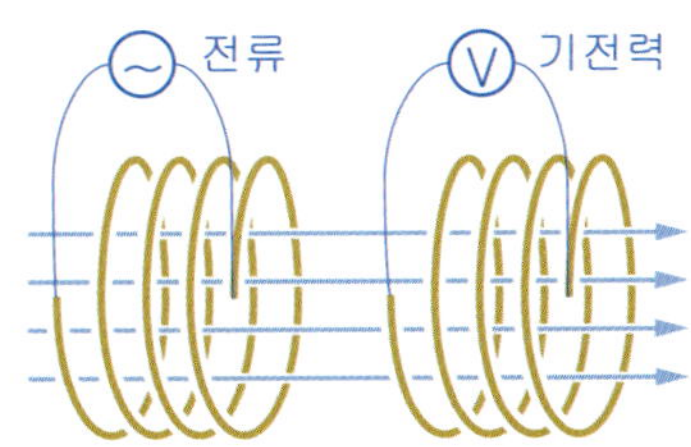

변압기는 패러데이의 원리를 응용한 장치이다. 코일에 계속 변하는 전류를 흘려주면 코일 내부에 계속 변하는 자기장이 발생하고, 이 변하는 자기장을 다른 코일 속을 통과하도록 하면 그 코일에 전압이 발생된다는 것이 변압기의 원리이다. 즉 변압기는 두 개의 코일이 나란히 있고 첫 번째 코일의 전류가 변할 때 두 번째 코일에 전기를 만들어 준다.

자기장이 위의 그림처럼 되어 주면 좋겠지만 실제로는 코일에서 만들어진 자기

129) Lucien Gaulard (1850~1888, 프랑스)
130) John Dixon Gibbs (?~?, 영국)

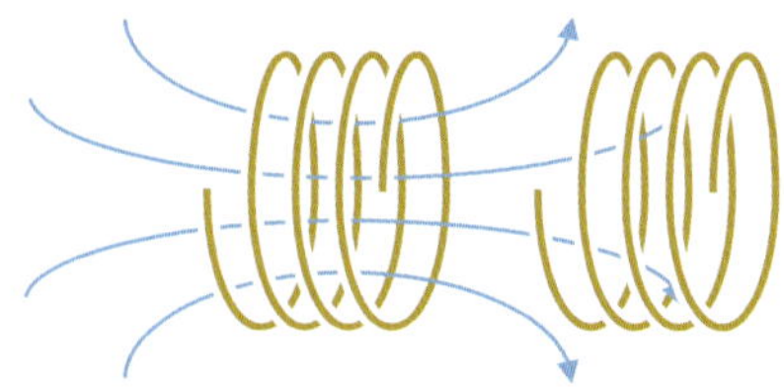

장은 코일 밖에서 바깥쪽으로 퍼져버리므로 두 번째 코일에 원하는 만큼의 전기가 발생되지 않는다. 첫 번째 코일에서 만들어진 자기장을 잘 모아서 두 번째 코일에 전달해 주는 것이 필요하다.

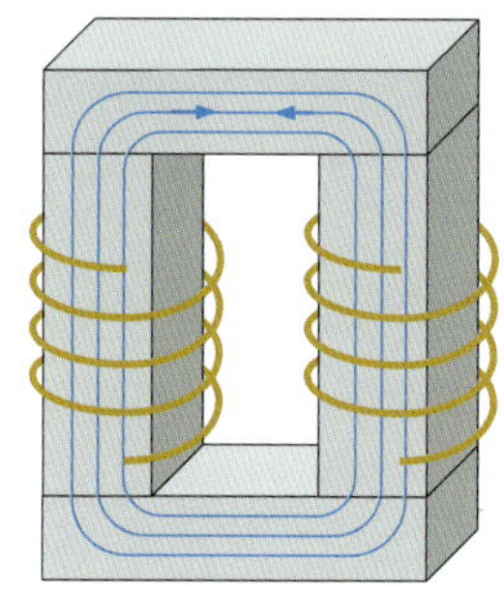

스터전이 알아낸 것과 같이 철은 자기장을 모으는 성질이 있는데(1.7 전자석의 발명), 이 성질을 이용하면 자기장이 퍼지지 않게 할 수 있다. 즉 그림처럼 철심에 코일을 감으면 자기장은 거의 퍼지지 않고 철심으로만 지나가게 되므로 한 코일에서 발생된 자기장의 대부분이 다른 코일의 내부를 통과하게 된다. 이것이 바로 변압기이다.

앞에서 설명한 것과 같이 변압기는 직류에서는 아무런 역할을 해 주지 못한다. 변압기를 사용하기 위해서는 계속 변하는 전류를 흘려야 하는데, 변하기만 한다고 되는 것은 아니다. 송전을 하려면 전압을 높일 때 한 번, 내릴 때 한 번, 즉 적어도 두 번은 변압기를 통과해야 하므로 변압기를 통과할 때 마다 파형이 달라져서는 곤란하다.

전류를 사인파[131)]모양으로 변하게 해 주면 변압기를 여러 번 통과하더라도 파형이 달라지지 않는다. 두 코일의 감은 횟수가 같으면 두 코일의 전압도 같게 된다. 두 코일의 감은 횟수가 다르면 전압의 비는 코일 감은 횟수의 비와 같아진다. 전압과 극성이 사인파의 모양이 되는 전기가 교류(AC)[132)]이다.

131) 사인파를 정현파라고도 한다. Sin, cos, tan를 일본에서는 정현(正弦), 여현(餘弦), 정접(正接)이라고 한다. 즉 "정현파"라는 말은 "sine wave"의 일본식 표현이다.

132) Alternating current. 원래 교류의 정의는 크기와 방향이 주기적으로 변하는 전류로, 사각파, 삼각파 등도 포함되지만, 우리가 보통 교류라고 부르는 것은 사인파이다.

1886년 웨스팅하우스[133)]는 변압기를 사용한 교류 체계로 전력을 공급하는 사업을 준비하기 시작했다. 이때 웨스팅하우스 회사에서 일하던 스탠리[134)]가 실제 사용할 수 있는 변압기를 개발하는데 성공했다. 그리고 스탠리는 매사추세츠의 발전소에서 자신이 개발한 변압기로 전압을 3,000 V로 높여 송전한 후 그것을 다시 변압기로 500 V로 낮추어 수신하는 실험을 하여 교류를 사용하면 적은 손실로 송전을 할 수 있음을 입증해 보였다.

웨스팅하우스

스탠리

그렇다고 해서 교류를 사용할 수 있는 여건이 된 것은 아니었다. 교류에서 동작하는 쓸 만 한 전동기가 없었던 것이다.

지금까지 개발된 발전기와 전동기는 모두 직류를 발전하고 직류로 회전하는 것이었는데, 조금만 개조하면 교류에서 동작하도록 만들 수 있다. 직류 발전기는 전류의 방향을 일정하게 하기 위해 정류자를 사용했는데, 교류는 계속 방향이 변하는 전류를 만들어내면 되므로, 그림과 같이 정류자 대신 슬립링(slip ring)을 사용하면 된다.[135)]

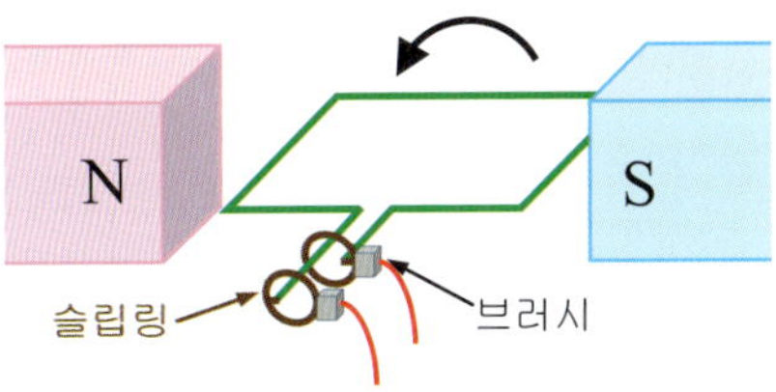

동기 발전기의 구조

이런 발전기를 동기발전기(同期發電機, synchronous generator)라고 부르는데, 기계적인 회전수와 같은 주파수의 사인파 교류를 발전한다.[136)] 픽시가 발명한 발

133) George Westinghouse (1846~1914, 미국) 철도 차량용 공기 브레이크를 발명했다. Westinghouse 사의 창립자.

134) William Stanley, Jr. (1858~1916, 미국) 최초의 실용적 변압기 발명자

135) 코일을 바깥에 두고 자석을 회전시키면 슬립링 없이도 발전기를 만들 수 있지만, 이렇게 하면 자기장이 약해서 강한 발전기를 만들 수 없다. 자세한 내용은 "2.19 전동기와 발전기" 참조.

136) 정확히 말하면 기계적인 회전수의 배수가 되는 주파수를 발전한다. 예를 들어 그림에는 자석 한 쌍이 사용되었는데, 두 쌍으로 하면 한 바퀴 돌 때 두 주기의 교류가 발전될 것이다. 아무튼, 사인파 교류를 발전하므로 변압기를 여러 번 통과하더라도 파형이 변하지 않는다.

전기 (앙페르가 정류자를 붙이기 전의 상태, 1.9 발전기의 발명 참조)가 최초의 동기 발전기였다.

발전기와 전동기는 같은 것이기 때문에 동기발전기에 교류를 공급하면 동기전동기로 동작한다. 이렇게만 생각하면 교류에 쓸 만한 전동기가 없다는 말이 이해되지 않을지도 모르겠다.

그러나 동기전동기는 한 가지 결정적인 약점을 가지고 있다. 정지해 있다가 처음 회전하기 시작할 때를 생각해보자. 위의 그림과 같은 동기 발전기에 브러시와 슬립링을 통해 교류를 흘려주면 코일이 회전하기 시작한다. 그러나 아직 충분히 가속되지 않은 상태이므로 조금밖에 돌지 않은 상태에서 전류의 극성이 바뀌어버린다. 그러면 코일은 반대 방향으로 돌게 되는데, 반대 방향도 충분히 가속된 상태가 아니므로 또 반대로 움직인다.

이런 이유 때문에 동기 발전기는 정지해 있는 상태에서 교류를 가하면 진동만 할 뿐 회전을 하지 않는다. 동기전동기는 다른 방법으로 교류 주파수에 가까운 회전속도 까지 회전 속도를 올린(기동) 상태에서 교류를 흘려야 계속 돌 수 있다.

정상적으로 잘 돌고 있는 상태라 하더라도 어떤 갑작스런 변화가 생겨서 박자를 놓쳐버리면 회전이 멈추게 되는데, 이런 현상을 탈조(脫調, step out)라고 부른다. 이런 이유 때문에 초창기 교류 시스템에 쓸 만한 전동기가 없었던 것이다. 전동기와 발전기에 대한 설명은 2.19에 있다.

에디슨의 직류 체계는 전력 수송 손실이 너무 크다는 문제가 있었고 웨스팅하우스의 교류 체계는 쓸 만한 전동기가 없다는 문제가 있었다. 교류 진영과 직류 진영 모두 한 가지 씩의 큰 문제를 가지고 있었으므로 어느 쪽이든 자신의 문제를 먼저 해결하는 쪽이 이길 수 있는 상황이었다.

그러나 두 진영은 기술 개발 경쟁만 한 것은 아니었다. 두 진영은 모든 역량을 동원하여 상대를 제압하기 위해 노력하게 되었다. 우리가 "전류 전쟁"이라고 부르는 두 체제 간의 전쟁이 시작된 것이다.

테슬라

그 무렵 테슬라[137]는 에디슨 회사의 유럽 지사에서 근무하고 있다가 교류 전동기의 실용화라는 꿈을 안고 미국 본사로 간다. 그러나 에디슨은 테슬라에게 직류 발전기의 성능 향상을 지시하며 성공하면 5 만 불의 보너스를 약속했다고 한다. 테슬라는 능력을 발휘해서 열심히 일했고 직류 발전기의 성능 향상에 성공할 수 있었다.

하지만 에디슨은 5 만 불을 지급하지 않았다. 에디슨 측의 이야기와 테슬라 측의 이야기가 완전히 다르기 때문에 사실이 무엇인지 정확히 알 수는 없지만,[138] 한 가지 확실한 것은 테슬라는 교류의 유용성에 대해 확신을 가지고 있었고 에디슨은 교류를 혐오에 가까울 정도로 싫어했다는 것이다.

어쨌든 테슬라는 크게 실망하여 회사를 그만두고 자신의 회사를 설립하여 교류 전력 체계에 필요한 장치의 개발과 판매를 하려고 했으나 뜻하는 대로 되지 않았고 단순 노동자 생활을 하면서 살기도 했다. 그러면서도 테슬라는 교류에 대한 연구를 계속 했다.

테슬라를 놓친 것은 에디슨의 큰 실수라고 할 수 있다. 반면에 웨스팅하우스는 테슬라의 가치를 알아보았다. 테슬라에게는 교류에서 동작하는 쓸 만한 전동기인 유도전동기(誘導電動機, induction motor)를 포함하여 여러 가지 교류 전력 체계에 필요한 발명품이 있었던 것이다.[139]

137) Nikola Tesla (1856, 크로아티아~1943, 미국) 마법사나 외계인이라고 불릴 정도로 많은 신기한 발명을 한 사람으로, 700 건 정도의 특허를 등록했다. 자기장의 단위인 T(테슬라)는 그의 이름을 딴 것이다.

138) 에디슨 측의 이야기는 "테슬라가 교류 전동기의 특허를 5만 불에 팔겠다고 했고 에디슨이 거절했다"는 것이다. 테슬라 측의 이야기는 5만 불을 요구하는 테슬라에게 에디슨이 "그건 농담이었네. 자넨 미국식 농담을 아직 이해하지 못하는군."이라고 말하고 웃어넘겼다는 것이다. 5 만 불의 보너스를 약속했다는 것도 테슬라 측의 이야기이다.

139) 유도 전동기는 테슬라가 미국으로 건너가기 전인 1883년 발명한 것이다. 유도전동기 이외에도 다상 교류용 발전기, 전동기, 송배전 시스템 등의 발명이 있었다. 다상교류에 대해서는 "2.20 다상교류" 참조

유도전동기는 아라고 원판의 원리(1.4 흐르는 전기에 대한 연구)를 응용한 것인데 자세한 것은 "2.19 전동기와 발전기"와 "2.20 다상 교류"에서 설명한다.

테슬라는 유도 전동기 특허의 사용 권리를 웨스팅하우스에 팔게 되는데, 이로써 웨스팅하우스는 '교류에서 동작하는 쓸 만한 전동기'라는 강력한 신무기를 장착하게 되었다. 이로서 첫 번째 전투는 웨스팅하우스가 이끄는 교류 진영의 승리로 돌아갔다.

에디슨은 반격을 준비한다. 에디슨이 이끄는 직류 진영이 승리하기 위해 필요한 가장 중요한 무기는 송전 효율을 높일 수 있는 기술 즉 직류의 전압을 높이고 낮출 수 있는 기술인데, 에디슨은 그 기술을 개발하는 것은 불가능하다고 판단했다. 그래서 에디슨은 교류의 위험성을 강조하는 방법을 사용하기로 했다.

같은 전력을 보낼 때 교류가 직류보다 더 위험한 것은 사실이다.[140] 그러나 에디슨은 효과를 극대화하기 위해서 비정상적인 방법을 동원한다. 주변에서 개와 고양이들을 잡아와서 교류로 감전시켜 죽이는 실험을 하며 "교류는 동물을 죽일 만큼 위험하다"라는 선전을 하기 시작했다.

동네 아이들은 용돈을 버느라 개와 고양이를 잡으러 온 동네를 뛰어 다녔고, 에디슨 연구소에는 항상 살이 타는 냄새가 진동했다. 결국 주변에는 그 흔하던 개와 고양이를 찾아보기 어렵게 되었고 에디슨은 말, 소 등 점점 더 큰 동물을 감전시키기 시작했다.

에디슨은 감전의 위험을 주장하면서 송전 전압을 800 V 이하로 제한하는 법을 만들기 위한 로비 활동을 하기 시작했다. 교류

140) 같은 전력을 전송할 경우 교류의 전압은 직류 전압의 1.4배 정도 된다. 그리고 직류는 한 번만 충격을 주는데 비해 교류는 진동하면서 계속 충격을 준다.

의 장점이 고전압 송전을 해서 손실을 줄일 수 있다는 것인데, 그 장점을 법적으로 차단해 버리겠다는 생각이었다. 그러자 교류 진영에서는 테슬라가 몇 백만 볼트의 전기 불꽃 밑에 앉아서 태연히 책을 읽고 있는 사진을 내 놓았다.

사실 이 사진에 있는 장치는 송전에 사용하는 교류 주파수의 1000배가 넘는 높은 주파수의 교류로 불꽃을 발생시키는 것으로, 그 당시 쟁점이던 송전하는 교류의 안전성과는 전혀 상관없는 사진이다. 그러나 어쨌든 전기를 모르는 일반인들은 이 사진을 보고 교류가 그렇게까지 위험한 것은 아니라는 생각을 하게 되었다.

그리고 결국 송전 전압을 800 V로 제한하는 법은 만들어지지 않았다. 에디슨이 공격한 두 번째 전투도 교류 진영이 방어에 성공한 것이다.

공격에 실패한 직류 진영은 더 강력한 공격을 해야 하는 상황이 되었다. 교류가 위험하다는 인식을 강하게 심는 가장 효과적인 방법은 사람이 교류에 감전되어 죽는 것을 보이는 것이 될 것이다. 그렇다고 개, 고양이 잡듯이 사람을 붙잡아서 감전사 시킬 수는 없는 일이므로 에디슨은 전기의자를 개발하기로 한다.[141)]

그리고 한편으로는 사형 방식으로 교류를 사용하는 전기의자가 채택되도록 주지사에게 로비를 했다. 에디슨의 의도는 단두대의 사용을 제안했던 사람의 이름을 따서 단두대를 'Guillotine' 이라고 부르는 것처럼 전기의자를 'Westinghouse' 라는 이름으로 불리게 만드는 것이었다.

하지만, 전기의자의 사용을 제안하고 전기의자를 발명한 사람은 웨스팅하우스가 아니라 에디슨이었기 때문에 전기의자를 'Westinghouse' 라는 이름으로 불리도록 하지는 못했다. 그래도 에디슨은 교류로 동작하는 전기의자가 사형 방식으로 채택되도록 하는 데에는 성공했다. 최초의 전기의자 희생자는 도끼로 살인을 하여 그 당시 사람들을 공포에 떨게 했던 케믈러로 정해졌다.

141) 개 고양이 등을 죽인 것도 그냥 죽이기만 한 것은 아니고 전기의자를 개발하기 위한 목적도 있었다.

웨스팅하우스는 10만 달러가 넘는 돈을 투입해 전기의자 반대 운동에 나섰지만 결국은 에디슨의 의도대로 많은 유명 인사들이 참석한 가운데 케믈러가 전기의자에 앉게 된다. 그러나 불행히도 첫 번째 사형 집행에서 케믈러는 죽지 않았다. 전압을 더 올리고 1 분 이상 전류를 흘린 후에 케믈러는 처참하게 죽었고 사형실 안은 살이 타는 냄새, 구토하는 사람, 뛰쳐나가는 사람들로 아수라장이 되었다.

뉴욕헤럴드에 실린 사형 장면 그림

교류는 너무나 위험해서 한방에 사람이 죽어버린다는 에디슨의 말이 틀렸다는 것을 입증하는 결과였다. 웨스팅하우스는 “차라리 도끼로 찍어 죽이는 것이 더 인간적이다”라는 평을 했다. 그러나 사람들의 뇌리에는 교류에 의해 처참하게 죽어가던 케믈러에 대한 인상이 깊이 박혔다. 에디슨의 의도와는 전혀 다른 결과가 되었지만 세 번째 전투는 직류 진영의 승리였던 셈이다.

그 때 미국은 1893년 열릴 시카고 만국 박람회[142)]를 준비하고 있었다. 이 박람회는 콜럼버스의 미 대륙 발견 400 주년을 기념하는 큰 행사로 25만 개의 전구를 밝히는 계획이 되어 있었다. 웨스팅하우스는 에디슨보다 낮은 가격을 제시하여 입찰에 성공했

1893 시카고 만국 박람회의 한국관

142) The World's Columbian Exposition of 1893. 우리나라가 최초로 참가한 국제 박람회이다.

다. 그러나 웨스팅하우스는 은행과의 관계에서 착오가 생겨 자금난에 빠졌다.[143)]

이 때 테슬라가 다시 구세주가 되어 나타났다. 웨스팅하우스로부터 유도 전동기의 특허권에 대한 로열티를 받지 않겠다고 한 것이다.[144)] 그 덕분에 웨스팅하우스는 자금난에서 벗어나서 박람회의 준비에 박차를 가할 수 있게 되었다.

그런데 에디슨이 전구를 공급하지 않겠다고 통보해왔다. 웨스팅하우스는 에디슨의 특허 기술을 사용하지 않는 새로운 전구를 개발하고[145)]밤낮으로 제조하여 시카고 만국 박람회에서 25만개의 전구를 켜는 데 성공한다.

이렇게 가장 중요한 전투인 네 번째 전투에서 승리한 웨스팅하우스는 힘을 얻게 된다. 그 이후에 나이아가라 폭포에 수력 발전소를 건설하고 40 km 떨어진 버팔로까지 교류로 전력을 공급하는 사업을 수주하게 되었다. 세계 최초의 상업적 수력 발전소인 나이아가라 발전소는 1896년부터 가동을 시작했고 교류 전력 체계는 서서히 전력 공급방식의 주도권을 잡아가기 시작한다.[146)]

나이아가라 수력 발전소 (www.teslasociety.com)

한편, 1887년 고종 황제[147)]가 지켜보는 가운데 경복궁에 에디슨 전기회사의 직류 발전기 3 대로 750개의 백열등을 밝힌 것을 시작으로 우리나라에도 전기가 들

143) 에디슨의 자금을 후원하고 있던, J. P. 모건이 웨스팅하우스를 재정적으로 압박한 것으로 알려져 있다.

144) 전력 1마력 당 2.5 달러의 로열티를 받는 계약이었으므로, 계약대로 로열티를 다 받을 수 있었다면 테슬라는 아마 세계 최고의 부자가 되었을 것이다.

145) 새로운 전구를 발명한 사람은 후에 무선 음성 통신을 발명한 페센덴(1.17 무선 통신과 진공관의 발명)이다.

146) 직류와 교류의 경쟁, 에디슨과 테슬라의 경쟁에 대한 이야기는 유명한 이야기로 우리나라에만도 수십 권의 책이 나와 있다. 에디슨 측과 테슬라 측의 이야기는 매우 다른데, 이 책에서는 최대한 객관적으로 기술하기 위해 노력했다.

147) 대원군의 둘째 아들이며 명성황후의 남편이다. 사극의 영향인지 사실인지는 모르지만, 고종 황제는 정치적으로 상당히 유약한 사람이라고 알려져 있는 듯하다. 하지만 고종 황제는 과학 기술에 대해서는 상당히 적극적인 자세를 가지고 있었다. 아버지인 대원군과는 달리 외국에 선진 문물 사찰단을 보내기도 했고, 선진 기술을 적극 수용하기도 했다. 전기기차를 도입한 것도 고종 황제이다.

어오게 된다. 연못의 물을 끌어들여 증기기관으로 발전기를 돌렸는데, 그것을 본 사람들이 물을 퍼서 불을 밝힌다고 하여 "물불"이라고 불렀다고 한다.

점등식 상상도 (작가 미상)

소리가 엄청나게 커서 "괴물"이라고 부르는 사람도 있었다. 그리고 발전기는 걸핏하면 고장이 나는데다가, 고장이 났다하면 미국인 기술자가 올 때까지 기다려야 되고 엄청난 액수의 수리비가 들어가서 "건달불"이라고 부르는 사람도 있었다고 한다. 건달불은 미국인 기술자가 총기 사고로 사망한 이후 수리할 사람이 없어서 상당히 오랜 기간 동안 그야말로 건달과 같은 모습을 보이기도 했다.

1.15 교류 전력 체계의 성립

교류가 주도권을 잡기는 했지만 여전히 직류는 많이 사용되고 있었다. 특히 전기철도는 직류를 사용하고 있었다.[148] 그리고 교류도 주파수가 제각각이었다. 높은 주파수는 변압기의 크기가 작아도 된다는 장점이 있고,[149] 낮은 주파수는 손실이

148) 유도전동기는 처음 돌기 시작할 때 힘(torque)이 약하고 속도 제어가 쉽지 않다는 문제가 있었다.
149) 비행기의 경우 부피와 무게를 줄이는 것이 중요하다. 따라서 전원 주파수를 400Hz로 하고 작고 가벼운 변압기를 사용한다.

적다는 장점이 있으므로 장거리 송전에 유리하다.[150)]

초창기에는 대부분의 부하가 전등이었기 때문에 주파수가 너무 낮아서 전등이 깜빡거리지만 않는다면 주파수는 큰 상관이 없었다. 그리고 송전 거리가 멀지 않았기 때문에 많은 회사들이 높은 주파수를 선호했다. 하지만 주파수가 너무 높아지면 유도기의 회전 속도도 너무 빨라지고 기계적으로 무리가 갈 수 있기 때문에 주파수를 무작정 높일 수는 없었다.

전력 회사들은 각각 자신의 상황을 고려해서 주파수를 선택했는데, 많은 회사들이 위에서 설명한 이유 때문에 130 Hz 정도의 주파수를 선택했다. 화력 발전소에서 이 주파수의 전기를 생산하는 데에는 문제가 없었다.

그러나 수력 발전기의 경우 이렇게 빠른 속도로 회전하는 수차를 만드는 것은 쉽지 않았다. 나이아가라 발전소를 건설할 당시 테슬라는 주파수를 60Hz로 할 것을 주장했다. 그러나 수차가 이미 25Hz로 설계되어 있었기 때문에 [151)]발전기도 25 Hz로 할 수밖에 없었다. 이런 식으로 회사마다 각자의 상황을 반영하여 주파수를 정하다 보니

1897년 북미 지역의 전력 주파수

주파수(Hz)	회사 (지역)
140	Wood
133	Stanley-Kelly
125	General Electric 단상
66.7	Stanley-Kelly
62.5	General Electric “monocyclic”
60	많은 회사들
58.3	General Electric (Lachine Rapids)
40	General Electric
33	General Electric (Portland Oregon)
27	Crocker-Wheeler
25	Westinghouse (나이아가라)

150) 주파수가 높으면 표피효과 때문에 전류가 전선의 바깥 부분으로 몰리기 때문에 더 가는 전선에 전류를 흘리는 것처럼 된다. 전압만 충분히 높여줄 수 있다면 직류가 가장 유리하다. 그래서 지금은 수백 km 이상의 장거리 송전은 고전압 직류(HVDC)로 한다. 우리나라도 해남-제주 간 해저케이블은 고전압 직류 송전 방식을 사용한다.

151) 기계적 회전 속도가 분당 250 회(250 rpm)로 정해져 있었다.

전 세계에는 16.67 Hz부터 133.33 Hz 사이의 다양한 주파수와 전압이 사용되고 있었다.

전력 시스템이 복잡해지면서 관리도 점점 어려워졌다. 전력을 안정되게 공급하려면 각 부분의 전압과 전류가 안정되게 유지되어야 하는데, 안정되게 하려면 각 부분의 전압과 전류를 계산할 수 있어야 된다.

직류의 경우에는 옴의 법칙과 키르히호프 법칙을 적용하여 전압 값과 전류 값을 계산하면 되는데 (1.5 전기회로), 교류는 전압과 전류가 계속 변하므로 sin, cos이 들어간 계산을 해야 된다.

새로운 선로를 가설하려 할 경우 기존의 선로와 어떻게 연결하는 것이 좋은지 계산하는 것도 보통 일이 아니었다. 게다가 발전기, 변압기 등을 설계할 때 특성이 어떻게 될지 계산해 보는 것이 너무 어려웠기 때문에 만들어서 시험해보고 개선하는 방법을 택할 수밖에 없었다. 딱히 다른 방법이 없어서 택한 방법이지만 시간과 돈이 많이 드는 방법이었다.

좀 간단하게 계산할 수 있는 방법이 있다면 기기의 설계 과정에서 어느 정도 특성을 예상할 수 있고, 새 선로가 가설되었을 때 안정되게 전력을 공급할 수 있는지도 어느 정도 예상해 볼 수 있을 것이다. 이렇게 간단한 계산 방법이 절실한 시기에 나타난 사람이 스타인메츠[152]이다.

스타인메츠

스타인메츠는 한 전력망에 연결된 회로는 같은 주파수로 동작한다는 것에 착안했다. 모든 것이 같은 속도로 회전하기 때문에 회전을 표현하는 sin, cos을 사용하지 않고 전압, 전류 등의 시간적 관계만으로 계산이 가능하다는 생각을 한 것이

152) Charles Proteus Steinmetz (1865 독일~1923 미국) Phasor 이외에도 히스테리시스 법칙의 발견, 과도 현상에 대한 연구 등의 업적이 있다. 선천적인 곱사등이라는 장애를 극복하고 위대한 업적을 남긴 사람이다. 아인슈타인, 에디슨과 가까이 지냈다. 에디슨이 나이가 들어 청각을 잃었을 때 손가락으로 모스 부호를 두들기는 방법으로 대화했다고 한다.

다. 이 계산법은 1893년에 발표되었다.

예를 들어 회로에 코일이 있으면 코일의 전류는 그림처럼 전압보다 1/4 주기 늦게 나타난다. 이것을 삼각함수로 나타내면 아주 복잡한 식이 된다. 스타인메츠는 한 주기를 360도 회전이라고 생각하고 이 경우는 전류가 전압보다 90도 늦은 것으로 생각했다. 그림처럼 전압과 전류가 90도 차이를 두고 함께 회전한다고 생각하는 것이다.

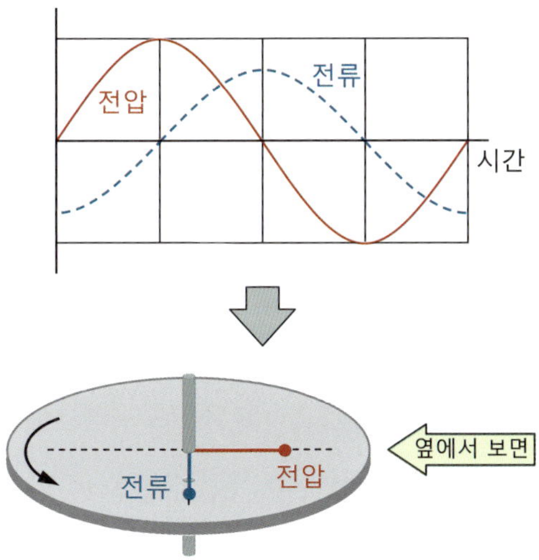

이렇게 하면 sin, cos 없이 식을 만들 수 있다. 전압과 전류를 크기와 각도의 두 값으로 나타낼 수도 있겠지만 복소수로 나타내면 하나의 숫자로 나타낼 수 있게 된다. 즉 전압, 전류 등을 복소평면에 나타낸 것이다. 전압, 전류, 저항 등을 하나의 복소수로 나타내면 옴의 법칙과 키르히호프의 법칙을 그대로 적용할 수 있다.

전압, 전류 등을 복소평면에 나타내는 것을 phasor라고 부르는데, 현재까지도 교류 회로를 해석하는 기본적인 방법으로 사용되고 있다. Phasor를 사용하면 교류 회로를 직류 회로와 같은 방법으로 계산할 수 있다.[153] 그러나 phasor 자체를 이

153) 직류 회로는 실수(real number)로 계산하는데, 교류 회로는 복소수(complex number)를 사용한다는 차이가 있다.

해하기 위해서는 공부를 좀 해야 한다. 2.15~2.17에 phasor의 개념에 대한 설명이 있다.

Phasor의 사용으로 교류의 계산이 쉬워지면서 교류는 빠른 속도로 확산되어 갔다. 점점 더 많은 장치가 전력선에 연결되고 발전해야 될 전력량이 늘어나면서 발전 용량의 문제가 대두되기 시작했다.

발전 용량은 사람들이 가장 전기를 많이 사용할 때의 사용량보다 커야하는데, 그러면 전기를 적게 사용할 때는 놀고 있는 발전기가 생긴다. 전기를 많이 사용할 때와 적게 사용할 때의 차이가 크면 클수록 이런 문제가 심해진다.

다른 전력 회사와 전력을 주고받을 수 있으면 한 쪽이 전력이 부족할 때 다른 여유 있는 회사에서 전력을 보내줄 수 있게 되어 용량 문제가 완화된다. 물론 양 쪽이 동시에 최대가 된다면 전혀 좋아지는 것이 없겠지만 이런 일은 잘 일어나지 않는다. 연결된 회사가 많을수록 더 유리할 것이다.

그래서 전력 회사들 끼리 전력선을 연결하기 시작했다. 전압과 주파수가 같다면 연결은 간단하다. 전압이 다르더라도 주파수가 같으면 변압기를 통해 연결하면 된다. 그러나 주파수가 다르다면, 발전기와 전동기의 축을 연결하여 함께 돌게 한 것으로 전력을 전달해야 한다. 발전기와 전동기는 구조가 같기 때문에 어느 쪽이든 한 쪽을 돌리면 다른 쪽에서 발전을 하게 된다.

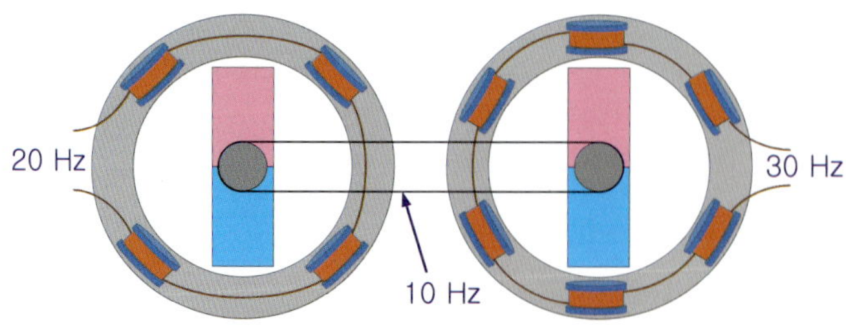

20 Hz와 30 Hz의 연결

예를 들어 20 Hz 교류와 30 Hz 교류를 연결하려면 그림과 같은 장치가 필요하다. 왼쪽의 발전기는 코일이 두 쌍이므로 한 바퀴 돌 때 두 주기의 교류가 발전된다. 전동기로 동작하는 경우 한 주기의 교류가 들어오면 반 바퀴 회전할 것이다.

오른쪽의 발전기는 코일이 세 쌍이므로 한 바퀴 돌 때 세 주기의 교류가 발전되고, 전동기로 동작할 경우 한 주기의 교류가 들어올 때마다 1/3 바퀴씩 돌 것이다. 그림은 이런 두 개의 발전기(전동기)를 벨트로 연결하여 같이 회전시키는 것을 나타낸다.[154)]

왼쪽에서 20 Hz의 교류가 들어오면 왼쪽은 1 초에 10번 회전하는 전동기로 동작할 것이다. 그러면 오른쪽 발전기에서 30 Hz의 교류가 발전된다. 반대로 오른쪽에서 30 Hz의 교류가 들어오는 경우, 오른쪽이 1 초에 10 번 회전하는 전동기가 되고 왼쪽은 20 Hz의 교류를 발전하는 발전기가 된다. 위의 예에서 알 수 있는 것과 같이 두 주파수를 교류를 연결하는 경우, 발전기-전동기의 회전 속도는 두 주파수의 최대공약수가 된다.

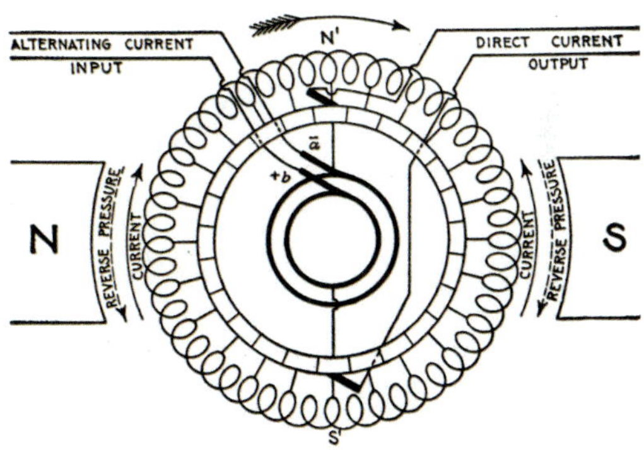

Rotary converter의 구조

직류와 교류를 연결하는 경우에는 직류 발전기와 교류 발전기를 연결한 것을 사용하면 된다. 이렇게 하면 교류를 직류로 바꿀 수도 있고 직류를 교류로 바꿀 수도 있다. 교류기와 직류기를 통합하여 교류와 직류 간의 전력 전달을 하나의 기계로 할 수 있게 만든 것을 rotary converter라고 한다.[155)]

154) 벨트로 연결한 것은 그림을 이해하기 쉽게 하기 위한 것이며, 실제로는 같은 축에 연결되어 있다. 물론 발전기의 구조도 설명을 위한 것으로 실제 사용하는 것과는 다르다.

155) 이후에 수은을 이용한 정류기(mercury arc valve)가 사용되었고, 반도체가 발명된 이후부터는 반도체를 사용한 회로가 교류–직류 간 변환에 사용되고 있다.

이런 식으로 주파수가 다른 전력은 전동기-발전기 세트로, 직류와 교류 사이는 rotary converter를 통해서 전력을 주고받으면서 전력망은 점점 확산되어 나갔다.

하지만, 주파수의 최대공약수가 너무 작은 숫자가 되어서 위와 같은 방법으로는 불가능한 경우들이 있다. 이 경우에는 rotary converter 두 개를 따로 돌리고 직류 부분을 연결해야 하는데, 장치도 복잡해지고 손실도 많을 수밖에 없었다. 차라리 발전 주파수를 바꾸는 편이 나은 경우도 있었다.

모든 것을 감수하고 복잡한 장치를 사용한다고 하더라도, 이런 전력 연결 방법은 전력회사들이 자신들의 문제를 해결하기 위해 (설비 용량을 줄이기 위해) 도입한 방법이었다. 전력을 사용하는 사람의 입장에서는 별로 좋아지는 것이 없었다. 다른 전력회사의 구역으로 이사를 하게 될 경우, 이전에 사용하던 기계(유도기가 들어 있는)를 사용할 수 없게 되어버리는 일이 발생하기 시작한 것이다.[156)]

결국 소비자가 원하는 것을 제공하려면 주파수를 통일해야 하는 상황이 되었다. 주파수를 바꾸는 것은 돈과 시간이 필요한 일이지만 전력회사들은 소비자의 요구에 부응해서 주파수를 점점 통일해 갈 수 밖에 없었다. 물론 여러 전력 회사가 서로 전력을 주고받음으로써 발전 설비를 절감하는 것도 고려해서 내린 결정일 것이다.

전력 회사들이 모여서 주파수를 통일하자는 회의를 하고 어떤 합의를 했다는 기록은 없다. 그러나 미국은 웨스팅하우스가 1891년에 선택한 60 Hz가 점점 표준이 되어 갔고, 유럽은 AEG[157)]사가 1891년에 선택한 50 Hz가 자연스럽게 표준으로 자리 잡아 갔다. 지금까지도 유럽은 50 Hz 미국은 60 Hz가 표준이다.[158)]

156) 지금도 유럽에서 사용하던 장치를 우리나라에서 사용하지 못하는 경우가 종종 생긴다. 지역에 따라 주파수가 다른 일본(동쪽은 50 Hz, 서쪽은 60 Hz)이나 바레인의 경우 국내에서 이사해도 이런 문제가 발생한다.

157) Allgemeine Elektrizitats-Gesellschaft. "독일 전기 회사"라는 뜻. 에디슨 회사의 독일 지사가 발전한 회사이다.

158) 전원이 60Hz인 지역은 TV 방식이 NTSC 방식이고 50Hz인 지역은 PAL 또는 SECAM 방식이라고 생각하면 된다. 이렇게 된 이유는 초창기의 TV가 화면을 주사할 때 전원 주파수를 그대로 사용했기 때문이다.

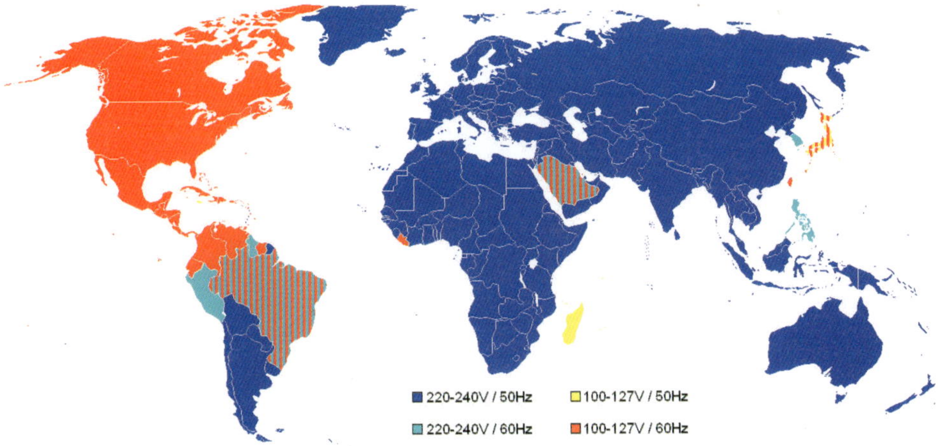

세계의 전원 주파수 (Wikipedia)

50 Hz이든 60 Hz 이든 사인파의 형태로 계속 변하는 교류로 전력을 전송하는 것이 점점 많아지면서 사람들은 이제 전기는 더 이상 한 방향으로만 흐르는 것이라는 생각에서 벗어나기 시작했다. 전류가 계속 변한다면 전선 주위의 자기장도 계속 변할 것이다. 그렇다면 맥스웰이 말했던 전자기파에 대해 다시 한 번 생각해 볼 때가 된 것이다.

1.16 전자기파의 발견

이 시기는 전기를 사용한 새로운 장치들이 쏟아지고 있던 시기였지만, 전자기학 분야에서는 새로운 현상이 별로 발견되지 않고 있던 시기이기도 하다. 많은 사람들이 발명과 특허에 집중하고 있기 때문이기도 하겠지만, 맥스웰이 이후 수십 년간 이루어져야 할 연구를 혼자 다 해 놓았기 때문인지도 모른다.

맥스웰 방정식은 전기장을 변화시키면 전자기파가 발생되어 공간으로 퍼져나간다는 것을 수학적으로 명확히 보인 것이다. (2.9 맥스웰 방정식과 전자기파) 이 식을 미분과 벡터가 함께 사용되는 어려운 수학을 사용하여 잘 정리하면 전자기파를 표현하는 식을 만들 수 있는데, 그 식에서 전자기파의 전파 속도가 계산된다. 놀랍게도 이렇게 계산한 전자기파의 진행 속도는 빛의 속도와 같았다. 그래서 맥스웰은 빛도 전자기파의 일종이라고 했다.

베버

헬름홀츠

그러나 다른 학자들은 맥스웰의 전자기파 이론을 받아들이지 않았는데, 특히 독일 학계가 부정적이었다. 그 당시 독일 학계는 베버[159)]가 기초를 세운 전자기학을 헬름홀츠[160)]가 중심이 되어 발전시켜 가고 있는 상황이었다. 베버도 그 당시의 난무하던 학설, 수식을 정리하는 업적을 남겼는데, 맥스웰과는 다른 관점을 가지고 있었다. 맥스웰은 패러데이의 장(field)의 개념으로부터 출발한데 반해, 베버는 두 물체 사이에 원격으로 힘이 전달된다는 개념으로부터 출발한 것이다.

파동이란 어떤 매질을 타고 전파되는 것이다. 물이 있어야 물결이 있고, 공기가 있어야 소리가 전달되는 것이다. 그렇다면 전자기파도 어떤 매질이 있어야 전달된다. 맥스웰은 빛도 전자기파라고 했는데, 빛은 진공 중에서도 전달된다.

우주가 알려지지 않은 어떤 물질[161)]로 꽉 차 있어서 그 물질이 빛이나 전자기파의 매질 역할을 하는 것이 아니라면 빛은 파동일 수 없다는 것이 독일 학자들의

159) Wilhelm Eduard Weber (1804~1891, 독일) 전자기학 분야에 많은 업적을 남겼다. 모스보다 먼저 전신기를 제작하기도 했다. 자기력선속(磁氣力線束)의 단위인 Wb (웨버)는 그의 이름을 딴 것이다. 1 m^2의 면적에 1 Wb의 자기력선이 있을 때의 자기장의 세기가 1 T (테슬라)이다.

160) Hermann Ludwig Ferdinand von Helmholtz (1821~1894, 독일) 생리학자, 물리학자. 신경 자극의 전파에 관한 연구를 했고, 생리 광학과 생리 음향학의 독자적인 분야를 개척하였다. 열역학 이론의 열화학 및 전기화학에 대한 적용 등의 업적이 있다.

161) 이 가상의 물질을 에테르(ether)라고 부른다. 전자기파가 발견된 후 에테르를 찾기 위한 연구에 불이 붙었다가 마이켈슨과 몰리가 에테르가 존재하지 않음을 보이는 실험 결과를 발표한 후 사그라졌다.

생각이었다. 그리고 전자기력은 파동이 아니며, 매질 없이 원격 작용에 의해 순간적으로 전달되는 것이라고 생각했던 것이다.

맥스웰이 좀 더 오래 활동했더라면 독일 학파와의 논쟁, 교류 등을 통해 이론적으로 더 발전했을지 모른다. 그러나 안타깝게도 맥스웰은 1879년 48세의 나이에 위암으로 세상을 떠나고 말았다. 핵심은 전자기파가 존재하느냐 하는 것이었는데, 누군가가 실험에 의해 확인해 줄 수밖에 없는 상황이 된 것이다.

45년 전 외르스테드가 전류에 의해 자침이 움직이는 것을 발견했을 때, 현상을 설명해줄 새로운 이론을 찾기 위한 움직임이 생겼다. 이번에는 반대로 이론이 맞는지 확인하기 위해 현상을 찾아야 하는 상황이 된 것이다.

1879년 베를린 과학 아카데미는 헬름홀츠의 제안에 따라 전자기 효과를 발견하는 사람에게 현상금을 걸었다. 물론 헬름홀츠는 자신의 학설이 확인되기를 기대했을 것이다. 헬름홀츠 교수의 박사과정 학생인 헤르츠[162]가 도전했으나 성공하지 못하고 다른 주제로 학위 논문을 써야만 했다.

헤르츠

학위를 받은 후 헤르츠는 여러 직장을 전전하면서도 이 문제를 놓지 않고 실험을 시도했는데, 9년 후인 1888년 드디어 실험에 성공했다. 헤르츠는 맥스웰의 학설을 공부하긴 했지만 어디까지나 헬름홀츠 학파의 학자였으므로, 실험은 헬름홀츠의 이론에 입각해서 진행되었다.

헤르츠의 실험 장치(Karlsruhe 대학)

그러나 결과는 맥스웰의 학설을 확인하는 꼴이 되어버렸다. 원격 작용이 아니라 전자기파가 발견된 것이다. 그러나 헤르

162) Heinrich Rudolf Hertz (1857~1894, 독일) 물리학자. 1925년 프랑크 (James Franck)와 함께 전자 충돌에 대한 연구로 노벨상을 받은 사람은 그의 조카인 Gustav Hertz이다.

츠는 베를린 과학 아카데미의 상금을 받지 못했는데, 그 이유는 헤르츠가 전자기파를 발견한 것은 상금 응모 마감일인 1882년 3월을 지난 후였기 때문이다.

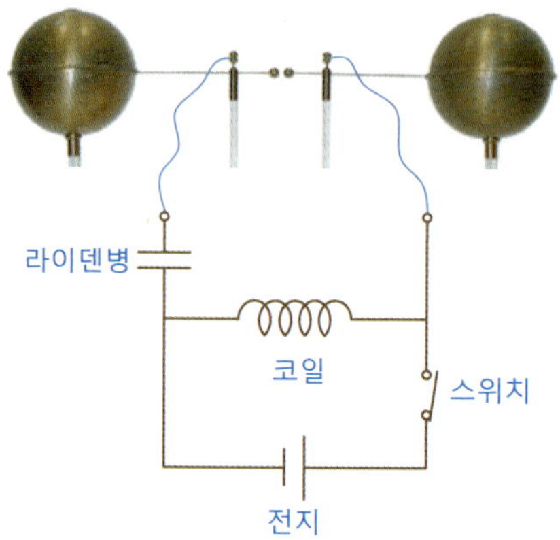

헤르츠의 실험 장치의 송신부

맥스웰의 이론에 의하면 전자기파는 전기장과 자기장이 서로 수직이고, 주파수는 전기장을 진동시킨 주파수와 같게 되어 있다. 따라서 전기장을 진동 시키면서 거리가 떨어진 곳에서 같은 주파수의 전기와 자기의 진동이 있는지, 그 둘이 수직인지를 확인하면 되는데, 지금은 쉽게 말할 수 있지만 그 당시 기술로는 쉽게 할 수 있는 실험이 아니었다. (2.9 맥스웰 방정식과 전자기파)

헤르츠는 그림과 같은 발진 (진동을 만드는) 회로로 전기장의 진동을 만들어주고, 공진에 의해 측정을 하는 방법으로 실험에 성공했다. 스위치를 닫으면 코일에 전류가 흐르게 된다. 전류가 흐르고 있는 상태에서 스위치를 열면 코일과 라이덴병 (커패시터)의 작용에 의해 진동이 발생한다. 그러면 송신부의 두 개의 작은 공 사이에 불꽃이 튀면서 전자기파가 공중으로 퍼져 나가게 된다. 그림에 있는 두 개의 큰 금속 구와 두 개의 작은 금속 구가 붙어 있는 금속 막대가 안테나의 역할을 한다. 발진에 대해서는 "2.18 공진, 발진, 자유진동"에서 설명한다.

전자기파는 공중으로 전파되어 그림과 같은 수신부 까지 가게 되는데, 수신부는 철사 원이 코일의 역할, 작은 간격으로 떨어진 두 개의 작은 구가 커패시터의 역할을 한다. 철사 원의 크기와 각도를 잘 조절하여 전자기파와 공진하도록 해 주면 철사 원 맨 위에 있는 두 개의 작은 공 사이에도 불꽃이 튀게 된다.[163] 이런 공진을 LC 공진이라고 하는데 "2.18 공진, 발진, 자유진동"에서 설명한다.

헤르츠의 실험 장치의 수신부

헤르츠는 철사 원을 수신부가 송신부와 같은 주파수에서 공진을 하도록 만들어서 송신부에서 발생된 전자기파가 수신부에 도달한다는 것을 보인 것이다. 그리고 수신부의 철사 원을 90도 회전시키면 불꽃이 튀지 않는다는 것도 보였다. 그리고 간섭(干涉, interference)에 의해 전자기파의 속도가 빛의 속도와 같다는 것도 보일 수 있었다.[164]

송신부와 수신부가 같은 주파수로 공진을 했고 전기장과 자기장이 90도를 유지하며, 진행 속도가 빛의 속도와 같다는 것이 확인되었으므로, 맥스웰의 이론대로 전자기는 파의 형태를 가지고 공간으로 퍼져나간다는 것이 확인된 것이다. 이 이후 독일 학계도 맥스웰의 학설을 인정하게 되고 전자기파에 대한 많은 연구를 하게 되었다.

헤르츠의 발견은 공간을 통해서 전자기파로 신호를 보낼 수 있는 가능성을 보여주었다는 큰 의미도 있다. 그러나 헤르츠는 헬름홀츠 학파의 동료들 눈치 때문에 그랬는지 정말 그렇게 생각했는지는 모르지만 "전자기파는 아무 쓸모없는 것"이라고 말했다.

쓸모 있다고 생각했더라도 헤르츠가 더 이상의 일은 하지는 못했을 것이다. 헤르츠는 맥스웰보다도 더 젊은 나이인 37세에 세상을 떠나고 만 것이다. 어쨌든 헤

163) 불꽃의 관찰은 쉬운 일이 아니다. 작은 공 사이의 거리를 최소화하기 위해 마이크로미터로 조정하고, 실험실을 깜깜하게 해 놓고 돋보기로 관찰했다고 한다.

164) 마이켈슨(Albert Abraham Michelson, 1852 폴란드~1931 미국) 과 몰리(Edward Williams Morley, 1838~1923, 미국)가 빛의 속도를 측정한 방법과 비슷한 방법을 사용했는데, 이 책의 수준을 넘으므로 설명하지 않기로 한다. 관심 있는 사람은 물리학 책을 보기 바란다.

르츠는 짧은 인생 동안 위대한 발견을 했고, 그의 이름은 주파수의 단위로 남아있게 되었다.

1.17 무선 통신과 진공관의 발명

헤르츠의 장치는 송신기를 동작시키면 전자기파가 발생되고 수신기가 거리와 각도가 맞아 있으면 공진을 하여 불꽃이 튀는 장치였다. 이탈리아의 부유한 집의 아들인 마르코니[165]가 헤르츠의 장치에 매료되어 다락방에 갖다놓고 연구하기 시작했다.

마르코니

하지만, 마르코니는 수신기에 불꽃이 튀는 것을 가지고 놀기 위해 헤르츠의 장치를 갖다놓은 것은 아니었다. 그는 이 장치를 발전시켜 전선 없이 모스 신호를 보내는 장치를 만들고 싶었던 것이다.

마르코니는 브랑리[166]가 발명한 검파기(檢波器, coherer)를 사용하여 수신기를 만들었다. 검파기는 유리관에 금속 가루가 채워진 형태로 되어 있다. 금속 가루는 전자기파가 지나가면 서로 붙으려는 성질이 있으므로 뭉치게 되고 따라서 저항이 작아진다. 검파기는 전자기파가 들어올 때 만 켜지는 스위치의 동작을 하는 것이다.

브랑리의 검파기 (coherer)

불꽃이 튀는 것을 눈으로 관찰해야 하는 헤르츠의 장치와는 달리, 마르코니의 장

165) Guglielmo Marconi (1874~1937, 이탈리아) 1909년 노벨 물리학상 수상. 정치적 활동도 했는데, 무솔리니의 파시즘을 지원했다. 테슬라 밑에서 잠시 일한 적이 있다.

166) Edouard Eugene Desire Branly (1844~1940, 프랑스) 물리학자, 발명가 신경계의 신호 전달에 대해 연구하다가 검파기를 고안하고 1891년 발표했다.

치는 검파기에 바로 회로를 연결할 수 있다는 좋은 점이 있었다. 그러나 한 번 동작시키고 나면 검파기를 흔들어서 금속 가루가 다시 흩어지게 해 주어야 한다는 불편함은 어쩔 수 없었다.

마르코니는 검파기를 사용하고 안테나 등의 장치를 조금씩 개량해 나가면서 동작 거리를 10m, 30m로 늘려 나가다가 3km 떨어진 곳 까지 신호를 보내는데 성공했다. 마르코니는 자신만만했다. 본격적으로 연구하면 아주 먼 거리에서도 무선 통신을 할 수 있는 장치를 개발할 수 있을 것 같았다. 그래서 이탈리아 정부에 연구 자금을 요청했는데 거절당했다.

그 당시 과학자들은 먼 거리의 무선 통신은 불가능하다고 생각하고 있었다. 전파는 직선으로 퍼져나가는데 지구는 둥글기 때문에 아무리 좋은 조건에서도 300 km 이상의 거리는 통신이 불가능하다는 것이었다.

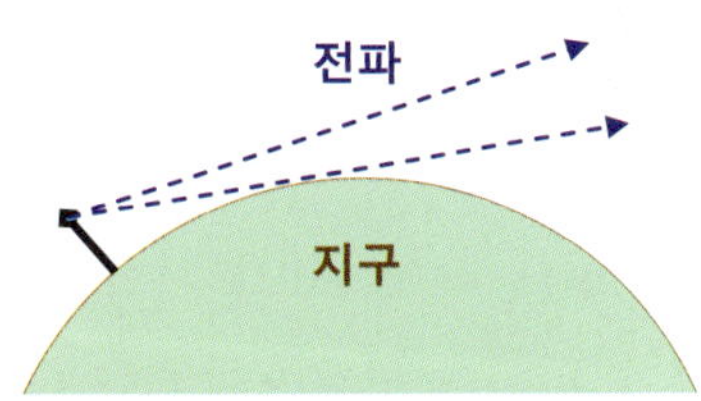

학자들의 이런 분석에도 불구하고 마르코니는 아주 먼 거리의 무선 신호 전송을 위해 계속 노력했다. 아마도 그는 지구 표면을 따라 전자기파가 전달될 수 있다고 생각한 것 같다. 이탈리아의 지원을 받지 못한 그는 영국에 지원을 요청했다. 영국은 연구비를 지원하겠다고 했고 그는 1896년에 영국으로 건너갔다.

이 시대는 제국주의 시대로 유럽의 나라들이 식민지를 확보하기 위해 노력하고 있는 때였다. 특히 영국은 세계 곳곳에 많은 식민지를 두고 있었는데, 그러다보니 해저 케이블을 통한 해외 전보가 1 년에 4 억 통이 넘었다.

상당히 많은 선박이 식민지와 영국 본토 사이를 오가고 있었는데, 선박이 출항하고 나면 도착할 때까지는 바다 한가운데에서는 연락할 수 있는 방법이 없었다. 무선 통신이 가능해 지면 이 선박과도 연락을 주고받을 수 있기 때문에 영국은 무선 통신에 투자할 필요가 있었던 것이다.

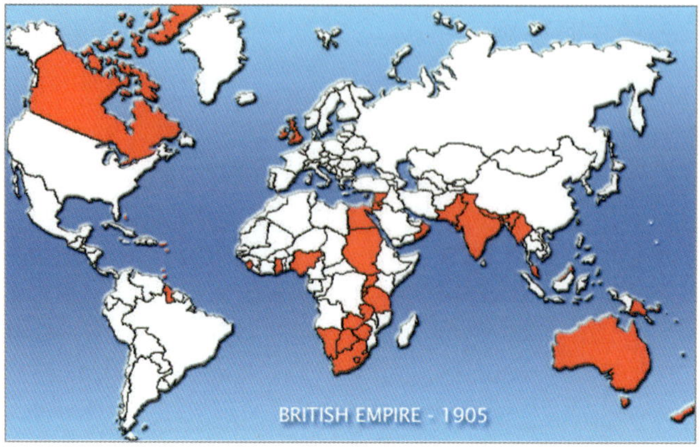

1905년의 영국 제국 영토 (www.spacebob.us)

1897년에 마르코니는 14.5km의 거리의 통신에 성공했고, 1898년에 그는 영국 해협을 가로지른 전파 전송에 성공했다. 계속되는 성공에 탄력을 받은 마르코니는 1901년에 안테나를 실은 연을 높이 날려 영국에서 캐나다까지 3200 km 거리의 대륙 간 전파 송신을 시도했다. 결과는 성공이었다.

안테나를 실은 연을 날리는 모습

그러나 이것은 말도 안 되는 결과였다. 지구가 둥글기 때문에 300 km 이상의 거리에서는 통신이 안 된다는 계산은 틀린 것이 아니었기 때문이다. 아무도 마르코니가 왜 성공했는지 알 수 없었다. 마르코니 자신은 성공한 이유가 무엇이라고 생각했는지 모르지만 어쨌든 대륙 간 무선 통신에 성공한 마르코니는 그 공적으로 1909년 노벨 물리학상을 수상하게 되었다.[167]

167) 노벨상은 노벨(Alfred Bernhard Nobel, 1833~1896, 스웨덴)이라는 발명가가 만든 상이지만, 발명가에게 노벨 물리학상을 수여하는 것은 매우 이례적인 드문 일이다.

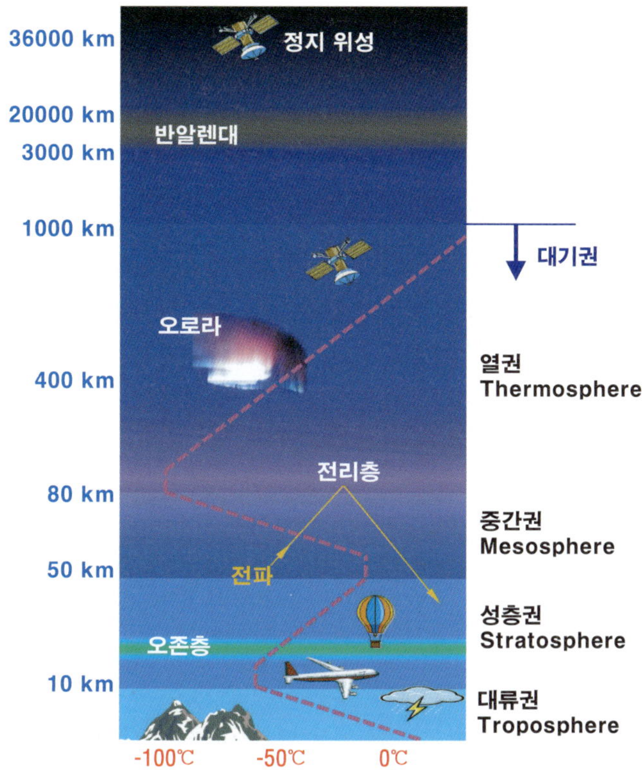

마르코니가 성공한 이유를 밝혀낸 것은 20년 후인 1924년 애플턴[168]에 의해서였다. 그는 지구 대기의 상층에는 대전된 입자를 품고 있는 전리층이 있어서 전파가 반사되어 돌아온다는 것을 알아냈다. 1902년 헤비사이드[169]가 전리층이 존재할 것이라는 예상을 했지만, 그것은 연구의 결과에서 오는 추론이었고, 전리층의 존재를 증명한 것은 애플턴이었다.

어쨌든 대륙 간 통신이 가능하다는 것은 밝혀졌다. 그러나 실험이 아니라 실제로 사용되기 위해서는 약한 신호를 증폭해서 크게 해 주는 장치 등 안정되게 동작해 주는 장치가 필요했는데, 마르코니에게는 또 하나의 행운이 따랐다. 때맞추어 진

168) Edward Victor Appleton (1892~1965, 영국) 물리학자. 1.22 레이더의 발명 참조

169) Oliver Heaviside (1850~1925, 영국) 수리 물리학자, 전기 공학자. 맥스웰 방정식을 4 개로 정리한 사람. (1.6 전자기학의 발전)

공관이 발명된 것이다.

진공관의 발명에 대한 이야기는 20년 전인 1883년으로 거슬러 올라간다. 1883년 에디슨은 백열전구의 성능과 수명을 개선하기 위한 연구를 하고 있었는데, 해결해야 할 문제는 탄소 필라멘트가 증발하여 수명이 짧아지고 유리가 시커멓게 되는 것이었다. 에디슨은 필라멘트에서 나오는 탄소 입자가 유리까지 날아가기 전에 정전기로 붙여버리면 유리가 시커멓게 되지 않게 할 수 있을 것이라고 생각했다.

그래서 필라멘트 옆에 금속판을 두고 금속판에 전압을 걸어주었다. 그런데, 금속판에 필라멘트보다 높은 전압을 걸어주면 필라멘트와 금속판 사이에 전류가 흐르고, 낮은 전압을 걸어주면 전류가 흐르지 않는다는 것을 발견하였다.

이 현상은 에디슨이 발견하기 10년 전인 1873년 구드리[170)]가 발견했지만 잘 알려지지 않고 있다가 에디슨이 다시 발견하고 알려진 현상으로 에디슨 효과라고 부른다. 이 현상은 가열된 음극에서 전자가 방출되는 현상인데,[171)] 당시는 전자가 발견되기 전이었으므로 원인을 모르고 있었다.[172)] 에디슨도 유리가 검게 되는 것을 방지할 수 있다는 것 이상의 의미를 두지 않았다.

플레밍[173)]은 무선수신기의 검파 장치(檢波 裝置, detector)를 연구하고 있었는데, 전류를 한 방향으로만 흐르게 해 주는 장치가 필요했다. 여러 가지를 시도하던 중 에디슨이 발견한 현상이 생각났다. 그 당시에는 진공에서는 전류를 통하지 않는다는 것이 밝혀져 있는 상태였다. 그런데 전구 속에서 진공을 통해 전류가 흐르지

170) Frederick Guthrie(1833~1886, 영국) 과학자, 저술가

171) 이 현상을 열전자 방출(熱電子 放出)이라고 부른다. 리처드슨(Owen Willans Richardson, 1879~1859, 영국)이 열전자방출을 정량적으로 연구하여 1928년 노벨상을 받았다.

172) 전자는 그로부터 14년 후인 1897년 영국의 물리학자인 톰슨(Joseph John Thomson, 1856~1940, 영국)이 발견했다.

173) John Ambrose Fleming(1849~1945, 영국) 전기공학자. 왼손법칙, 오른손 법칙으로 유명하다. (1.8 전동기의 발명) 런던의 에디슨 전등 회사에서 10년간 일한 경력이 있다. 페니실린을 발명한 플레밍과는 다른 사람이다.

않았는가?

플레밍

플레밍은 전구 속에서 왜 한쪽 방향으로만 전류가 흘렀는지를 생각해 보았다. 필라멘트는 뜨겁게 가열되어 있었고 금속판은 가열되어 있지 않았다. 결국 뜨거운 쪽이 낮은 전압이면 전류가 흐르고 높은 전압이면 전류가 흐르지 않는다는 결론에 도달한 플레밍은 그림과 같은 장치를 만들었다. 이렇게 해서 전류를 한 방향으로만 흐르게 하는 장치인 2극 진공관이 만들어졌는데, 1904년에 발표했다.

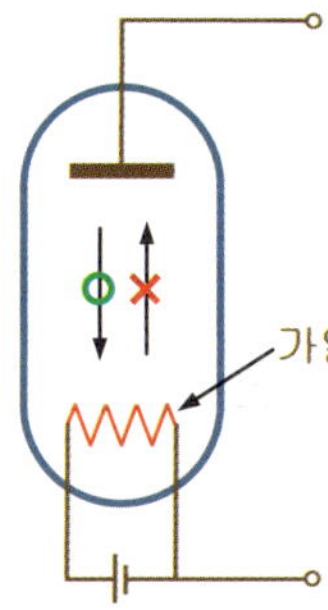

진공은 전류를 통하지 않는다. 그렇다면 진공 속에서 전류가 흘렀다는 것은 진공 속으로 전자가 날아갔다는 것을 의미한다. 금속을 가열하면 전자가 금속판에서 떨어져 나올 수 있는 상태가 되고, 전압이 걸리자 전자가 가속을 받아서 진공 속을 날아간 것이다. 즉 가열한 전극이 음극이 된다.

드포리스트

두 전극 사이의 전압이 높으면 전자가 더 많이 나오고 더 빨리 날아가기 때문에 더 많은 전류가 흐를 것이다. 드포리스트[174]는 이 성질을 잘 이용하면 신호를 증폭할 수 있는 장치를 만들 수 있다고 생각했다.[175] 그래서 만들어진 것이 3극 진공관으로 플레밍이 2극 진공관을 발명한 지 2 년 후인 1906년에 발명되었다.

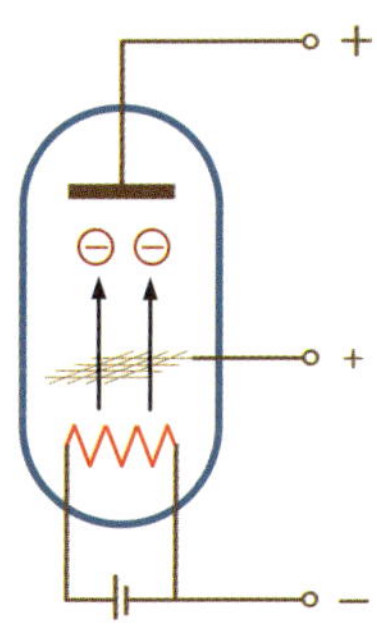

3극 진공관은 그림에서 보는 것과 같이 2극 진공관과 같은데, 한 가지 다른 것은 가운데에 금속 망이 들어 있다는 것이다. 금속 망은 양극보다 음극에 더 가깝게 배치되어 있는데,

174) Lee De Forrest(1873~1961, 미국) 전기공학자
175) 이 때는 전자가 발견된 이후이다.

망의 전압이 높으면 음극에서 더 많은 전자가 튀어 나와 망을 향해 가속된다. 망이 아니라 금속판이라면 전자는 판으로 들어가겠지만 구멍이 숭숭 뚫린 망이기 때문에 대부분의 전자는 망을 통과하여 계속 위로 날아가서 양극에 도달하게 된다.

즉 망의 전압에 의해 전류를 조절할 수 있으므로, 망에 작은 신호를 가해주면 그 신호와 비례하는 큰 전류가 전체에 흐르게 되는 것이다. 이런 새 기술을 적용하면서 무선 통신은 급속도로 발전되었다. 진공관에 대해서는 "2.23 진공관과 트랜지스터"에서 설명한다.

페센덴

진공관이 발명되어 무선 통신 장치의 성능이 좋아지고 있는 동안 다른 공학자와 발명가들은 전파에 소리를 실어 보내는 것을 연구하고 있었다. 유선 전신기가 발명된 다음 유선 전화를 연구한 것처럼 (1.10 전기 통신의 시작, 1.11 전화기의 발명과 특허 분쟁) 무선 전신기가 발명되자 무선 전화를 연구한 것이다. 그 중에서 처음으로 성공한 것은 페센덴[176]이었다.

페센덴은 마르코니가 대륙 횡단 통신에 성공한 다음 해인 1902년부터 소리를 무선 신호에 실어 보내는 연구를 시작했다. 4년 간의 실험 끝에 성공한 페센덴은 1906년 성탄절 전야 그의 연구실에 모인 동료들과 함께 전파를 공중으로 날려 보냈다. 그들이 날려 보낸 신호는 8 km 떨어진 곳에 있던 배에서 수신되었다.

삑삑거리는 모스 신호가 나와야 될 통신기에서 사람의 목소리가 나오자 그 배의 전신 기사는 깜짝 놀랐다. 그리고 헨델의 라르고가 흘러나오고, "Merry Christmas!"라는 인사가 나오고 나서 다시 통신기는 삑삑거리는 소리를 냈다. 전신 기

176) Reginald Aubrey Fessenden(1866 캐나다~1932 미국) 미국 무선 기술의 창시자라고 불린다. 웨스팅하우스를 위해 전구 개발을 한 적이 있다.(1.14 전력 전송의 시작)

사는 잘 들었다는 연락을 보냈고 (모스 부호로) 페센덴의 실험실에서는 환호성이 울렸다.

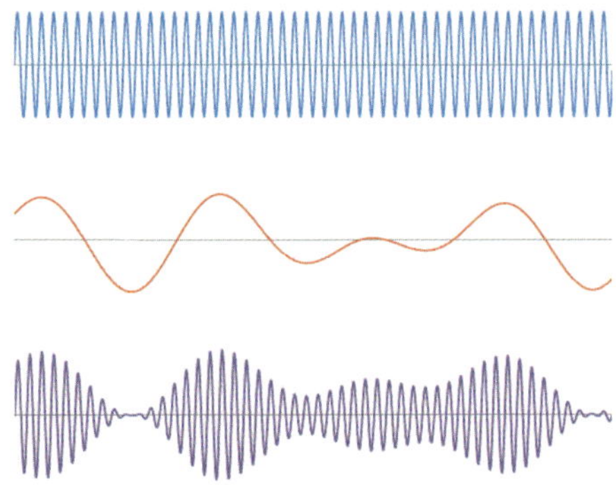
진폭 변조(AM) 방식 신호

페센덴이 사용한 통신 방식은 진폭변조(AM, Amplitude Modulation)라고 부르는 방식이다. 진폭변조란 소리보다 훨씬 높은 주파수의 전파(반송파, carrier wave)에 소리 신호를 실어 보내는 방법으로 사인파의 진폭(파의 크기)을 소리 파형의 모양으로 만들어 보낸다. 그림의 첫 번째 파형이 반송파이고 두 번째가 소리의 파형이다. 세 번째 파형이 송신기에서 보내는 전파의 파형이다.

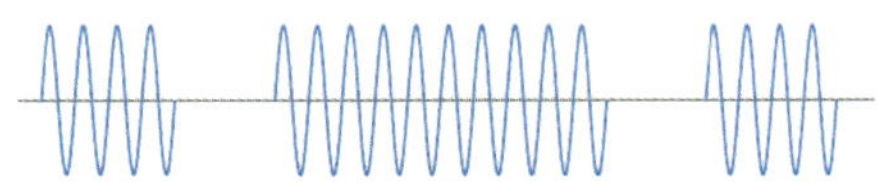
모스 부호 통신

모스 부호를 사용하는 통신기는 진폭은 변하지 않는 상태에서 짧은 신호와 긴 신호를 사용하여 통신하는 방식을 사용한다. 그림과 같은 신호를 스피커로 보내주면 스피커에서 모스 신호가 나온다.[177]

AM 신호가 들어오면 스피커는 그 신호대로 진동을 하는데, 반송파의 주파수는 사람의 귀에 들리지 않는 높은 주파수이므로 들리지 않고 소리 신호만 들리게 되는 것이다.[178]

페센덴이 한 실험은 통신이라고 하기보다는 방송에 가깝다고 봐야 할 것이다. 보통 통신이라고 하면 어떤 상대와 신호를 주고받는 것을 말하는 것이고 불특정 다수를 향해 신호를 보내면 방송이라고 말한다. 어떻게 사용하느냐가 다를 뿐 통신

177) 전신이라고 하면 보통 연상하는 "띠디 띠~ 띠 ..." 하는 소리이다.
178) 물론 소리가 깨끗하지 않다. 깨끗한 소리를 듣기 위해서는 2극 진공관, 다이오드 등으로 만든 검파(檢波) 회로와 같은 것이 필요하다.

과 방송은 같은 것이다. 단 방송의 경우에는 방송국만 신호를 보내므로 개인이 가지고 있는 수신 장치(라디오)는 신호를 보내는 기능은 필요 없다.

페센덴은 드포리스트와 함께 뉴욕의 메트로폴리탄 오페라 공연을 생중계하는 등 몇 차례의 방송을 시도했지만 전신기사 이외의 사람은 수신 장치(라디오)가 없었기 때문에 방송을 들을 수 없었다.

그러나 멀리 있는 모르는 누군가와 전선 없이 목소리로 교신하는데 매료되어 스스로 통신 장비를 만들고 통신을 하는 사람들이 있었는데, 바로 '아마추어 무선통신[179] '의 원조가 되는 사람들이다.

몇 차례의 방송 시도는 수신 장치가 없어서 성공할 수 없었다. 그러나 그것을 거꾸로 생각하면 들을 만 한 방송이 있다면 사람들이 수신 장치를 살 것이라고 생각할 수 있다. 이런 생각을 한 사람은 사노프[180]였다.

사노프

사노프는 마르코니 통신회사에서 무선사로 일하면서 값싼 방송 수신기(라디오)를 만들고 음악 방송을 해서 판매를 촉진하자는 사업계획을 제출했다. 하지만 마르코니 통신 회사는 수익을 창출할 가능성이 낮다고 판단하고 사노프의 사업 계획을 받아들이지 않았다.

그 이후 사노프는 RCA[181]로 회사를 옮기고 음악방송 사업에 다시 도전했는데, 이번에는 성공적이어서 라디오의 판매가 늘게 되었다. RCA는 점점 더 큰 기업이 되어갔고, 라디오방송은 미국에서 가장 빨리 성장하는 사업이 되었으며 각 주와

179) 아마추어 무선을 HAM이라고 부르는데, HAM이라는 이름의 유래는 1908년 미국 하버드 대학의 무선국 이름을 설립자인 Hyman, Almay, Murray의 첫 글자를 따서 HAM으로 지은 것이라고 한다.

180) David Sarnoff(1891 러시아~1971 미국) 무선사로 일할 때 타이타닉호의 사고 소식을 수신하여 유명해졌다.

181) Radio Corporation of America(1919~1986, 미국) 1919년 General Electricl 부터 분리 설립된 회사. 아메리카 마르코니 무선전신회사의 자산을 인수했고, 1926년 NBC 방송사를 설립했다. 1929년 파산 위기에 있던 Victor 사를 인수하고 1932년 RCA Victor 설립했다.

신문, 기업들이 송신탑을 세우기 시작했다. 그리고 사노프는 승승장구했고 RCA의 사장으로까지 진급했다.

라디오 방송은 라디오의 판매를 목적으로 시작한 것이지만, 1922년부터는 방송에 광고를 넣기 시작했다. 그리고 더 좋은 장비를 갖추고 더 다양한 프로그램을 개발하는 등 방송 자체가 점점 사업의 중심이 되어간다.

미국이 상업적으로 방송을 시작한 것과는 달리 영국은 1922년 공영 방송국인 BBC를 설립했는데, 중립성을 보장하기 위한 인사체제를 갖추고 청취료로 운영했다. 프로그램 내용은 뉴스, 강연, 오페라, 콘서트, 드라마 등이었고 모든 프로그램은 런던의 BBC 스튜디오에서 생방송 했다.

프랑스는 1921년에, 독일은 1923년에 방송을 시작했다. 한국 최초의 방송국은 일제 강점기인 1927년 조선총독부가 조선의 통치를 위해 설립한 경성방송국이다. 이 방송국은 청취료로 운영되는 방송국이었지만 대부분의 프로그램이 일제의 정책 홍보였고, 모든 프로그램은 사전 검열을 받아야 했다.

타이타닉호. 배의 앞뒤에 높은 무선 통신 안테나가 있다.

1912년의 그 유명한 타이타닉호의 침몰 사고 때 712명의 사람이 구조될 수 있었던 것은 타이타닉호에 무선 통신 설비[182)]가 되어 있었기 때문이다. 구조 요청을 하는 과정에서 문제가 있긴 했지만 어쨌든 무선 통신 설비가 없었다면 조난 소식을 알리는 자체가 불가능했을 것이고, 다른 배가 우연히 지나가다 발견하더라도 그 배가 항구에 도착하기 전까지는 구조 요청을

182) 타이타닉호의 통신 설비는 진공관을 사용하지 않은 마르코니 방식의 것이었다.

할 수 없었을 것이다.

전신기를 최초로 발명한 사람은 모스가 아니었고, 전화기를 최초로 발명한 사람은 벨이 아니었다. 백열등을 최초로 발명한 사람도 에디슨이 아니었다. 그렇다면 무선 통신을 최초로 발명한 사람은 마르코니가 맞을까? 예상 했겠지만 답은 "아니다"이다. 무선 통신을 최초로 발명한 사람은 비운의 천재 테슬라였다.

테슬라는 1897년 마르코니보다 앞서 무선 통신에 관한 미국 특허를 출원했다. 그리고 1898 뉴욕에서 많은 사람이 모인 가운데 테슬라는 무선으로 배를 조종해 보였다. 그러나 무선 통신의 특허권은 1904년 마르코니에게 넘어갔다.

이것을 마르코니와 에디슨의 탄탄한 재력과 사회적 인지도를 바탕으로 한 로비의 결과라고 말하는 사람이 많다. 한참 후인 1943년 미국 대법원의 판결로 무선 통신에 대한 특허권이 테슬라에게 되돌아갔지만, 이미 테슬라는 빚에 시달리다 뉴욕의 한 호텔에서 심장마비로 숨진 후였다.

테슬라는 능력이나 업적에 비해 잘 알려져 있지 않은 것이 사실이지만, 확인되지 않은 많은 이야기가 전설처럼 전해져 오고 있기도 하다. 테슬라를 신봉하는 사람들의 이야기로는 현재의 전기를 사용하는 기술의 대부분은 테슬라가 발명한 것이라고 한다. 실제 상당히 많은 것이 테슬라에 의해 발명된 것이라는 말은 사실이다. 그러나 한편으로는 테슬라를 신격화 하고 있다는 느낌도 없지는 않다.

이 시기는 제국주의의 시대로 강대국들이 식민지를 유지하고 더 많은 부를 얻기 위해 혈안이 되어 있는 시기였다. 개인이나 기업만이 아니라 국가 간에도 경쟁이 치열했던 것이다. 그러면서 더 빨리 연락할 수 있는 통신 장치뿐만 아니라 치열한 경쟁에서 우위를 차지할 수 있는 새로운 장치들이 속속 개발되고 있는 시기이었다. 어떤 계기가 생기면 전쟁이 일어날 수 있는 분위기였던 것이다.[183)]

183) 제1차 세계 대전은 1914년 발발되었다.

1.18 초전도의 발견

사회 분위기는 점점 전쟁으로 가고 있었지만 학문적 연구는 계속되고 있었다. 특히 저온 분야는 이 시대에 많은 발전을 하고 있었다. 1877년 산소가 액화되었고 1883년에는 질소의 액화에 성공했다. 1898년에 수소의 액화에 성공하면서 헬륨을 제외한 모든 기체의 액화에 성공하게 되었다. 그리고 그에 따라 상당히 낮은 온도까지 냉각을 하는 기술이 발전되고 있었다.

기체의 액화 온도

	섭씨 (℃)	절대온도(K)
헬륨	-268.93	4.22
수소	-252.87	20.28
네온	-246.08	27.07
질소	-195.79	77.36
불소	-188.12	85.03
아르곤	-185.85	87.30
산소	-182.95	90.20

그와 함께 금속의 저항이 극저온 상태에서 어떻게 되는지에 대한 논의가 활발히 진행되었다. 금속의 저항은 온도를 내리면 낮아진다는 것은 알려져 있는 사실이었는데(2.10 전압과 전류 그리고 저항), 온도를 절대온도 0 도 (0 K, -273 ℃)[184] 에 가까운 극저온까지 내리면 어떻게 되는가 하는 것이 학자들의 관심의 대상이었다.

온도를 내리면 금속의 저항이 점점 줄어들어 온도가 0 K에 이르면 금속의 저항이 0이 될 것이라고 생각하는 사람도 있었고 완전히 0이 되지는 않고 저항이 조금 남아 있을 것이라고 생각하는 사람도 있었다. 그리고 온도가 0 K가 되면 전자를 포함한 모든 입자가 얼어붙어서 부도체가 될 것이라고 생각하는 사람도 있었는데, 당시에는 그 정도의 극저온까지 온도를 내릴 수 있는 기술이 없었기 때문에

184) 절대온도 의 단위는 °K 가 아니라 K이다. 즉 0℃는 273 K가 된다.

확인되지 않고 있었다.

온네스

1882년 라이덴 대학[185)]에 교수로 부임한 온네스[186)]는 부임하자마자 저온연구소를 설립하고 본격적으로 극저온 냉각에 대한 연구를 시작한다. 질소 액화기, 수소 액화기를 설치하고 운전하는데 성공한 온네스는 자연 상태에서 존재하는 가장 액화 온도가 낮은 물질인 헬륨의 액화에 도전하게 되는데, 오랜 연구 끝에 1908년에 성공하여 시간당 0.28ℓ 정도의 액체 헬륨을 생산할 수 있게 되었다.

헬륨의 액화 온도인 4.2K까지 온도를 내릴 수 있게 된 온네스는 당연히 그 당시의 관심 연구 분야인 금속의 저항 문제에 도전하게 된다. 온도에 따른 금속의 저항을 정확하게 측정해 놓으면 금속의 저항을 측정하여 온도를 알 수 있으므로, 금속의 저항은 극저온을 연구하는 사람에게도 중요한 주제였다.[187)]

온네스는 금과 백금의 저항을 온도를 극저온까지 내리면서 측정하려고 했다. 그러나 생각했던 것만큼 깨끗한 결과를 얻을 수 없자 그 원인이 금속 중에 불순물이 많아서라고 생각하고 실험 대상을 그 당시의 기술로 만들 수 있는 가장 고순도의 금속인 수은으로 바꾸기로 했다. 수은은 액체이기 때문에 정제하기 쉬웠던 것이다.

1911년의 어느 날 온네스의 조수인 홀스트[188)]는 온도를 내리면서 수은의 저항을 관찰하고 있었다. 그런데 온도가 4.2 K 부근이 되자 저항이 갑자기 0이 되어 버렸다. 이 이상한 결과를 보고받은 온네스는 그럴 리가 없다고 생각했다. 아무래도 실험이 잘못된 것이라는 의심이 들었고 홀스트와 함께 여러 번 반복해서 실험을

185) 뮈센브루크가 라이덴병을 발명한 네덜란드의 대학이다. (1.2 정전기 연구)

186) Heike Kamerlingh Onnes (1853~1926, 네덜란드) 키르히호프 (1.5 전기 회로) 연구실에서 일한 적이 있고, 열역학 연구로 1910년 노벨 물리학상을 받은 판데르발스 (Johannes Diderik van der Waals, 1837~1923, 네덜란드)와도 함께 일한 적이 있다.

187) 전자에 대한 연구에도 큰 도움이 되는데, 1901년 아인슈타인(Albert Einstein, 1879 독일~1955 미국)이 이 연구를 하기 위해 온네스의 조수가 되기 위해 지원했다가 거절당한 적이 있다.

188) Gilles Holst (1886~1968, 네덜란드) 후에 Phillips 연구소의 초대 소장을 역임했다.

해 보고, 시료를 새로 만들어서도 실험을 해 보게 된다.

아무리 반복해서 실험을 해봐도 같은 결과가 나오는 것을 보고 실험에 잘못된 것은 없다는 생각을 한 온네스는 이 결과를 1911년 4월 학회에 발표하는데, 그때까지도 새로운 현상을 발견한 것이라는 자신은 없었는지 "저항이 측정 불가능할 정도로 작아졌다"라는 조심스러운 표현을 사용했다.

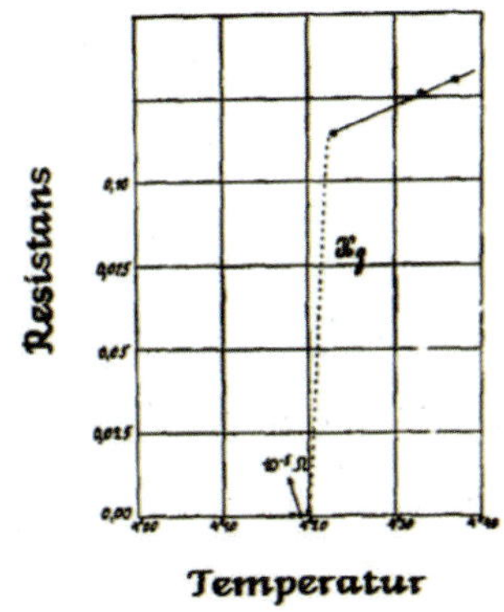

초전도의 발견. 온네스의 논문에 실린 그래프

온네스와 홀스트는 그 후 1년 가까운 시간 동안의 반복 실험을 한 후에야 새로운 현상을 발견한 것이라는 확신을 했다. 그리고 시료를 바꾸어 반복 실험을 해 본 결과 주석(Sn)과 납(Pb)[189] 에서도 저항이 0이 되는 현상이 일어난다는 것을 발견했다.

한 가지 재미있는 사실은 온네스가 처음 시도했던 금속인 금과 백금은 초전도 현상을 나타내지 않는다는 것이다. 즉 불순물을 의심하지 않았더라면 시료를 수은으로 바꾸지 않았을 것이고 초전도는 발견되지 않았을 것이다. 수은의 임계온도[190]가 헬륨의 액화온도와 거의 같다는 것도 드라마틱하다고 말할 수 있겠다. 또 한 가지 놀라운 사실은 불순물이 있어도 초전도 상태가 되는 데는 지장이 없다는 것이다.

저항이 정말 0인지를 알기 위해서 온네스는 초전도체로 아래의 그림과 같은 고리를 만든다. 초전도체 고리가 초전도가 아닌 상태에서 자기장을 가한다(a). 자장이 가해진 상태에서 냉각을 하여 초전도 상태를 만들어 준다(b). 그리고 외부자기장을 없애면(c) 초전도 고리에 전류가 유도되고 전류에 의한 자장이 형성된다(d). 초전도체 고리에 저항이 있다면 이 전류는 감쇄되고 그에 따라 자기장도 감소하

189) 주석은 3.7 K 이하, 납은 7.2 K 이하에서 초전도 현상이 나타난다.
190) 초전도성이 나타나는 온도를 임계온도(critical temperature)라고 한다. 수은의 임계온도는 4.2 K이다.

게 된다. 이 상태에서 냉각을 유지하면서 자기장을 계속 측정하면 전류가 감쇄하는지를 알 수 있다.

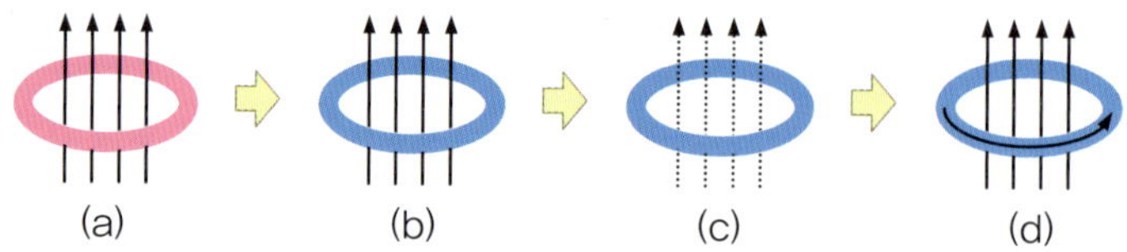

저항이 0이라면 이 전류는 줄어들지 않고 무한히 유지될 것이다. 자신의 실험실에서 전류가 줄어드는 어떤 징후도 발견하지 못하자 온네스는 이 장치를 냉각된 상태 그대로 영국의 캠브리지 대학으로 옮겨간다. 캠브리지 대학에서도 전류가 줄어드는 징후는 없었고, 초전도체에 설사 저항이 있다고 하더라도 상온에서 구리가 갖는 저항의 10^{-18}배 보다는 분명히 작다는 결론을 짓게 되었다.

이 정도의 저항이면 0이라고 말해도 무리가 없다. 예를 들어 구리로 위와 같은 고리를 만들어 회전 전류를 흐르게 할 경우 100만분의 1초 (1μs) 이내에 전류가 0이 된다고 해 보자. 똑 같은 코일을 초전도체로 만든 경우에는 32000년 이상의 시간이 걸린다는 계산이 나온다.

노벨 물리학상을 받은 다음 해인 1914년 온네스는 저항이 없는 초전도체로 코일을 만들면 전류를 얼마든지 흘릴 수 있으므로 강력한 자장을 만들 수 있을 것이라고 생각하고 납(Pb) 선으로 초전도 코일을 만들었다. 그리고 전류를 점점 증가시켜 주었는데, 전류가 어느 이상이 되자 갑자기 초전도 현상이 사라지면서 납 선이 녹아내려 버렸다.

납 선 불량, 접촉 불량 등을 점검하고 여러 가지로 반복 실험을 해 본 후 그는 "초전도 현상은 자기장이 어느 이하이고 전류 밀도도 어느 이하일 때 만 나타난다."라는 결론에 도달했다. 즉 초전도 현상에는 임계온도 이외에도 임계자기장과 임계전류밀도가 있다는 것이다.

초전도 현상이 발표된 후 많은 학자들이 초전도에 대해 관심을 가지게 되었지만[191) 액체 헬륨을 제조할 수 있는 곳이 라이덴 대학 밖에 없었기 때문에 다른 학자들은 실험을 할 수 없었다. 그러나 1920년대가 되면서 다른 기관 중에서도 헬륨을 액화할 수 있는 곳이 생기고 초전도에 대한 연구 경쟁이 본격화된다.

많은 학자들이 연구에 참가하게 되면서 여러 가지 새로운 사실이 발견되기 시작한다. 그 중 중요한 발견은 임계온도, 임계자기장, 임계전류밀도 사이에는 상관관계가 있다는 것이다. 예를 들면 자기장이 강하면 더 낮은 온도가 되어야 초전도 상태가 되고, 온도가 낮을수록 임계전류가 커진다는 것이다.

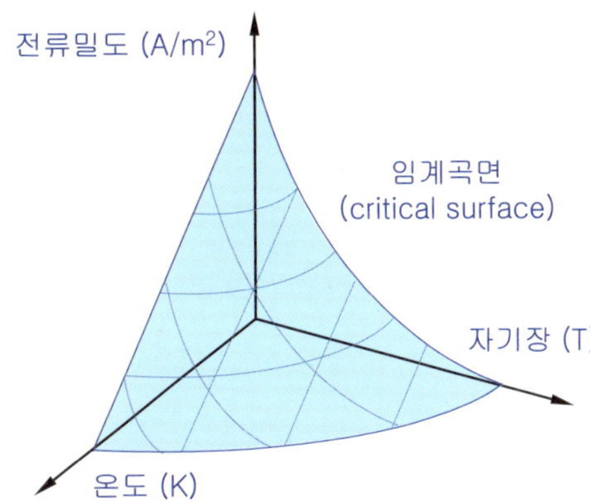

초전도 상태를 만들 때 냉각은 액체 헬륨 등의 냉매로 할 수 밖에 없다. 그렇다 보니 온도는 자유롭게 바꿀 수 있는 것이 아니고 냉매의 온도에 따라 정해지게 된다.[192) 더 강한 초전도 전자석을 만들려면 같은 온도에서 더 많은 전류를 흘릴 수 있어야 하는데, 같은 온도에서 더 많은 전류를 흘리려면 임계온도가 높아야 한다. 그래서 많은 사람들이 임계온도가 더 높은 초전도체를 찾는데 열을 올리게 되었다.

1933년 온네스의 제자인 베커[193)는 초전도체가 저항이 전혀 없다는 사실을 이용해서 초전도체를 영구자석과 같이 만들 수 있다는 이론을 발표했다. 초전도체가 초전도 상태가 아닐 때 자기장을 가하고(a), 이 상태에서 냉각해서 초전도 상태를 만들어 준다(b). 이 상태에서 자기장을 제거하면 초전도체의 내부에 이 변화를 방

191) 저항이 진짜 0인지, 어떤 물질에서 어떤 온도에 초전도 현상이 나타나는지, 임계 전류, 임계 자기장, 임계 온도의 근본적인 원인은 뭔지 등이 주 관심사였다.
192) 현재는 여러 가지의 냉각 장치가 개발되어 있어서 온도를 자유롭게 조절할 수 있다.
193) R. Becker (?~?)

해하는 전류가 생길 것이다(c). 초전도체는 저항이 없으므로 이 전류는 줄어들지 않을 것이고, 초전도체는 영구자석처럼 될 것이다.

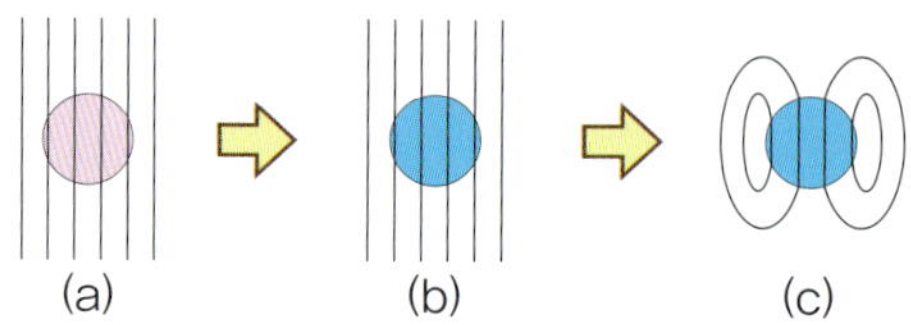

베커의 가설

이 이론이 발표되자 마이스너[194]와 그의 제자인 옥젠펠트[195]는 즉시 확인하기 위한 실험에 들어간다. 그런데 초전도체는 영구자석처럼 되지 않았다. 여러 가지로 실험해 본 결과 마이스너와 옥젠펠트는 초전도체의 내부에는 자기장이 들어가지 않는다는 것을 알았다.

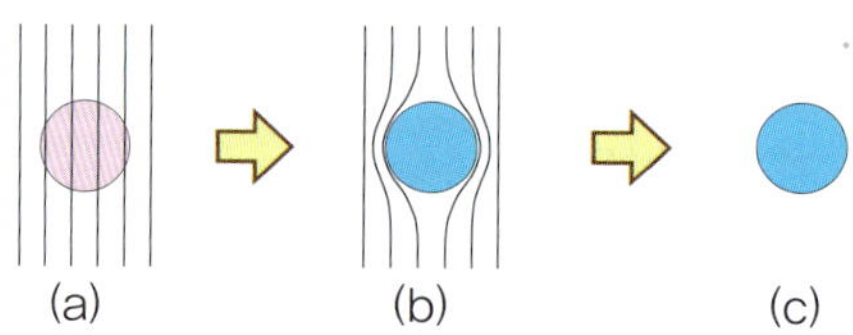

마이스너와 옥젠펠트의 실험 결과

즉, 보통의 도체는 '자기장의 변화를 방해' 하지만 초전도체는 '자기장의 침투 자체를 허용하지 않는다' 는 것이다.[196] 이 현상은 발견한 사람의 이름을 따서 마이스너 효과라고 부른다.

마이스너

이런 역사적 사건을 거쳐서 초전도체란 저항이 전혀 없을 뿐

194) Fritz Walther Meißner (1882~1974, 독일)
195) Robert Ochsenfeld (1901~1993, 독일)
196) 앞에서 온네스가 자기장을 가한 상태에서 냉각을 하여 초전도 상태로 해 주는 것을 설명한 적이 있는데, 그것은 초전도체로 고리를 만들고 그 고리의 가운데의 공간에 자기장을 통과시킨 경우로서, 여기서 설명하고 있는 초전도체 자체 내의 자장 침투와는 다르다.

만 아니라 자기장이 전혀 침투하지 못하는 물질이라는 것이 알려졌다. 마이스너 효과는 초전도체가 나타내는 가장 중요한 특성 중의 하나로 현재에도 초전도체를 판정하는 기준으로 사용되고 있다. 이런 성질을 완전 반자성이라고 하는데, 반자성에 대해서는 "2.21 강자성, 반자성"에서 설명한다.

그 이후 좀 더 높은 온도에서 초전도 현상이 나타나는 물질을 찾기 위한 노력이 계속 되었다. 1986년 이후에는 이전에 발견된 금속 계열 초전도체와는 다른 세라믹 계열 초전도체들이 발견되었다. 그 이후 금속 계열 초전도체를 '저온 초전도체' 라고 부르고 세라믹 계열 초전도체를 '고온 초전도체' 라고 부르고 있다.[197] 그림에 초전도체의 임계 온도의 기록 갱신 과정을 나타냈는데 여기 표시한 것 이외에도 많은 초전도체들이 발견되어 있다.

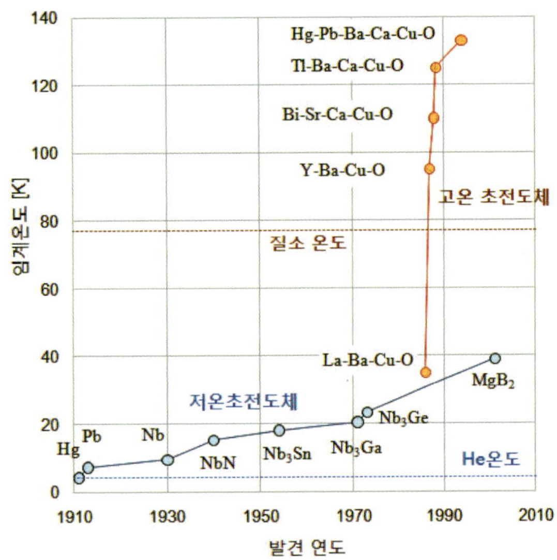

초전도체의 임계온도 기록 갱신 과정

초전도는 학문적으로 대단히 중요한 발견이었지만 실제로 응용하지는 못했다. 초전도 현상 자체가 응용하기 어려운 현상이기도 하지만, 그 시대가 정치적으로 혼란스러운 시기였기 때문이기도 하다. 초전도가 무기에 응용 가능했다면 국가들이 앞 다투어 개발을 했을지도 모른다. 무기가 아니더라도 텔레비전처럼 일반 대중의 관심을 끌 수 있는 물건을 만들 수 있다면 각광을 받았을지도 모른다.

197) 고온이라고는 하지만 일반적인 관점에서 볼 때는 영하 120도 이하의 극저온이다.

1.19 텔레비전의 발명

유선 전신이 널리 사용되고, 메우치, 라이스 등이 전선에 소리를 실어 보내는 것을 연구하고 있던 1873년, 전신기사로 일하고 있던 메이[198]가 셀레늄(Se)에 빛을 비추면 저항이 작아지는 현상을 발견했다. 빛의 세기를 전기적 세기로 바꿀 수 있는 방법이 생긴 것이다. 이 현상이 알려지자 이것을 이용하여 전선에 화상을 실어 보내는 연구를 하는 사람들이 생겨났다.

그 중 케리[199]는 셀레늄으로 만든 광전지를 바둑판 모양으로 붙이고, 각각의 광전지에 전선을 연결하여 영상을 보내는 방법을 사용했다. 신호를 받는 쪽은 바둑판 모양으로 전구를 배치했다. 광전지 각각에서 나온 전선은 같은 위치에 있는 전구에 연결되었다.

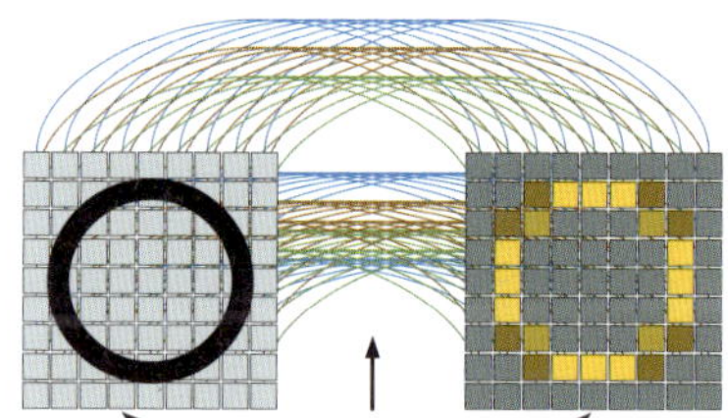

이렇게 하면 밝은 빛이 들어간 광전지에 연결된 전구는 밝게 켜지고 어두운 빛이 들어간 광전지에 연결된 전구는 어둡게 켜지므로 물체의 모양과 같은 모양이 전구에 의해 만들어진다. 이것이 최초의 텔레비전인데, 벨이 전화의 특허를 신청하기 1년 전인 1875년에 만들어졌다.

이 방법에서는 셀렌 광전지의 개수가 많을수록 더 실제에 가까운 영상이 만들어지는데, 광전지의 개수가 많아질수록 연결해야 될 전선의 개수가 늘어난다. 위 그림의 경우는 광전지 81 개를 사용한 방법인데, 선 한 가닥을 공통으로 사용하더라도 82 개의 전선이 연결되어야 한다. 그러나 그림에서 보는 것과 같이 이 정도의 광전기 개수로는 원 하나도 나타내기 어렵다.[200]

198) Louis May (?~?)
199) George R. Carey (1851~?, 미국) 발명가
200) 현재 사용하고 있는 디지털 카메라나 모니터의 경우 몇 백만 개의 점으로 화면을 표시한다.

가장 적은 수의 전선으로 화상을 전송하는 방법은, 선은 두 가닥만 사용하고 광전지에서 나오는 신호를 하나씩 순차적으로 (serial) 보내주고 받는 쪽에서 같은 위치에 표시해 주는 방법이다. 그런데, 이렇게 하면 전체 그림이 한 번에 그려지지 않게 된다.

닙코프[201)]는 당시 인기를 끌고 있던 활동사진[202)]에서 해답을 찾았다. 활동사진은 사진 한 장을 보인 후 사람의 눈에 생기는 잔상[203)]이 없어지기 전에 다음 사진을 보여줌으로써 화면이 움직이는 것처럼 보이게 하는 방법이다.

닙코프

즉, 한 화면 한 장을 만드는 시간이 사람의 눈에 잔상이 남는 시간 보다 짧게 되도록 빠른 속도로 광전기의 신호를 차례로 보내주면 된다. 닙코프는 원판을 돌리는 방법으로 이 문제를 해결했다. 원판을 돌리면 원판에 뚫린 구멍이 하나씩 수평 방향으로 지나가면서 화면을 만들게 된다.

그림처럼 사각형의 깔때기를 두 개 만들어 하나의 끝에는 광전지를 달고 다른 하나의 끝에는 전구를 단다고 생각해보자. 광전지가 있는 깔때기에 빛이 들어오면 광전지에서 전기가 발생되고 전구가 켜진다. 들어오는 빛이 밝을수록 전구는 더 밝게 켜질 것이다.

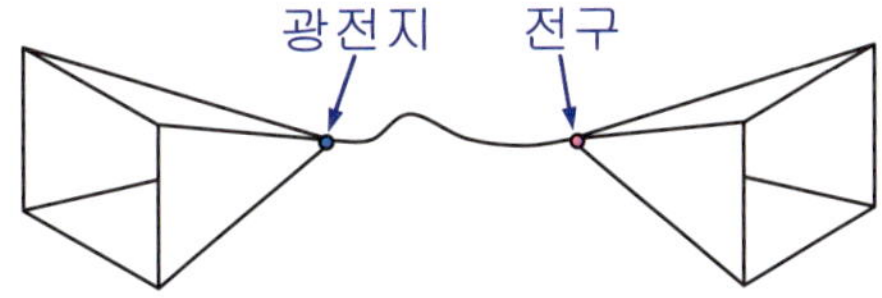

두 사각형 깔때기 앞에 아래의 그림과 같이 나선상에 구멍이 뚫어진 원판을 두고 항상 같은 위치에 있도록 두 원판을 함께 돌린다고 생각해보자. 원판이 회전하면 송신기 앞의 빛 중 구멍이 있는 위치의 빛만이 광전지로 들어가게 되고, 전구의

201) Paul Gottlieb Nipkow (1860~1940, 독일) 발명가
202) 活動寫眞. Motion picture를 직역한 말로 영화(movie, film)의 옛 이름이다. 프랑스의 뤼미에르(Lumiére) 형제가 시네마토그래프(Cinematograph)를 발명하고 파리에서 "열차의 도착"을 상영한 것이 시초이다.
203) 보통 사람의 경우 1/16 초 정도 동안 잔상이 남는다.

빛은 수신기의 구멍을 통해서만 밖으로 나가게 된다.

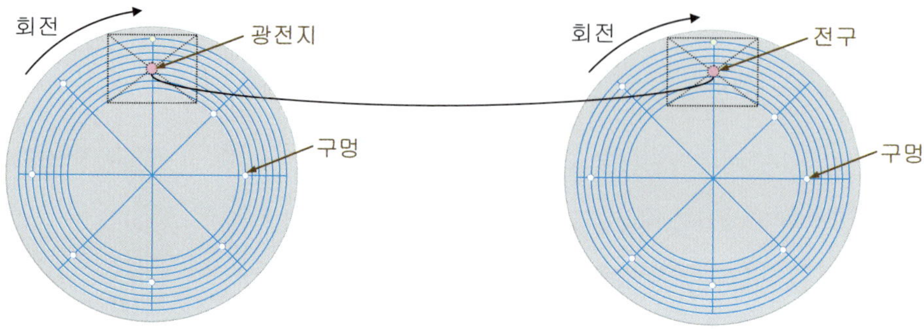

이렇게 하면 송신기 앞의 빛을 한 줄 씩 훑으면서 수신기에 같은 밝기의 빛을 만들어 줄 수 있다. 그림에는 8 개의 구멍이 있는데, 닙코프는 24개의 구멍을 뚫은 원판을 전동기로 돌리는 방법을 사용했다.

영상을 만드는 데는 성공했지만 광전지에서 발생되는 전기는 너무 약해서 영상이 희미했다.[204) 그래서 화면에 표시하는 방법은 불가능했고 망원경을 보듯이 구멍을 들여다보는 구조로 만들어야만 했다. 그래서 닙코프는 자신이 발명한 장치를 "전기 망원경"이라 불렀다.

닙코프의 장치는 지금의 개념으로 보면 기계식 TV라고 할 수 있는 것인데, 상용화 하지는 못했다. 그의 방법은 현재도 사용하고 있는 주사선 방식의 원형이다.

닙코프의 전기 망원경을 발전시켜 상업화에 성공한 사람은 베어드[205)]였다. 그는 네온등[206)]은 크기도 작고 더 밝은 빛을 낼 수 있다는 것을 이용했다. 그는 1925년 다락방에서 과자 통, 자전거 부품 등의 고물을 재활용하여 원판형 텔레비전 시

204) 닙코프가 이 장치를 만든 것은 진공관이 발명되기 전이었다. 진공관이 있었다면 신호를 증폭할 수 있었을 것이다.

205) John Logie Baird (1888~1946, 영국) 전기공학자. 텔레비전 이외에도 원시적인 비디오 기록 장치, 광섬유, 적외선 야간 투시경 등을 발명했다.

206) 1910년에 발명되었다. 네온등의 발명에 대해서는 "1.21 조명의 발전"에서 다룬다.

스템을 제작하는데 성공했다. 그래서 만들어진 장치는 아주 조잡한 모양이었지만 30개의 주사선을 가지고 1초에 10번씩 번쩍이면서 영상을 보여 주었다.

베어드

베어드가 텔레비전을 발명했다는 소문은 금방 퍼졌고 베어드가 사는 곳에서 가까운 백화점에서 판촉 행사로 하루 3번 시연하게 되었다. 사람들은 텔레비전을 보기 위해 백화점으로 몰려들었고 베어드의 텔레비전은 점점 더 유명해졌다.

최초의 TV 영상

1929년 9월 30일 영국 BBC방송이 세계 최초로 베어드 방식으로 TV방송을 시작했다. 베어드는 텔레비전의 상품성을 높이기 위해 다양한 프로그램을 개발했는데, 특히 경마 중계방송은 세상 사람들을 놀라게 했다.

그 이후 미국, 프랑스, 러시아 등 다른 나라에서도 베어드 방식의 방송이 시작되고 TV를 판매하기 시작했다. 그리고 베어드는 컬러텔레비전의 개발에도 성공했다. 이대로 베어드의 TV가 세계를 석권할 듯 했다.

1930년 모델인 televisor

그러나 이미 세상은 개인 발명가가 큰일을 하기에는 너무도 어려운 세상이 되어 있었다. AT&T(벨 전화회사)를 비롯한 세계적인 대기업들이 경쟁에 나선 것이다. 대기업들은 수백 명이 넘는 고급 연구 인력과 훌륭한 시설들을 바탕으로 막대한 투자를 하여 전자식 텔레비전을 개발하고 있었다.

전자식 텔레비전의 기초가 된 것은 1897년 브라운[207]이 진공관을 발전시켜 만든

207) Karl Ferdinand Braun (1850~1918, 독일) 물리학자. 초기에는 진동, 열역학을 연구했고 나중에 전자기학 연구를 했다. 무선전신 연구의 업적으로 1909년 마르코니와 함께 노벨물리학상을 받았다. 제1차 세계대전 중 특허 소송사건의 증인으로 미국에 갔다가 귀국하지 못하고 객사했다.

브라운

음극선관(CRT, Cathode Ray Tube)으로 보통 브라운관이라고 부르는 것이다. 진공관은 가열한 음극에서 전자가 튀어나와서 양극까지 진공 속을 날아가는 구조로 되어 있다. 브라운은 거기에 두 가지 아이디어를 더했는데, 하나는 양극에 인(P)을 발라놓으면 전자가 도달하는 부분의 인에서 빛이 발생된다는 것이고, 또 하나는 전자가 날아가는 경로에 자기장을 만들어주면 전자가 전자기력에 의해 휘어져 가게 된다는 것이다(플레밍 왼손 법칙).

그림이 브라운관의 원리를 설명하고 있다. 왼쪽의 좁고 긴 부분은 3극 진공관과 같은 구조인데 가열된 음극에서 나온 전자는 양극을 향해 가속된다. 양극의 가운데는 구멍이 뚫어져 있으므로 전자는 양극을 지나쳐서 편향코일의 자기장 속을 통과하면서 휘어진 다음 유리까지 날아간다. 전자가 유리에 도달하면 유리에 발라진 인 중 전자를 맞은 점이 빛나게 된다.

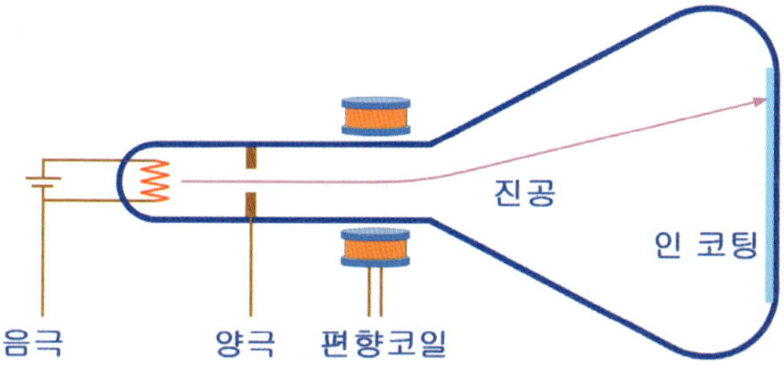

그림은 설명을 위한 것으로 사실과는 다르다. 그림에는 편향 코일이 수직으로 배치되어 있는데, 이렇게 하면 전자의 경로는 수평 방향으로 휘어진다. 수평 방향으로 편향 코일을 두면 전자의 경로를 수직 방향으로 휘어지게 할 수 있다. 수직, 수평 편향 코일을 모두 두면 전자를 원하는 위치로 보낼 수 있게 된다. 그리고 음극과 양극 사이의 전압을 조절하면 빛이 나는 점의 밝기를 조절할 수 있다.

즈보리킨

즈보리킨[208]은 음극선관을 이용하여 전자식 텔레비전을 만들 수 있다는 것을 알았다. 그는 전자의 휘어짐을 수평과 수직의 두 편향 코일로 조절해서 화면을 한 줄 씩 그리도록 해주는 방법으로 1924년 원시적인 전자식 텔레비전을 개발했다. 그런데 즈보리킨이 일하던 웨스팅하우스사는 이 방식을 채택하지 않았다. 즈보리킨은 자신의 방법을 채택하겠다고 하는 RCA사로 옮겨서 개발을 계속한다.

그 결과 1931년 전자식 텔레비전은 첫 시험방송을 가질 수 있었다. 영국인인 베어드가 발명한 기계식 텔레비전을 고수하고 있던 영국의 BBC 방송도 1936년에는 전자식 텔레비전으로 바꾸었다. 그 이후 모든 방송사들이 전자식을 선택했고 베어드의 기계식 텔레비전은 역사 속으로 사라지게 되었다.

1.20 영주와 소작농

전력 공급 체계로부터 시작된 거대 기업 간의 경쟁은 점점 과열되고 있었다. (1.14 전력 전송의 시작) 그리고 사회의 변화와 함께 새로운 거대 기업도 나타나기 시작했다. 그와 함께 개인 발명가가 할 수 있는 일이 점점 적어지고 있었다. 베어드는 혼자서 고군분투 했지만 막강한 인력과 장비를 바탕으로 개발을 하는 대기업 앞에 힘없이 무너졌다.

개인 보다는 거대기업이 우수한 방식의 장치를 개발하기 유리하다는 것을 생각하면 기술 개발이 대기업 중심으로 이루어지게 되는 것은 당연하다고 할 수도 있을 것이다. 그리고 대기업과 개인 발명가 사이에 특허 분쟁이 생길 경우, 특허권

208) Vladimir Kosma Zworykin (1889 러시아~1982 미국) 러시아 혁명 후 미국으로 갔다. 광전지, 전자현미경 등도 연구했다.

전담 법률가의 자문을 받는 대기업을 개인이 이기기란 하늘의 별따기라고 보는 것이 맞을 듯하다. 게다가 대기업이 항상 공정하게 행동하는 것도 아니다.

판즈워스

전자식 텔레비전의 개발 과정에도 잘 알려지지 않은 역사가 있다. 판즈워스[209]는 1928년 동네 유지들이 모인 자리에서 자신이 만든 기초적인 전자식 텔레비전을 선보였다. 역시 소문이 났고 그 때까지 기계식 TV를 개발하고 있던 거대 기업인 RCA가 관심을 가지게 되었다. RCA는 판즈워스에게 즈보리킨을 파견했고 판즈워스는 RCA가 자신의 전자식 TV를 채택할 것이라는 기대를 하면서 기술을 설명해 주었다.

하지만 RCA는 판즈워스의 전자식 주사 텔레비전의 특허를 사지 않았다. 대신 판즈워스의 특허를 조금 변형하여 새로운 특허를 만들어냈다.[210] RCA라는 거대 기업이 한 개인 발명가의 특허를 피해서 제품을 만들어 내는데 성공한 것이다.

그러나 판즈워스는 계속 연구했고 1930년에는 TV의 핵심기술 중 하나인 영상 분해 기술과 전자 전송 기술의 특허를 등록하는데 성공했다. RCA는 이번에는 판즈워스의 특허를 10만 달러에 사겠다고 하며 협상을 제의해 왔다. 판즈워스는 협상에 응하지 않았고 당시 미국 최대의 라디오 생산기업인 필코[211]와 함께 생산에 들어가게 된다.

RCA는 필코를 탐탁지 않게 생각했고 여러 가지의 압박을 가해왔다. RCA와의 관계가 적대적이 되면 회사 운영이 어려워질 것이라고 판단한 필코는 결국 판즈워스와의 계약을 파기하기에 이르렀다. 그리고 판즈워스는 필코를 떠났지만, 회사를 세울 정도의 자본이 없었기 때문에 특허권을 살 다른 기업을 찾기 시작했다.

209) Philo Taylor Farnsworth (1906~1971, 미국) 발명가
210) 현재도 이런 식의 "특허 회피" 전략이 많이 사용되고 있다.
211) Philco = Philadelphia Radio Corporation

이 상황에서 RCA는 또 새로운 전략을 구사한다. RCA 산하의 방송사인 NBC에서 판즈워스에 대해 소송을 건 것이다. 무리한 소송이었기 때문에 큰 논란 없이 법정은 판즈워스의 손을 들어주었다. 그러나 그러는 동안 판즈워스의 연구 개발에 차질이 생겼고 TV개발의 주도권은 RCA로 넘어가게 되었다.

천신만고 끝에 판즈워스는 1934년 TV 시스템을 완성하고 시연했고 1938년에는 자신의 회사를 설립하는데 성공한다. 그러나 회사의 운영은 쉽지 않았다. 많은 어려움을 겪은 끝에 1939년 판즈워스는 자신의 TV 특허를 RCA에 100만 달러에 넘겼다. 그 이후 TV 시장은 RCA가 주도하게 되었다.

판즈워스는 어릴 때부터 영상 전송에 관심을 가지고 있었고, 거의 전 생애를 거쳐 많은 연구를 했다. 그리고 최초로 전자식 TV의 개발에 성공했지만 여러 가지 난관에 부딪혔고, 결국은 대기업인 RCA에 주도권을 넘겨주게 된 것이다.

그러나 판즈워스의 경우는 라디오의 개발 과정에서 일어난 암스트롱[212)]의 경우에 비하면 훨씬 행복한 경우라고 할 수 있다.

1913년 암스트롱은 출력 신호의 일부를 입력 부분으로 되돌리는 방법으로 수신기의 감도를 현저히 향상시키는 되먹임 회로 (feedback circuit)에 대한 특허를 출원했다. 그런데 드포리스트(1.17 무선 통신과 진공관의 발명)가 AT&T의 지원을 받으며 공격해 왔다.

암스트롱

법정 투쟁의 쟁점은 드포리스트가 암스트롱보다 먼저 되먹임 회로를 구상했느냐 하는 것이었다. 드포리스트가 증거로 제시한 연구 노트에 되먹임이 있을 때 일어나는 "웅" 하는 소리를 들었다는 기록이 있는데 이것이 되먹임 회로를 실험하는 과정에서 생긴 것인지, 아니면 원인을 모르고 있었는지가 논란이 되었던 것이다.

212) Edwin Howard Armstrong (1890~1954, 미국)

결국 14년 동안 지속된 법정 투쟁은 드포리스트의 승리로 끝났다. 지금은 이 재판의 판결이 잘못된 것이었다고 말하는 사람이 많지만, 어쨌든 되먹임 회로의 사용 권리는 드포리스트와 AT&T에 돌아갔다.

그러나 암스트롱은 이에 굴하지 않고 자신의 연구를 계속했고 1918년 슈퍼헤테로다인 방식[213)]이라는 위대한 발명을 했다. 암스트롱은 거기서 머무르지 않고 또 한 가지의 위대한 발명을 하는데 그것은 1933년 발명한 주파수 변조(FM, Frequency Modulation) 방식이다.

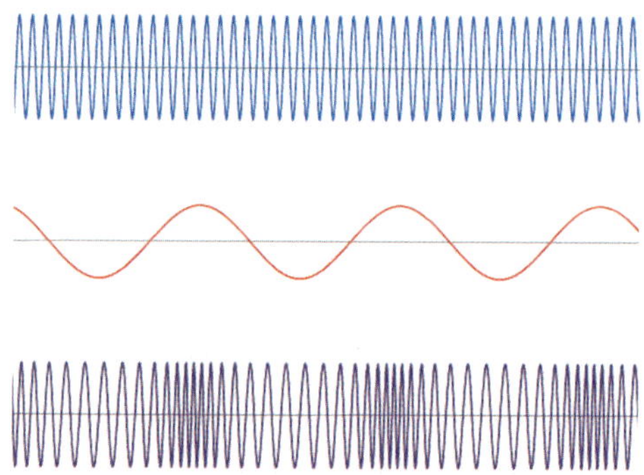
주파수 변조(FM) 방식 신호

그림의 첫 번째가 반송파, 두 번째가 소리 신호, 세 번째가 전파의 파형이다. 진폭 변조(AM) 방식은 전파에 소리 정보를 실을 때 진폭이 변하게 되어 있는데, 주파수 변조 방식은 그림에서 보는 것과 같이 진폭은 달라지지 않고 주파수가 달라지도록 되어 있다. FM 방식은 AM에 비해 음질이 선명하고 전파의 간섭을 적게 받는다는 장점을 가지고 있다.

암스트롱은 FM 방식의 특허를 RCA에 팔려고 했으나 거절당했다. RCA는 이미 AM 방식에 많은 투자를 했고 많은 사람들이 AM 방식의 라디오를 듣고 있었기 때문이다. 그래서 암스트롱은 작은 회사와 계약하여 시범 방송을 했는데, 시험 방송을 들은 사람들은 FM 방송의 좋은 음질에 감탄했다. 그리고 미국의 연방통신위원회[214)]에서 44~50 MHz의 주파수 대역을 FM 라디오용으로 할당해 주었

213) Super heterodyne. 고주파의 수신 전파를 그대로 처리하는 회로는 복잡할 뿐 만 아니라 증폭률을 키우는 데에도 한도가 있다. 비슷한 주파수의 신호를 발생시켜 수신 신호와 맥놀이를 일으켜 낮은 주파수로 만든 다음 증폭하고 소리 신호를 뽑아내면 회로도 간단해지고 음질도 좋아지는데, 이것이 수퍼헤테로다인 방식이다.

214) Federal Communications Commission. 1934년의 통신 산업을 공익적인 측면에서 규제할 목적으로 설립되었다.

다.[215] 그 후 FM 라디오 방송을 하는 회사도 늘어나고 FM 라디오 수신기도 팔리기 시작했다.

RCA는 암스트롱과 다시 협상하고자 했지만, 이미 암스트롱은 다른 회사들과 계약을 하고 있던 상태였기 때문에 협상이 순조로울 수 없었다. 그러는 중에 2차 세계대전이 발발되고 암스트롱은 군에서 FM 방식을 로열티 없이 사용하도록 허용했다. 많은 FM 장비들이 개발되기 시작했고 FM 통신은 작전에 큰 도움을 주었다.

FM 방식이 각광을 받게 되자 RCA의 공격이 시작되었다. RCA는 몇몇 AM 방식 회사와 연합하여 정부를 상대로 FM 라디오에 할당한 주파수 대역은 전리층을 교란시킨다는 내용의 로비를 벌였다. 그 주파수 대역이 전리층을 교란시킨다는 뚜렷한 증거는 없었지만, 결국 1945년 연방통신위원회는 FM 라디오의 주파수 대역을 88~108 MHz로 변경했다.[216]

이것은 FM 라디오 관련 회사들에게는 치명타였다. 방송국의 모든 장비를 새로운 주파수에 맞는 것으로 바꿔야 되는 것도 문제였지만, 더 큰 문제는 이미 팔려서 사람들이 사용하고 있는 FM 라디오 수신기들이 한 순간에 무용지물이 되면서, 방송국이 모든 청취자를 잃게 된 것이다. 대부분의 FM 라디오 방송국이 문을 닫을 수밖에 없었다.

그리고 RCA는 새로운 대역의 FM 수신기를 만들기 시작했다. 암스트롱은 RCA가 자신의 기술을 사용하고 있다는 소송을 걸었고 또 법정 투쟁이 시작되었다. RCA는 사노프 사장이 "RCA는 암스트롱과는 관계없이 독자적으로 FM 기술을 개발했다"는 선언을 했고 재판 결과는 RCA의 승리로 끝났다.

215) 원래 이 대역은 TV 채널 1에 할당될 예정이었다. 그래서 TV 채널은 1 번은 없고 2 번부터 시작하게 되었다.

216) 이 주파수는 지금도 FM 라디오에 할당되어 있다.

많은 위대한 발명을 했고, 열심히 노력했지만 대기업의 엄청난 힘에 눌려 어떻게 해보지도 못하고 모든 것을 빼앗기게 된 암스트롱은 큰 정신적인 충격에 빠지게 되었다. 1954년 1월 31일 암스트롱은 정장을 깨끗하게 차려입고 13층에서 뛰어내렸다.

암스트롱의 신혼여행. 가운데 있는 것은 신부에게 선물한 휴대용 FM 라디오

기계식 TV의 발명자인 베어드도 TV 사업의 실패 후 새로운 기술개발과 시장개척에 나섰다. 그는 1941년 주사선 600개의 컬러 TV를 공개했고, 1944년에는 주사선 1000개 이상의 고화질 컬러TV를 발표했지만 2차 세계대전 중이라 주목을 받지 못했다. 베어드는 말년에 자신이 개발한 고해상도 TV를 가지고 런던과 파리 등을 다니면서 시연을 했지만 큰 관심을 끌지 못하고 1946년 심장마비로 숨졌다.

중세는 영주와 기사가 중심이 되어 소작농을 거느리고 살던 시대로 개인이 어떤 일을 해나가기 어려운 시대였다. 전력 공급 체계와 통신 체계가 갖추어지면서부터는 거대 기업이 사회를 장악하게 되고, 아무리 능력이 있고 훌륭한 발명을 했더라도 개인이 뭔가를 하기는 어려운 상황으로 변해가게 된다.

1.21 조명의 발전

19세기 말부터 20세기 초의 기간은 전화, 라디오, 텔레비전 등 많은 새로운 기계들이 속속 나타나고 있는 때였다. 그러나 조명의 발달은 상대적으로 더디게 진행되고 있었다. 최초의 전기 조명인 아크등이 발명(1.4 흐르는 전기에 대한 연구)된 지 100년이 지났지만 아직도 아크등은 일상생활에서 사용할 만큼 발전하지 못했다.

실생활에서 사용할 수 있는 조명은 백열등(1.13 전기가 생활 속으로)이 유일한 것이었다. 백열등 이후에 처음으로 등장한 일상생활용 조명은 1938년 판매되기 시작한 형광등이다. 형광등의 원조는 스완이 백열전구를 발명하기 직전인 1857년으로 거슬러 올라간다.

1857년은 전압을 걸었을 때 불꽃이 튀면서 전류가 흐르는 현상에 대한 연구가 한창인 때였는데, 가이슬러[217]가 수은 진공 펌프를 발명하면서 점점 더 낮은 기압에서의 방전 현상에 대한 연구가 가능해졌다.

가이슬러

가이슬러는 플뤼커[218]의 연구 장비를 만들어주는 일을 하고 있었는데, 플뤼커의 주문에 따라 긴 유리관의 양 끝에 전극을 설치하고 공기를 뽑아내어 진공을 만들었다.

플뤼커

플뤼커가 양쪽 전극 사이에 수천 볼트 이상의 높은 전압을 걸자 유리관의 내부에 연한 녹색의 빛이 발생되었다. 플뤼커는 이 방전관을 만든 사람의 이름을 따서 가이슬러관(Geissler tube)이라고 불렀는데, 그 전에는 볼 수 없었던 신기한 빛을 만들어내는 장치였으므로 사람들의 관심을 끌었다.[219]

그러나 플뤼커는 실용화에는 관심이 없었다. 플뤼커의 목적은 가이슬러관을 이용하여 방전 현상에 미치는 자기장의 영향, 물질의 스펙트럼 등 학문적 연구를 하는 것이었다. 그의 연구는 X 선 발견, 방사선의 발견, 전자의 발견 등 물리학의 큰 발견의 밑거름이 되는 중요한 연구였다.

217) Johann Heinrich Wilhelm Geißler (1814~1879, 독일) 유리관 제작자, 실험 장치 제작자
218) Julius Plücker (1801~1868, 독일) 수학자, 물리학자
219) 진공이 된 정도(기체의 압력)에 따라 방전이 달라진다. 이것을 이용하여 가이슬러관을 간단한 진공계로 사용하기도 했다.

1859년 베퀴렐[220]은 가이슬러관 속에 형광 물질을 넣으면 빛이 난다는 것을 발견했다. 베퀴렐이 만든 장치는 밝지도 않았고 수명도 짧았는데, 베퀴렐 역시 실용화 보다는 학문적 연구에 뜻을 두고 있었기 때문에 효율이나 수명을 개선하기 위한 노력은 하지 않았다.

베퀴렐

한편, 무어[221]는 방전관을 상품화하기 위해 효율과 수명을 개선하기 위한 연구를 했다. 그는 2m가 넘는 긴 유리관에 이산화탄소를 넣은 흰 빛이 나는 방전관과 질소를 넣은 분홍색 빛이 나는 방전관을 만들었다.

무어

무어의 조명 기구는 백열등에 비해 장치가 복잡하고 높은 전압이 필요한 장치였지만 같은 전력으로 더 밝은 빛을 내는데다가 이전의 방전관 보다 색깔이 좋았기 때문에 상점 등에 설치되기 시작했다.

야블로치코프

야블로치코프[222]는 실제 사용할 수 있는 개선된 아크등을 만들었다. 야블로치코프도 탄소로 만든 전극을 사용했는데 쉽게 켜고 끌 수 있고 오래 켜 놓을 수 있도록 여러 가지를 개선했다. 특히, 교류를 사용하여 양 쪽 전극의 소모를 같도록 했다는 것이 큰 특징이다.[223] 교류를 사용한 이유는 또 한 가지가 있는데, 그것은 전자기 유도 현상을 이용하여 전압을 높이는 것이었다.[224] 공급해 주는 교류의 전압이 높지 않더

220) Alexandre Edmond Becquerel (1820~1891, 프랑스) 물리학자
221) Daniel McFarlan Moore (1869~1936, 미국) 전기공학자. 에디슨의 회사에서 일한 적이 있는데, 에디슨이 백열등 이외의 조명을 개발하는 것을 싫어하여 몰래 개발하다가 결국은 회사를 그만두고 자신의 회사를 만들어 방전관을 개발했다.
222) Pavel Nikolayevich Yablochkov (Павел Николаевич Яблочков, 1847~1894, 러시아)
223) 교류 전력 공급 체계가 설치되기 전이었으므로 직류를 교류로 바꾸는 장치를 사용했다.
224) 이 원리를 발전시켜 만든 것이 변압기이다. (1.14 전력 전송의 시작)

라도 내부에서 아크등이 빛날 수 있을 정도의 고전압을 만들어 주는 방식을 사용한 것이다.

야블로치코프는 이 개선된 아크등을 1878년부터 파리에 가로등으로 설치했는데, 사람들은 이 등을 "전기 촛불(electric candle)"이라고 불렀다. 그러나 아직은 아크등이 일반인이 집이나 상점에 설치해서 사용할 수 있을 정도로 편리한 등은 아니었다.

휴잇

또 한 편에서는 휴잇[225]이 수은 가스를 조금 넣은 연한 청록색의 아주 밝은 빛이 발생되는 방전관을 개발했다. 이 조명 기구는 무어의 기구와는 달리 높은 전압이 필요하지도 않았고 크기도 백열등 정도였으며 같은 전력으로 백열등에 비해 훨씬 밝은 빛을 발생시켰다. 하지만 따뜻한 느낌의 색깔이 아니므로 가정에서는 사용하지 않을 것으로 보고 사진관이나 공장 용도의 등을 만들었는데, 이것이 형광등의 원조인 저압 수은등[226]으로, 1901년에 특허를 취득했다.

백열전구로 사업을 하고 있는 에디슨도 형광등의 개발을 했다. 그는 형광 물질인 회중석[227]을 유리 내벽에 바른 형광등을 제작했고 1907년 특허를 취득했다. 그러나 에디슨은 효율이나 수명을 개선하기 위한 노력은 하지 않았고 상품화도 하지 않았다. 자신의 회사가 팔고 있는 백열등과 경쟁할 제품을 힘들여 만들 필요는 없었던 것이다.

이와 같이 여러 사람에 의해 여러 가지 형태의 아크등과 방전관형 조명 기구가 만들어지고 있었다. 방전관형 조명 기구는 백열등에 비해 효율이 더 좋았지만, 푸른색 계통의 차가운 느낌의 빛을 내는 것이 문제였다. 압력 조절, 기체의 혼합, 형광

225) Peter Cooper Hewitt (1861~1921, 미국) 전기공학자. 전기 철도용 수은정류기를 개발했고, 고전압 직류 송전 방식을 개발하기도 했다.

226) 수은등은 여러 가지가 개발되어 있는데, 기체의 압력에 따라 저압 수은등, 고압 수은등, 초고압 수은등 등으로 분류한다.

227) 灰重石, scheelite (calcium tungstate) 화학 기호로는 $CaWO_4$

물질의 첨가 등 여러 가지 시도가 있었는데, 붉은 빛을 내는 방법을 찾지 못하고 있었다.

몇 년 후인 1910년 클로드[228]는 방전관에 네온[229]을 넣으면 붉은 빛이 나는 것을 발견했다. 그리고 다른 기체를 넣으면 다른 빛이 나고 기체를 섞으면 다양한 색을 낼 수 있다는 것을 알았다. 클로드는 이렇게 다양한 색을 낼 수 있는 조명 기구를 제작하여 1910년 파리 모터쇼에 전시하였는데, 사람들은 처음 보는 화려한 빛에 강한 인상을 받았다.

클로드

헬륨 네온 아르곤 크립톤 제논(크세논)
불활성 기체의 방전관의 발광 색깔 (사진 출처 : Wikipedia)

위 사진에서 보는 것과 같이 기체에 따라 여러 가지 색깔의 빛을 낼 수 있지만 네온등은 백열등에 비해 전력 소모가 많기 때문에 조명 보다는 간판이나 광고 등 사람의 눈길을 끌기 위한 용도로 주로 사용되었다.

네온사인이 켜진 파리의 명소 물랑루즈

우리는 여러 가지 색깔로 도시의 야경을 화려하게 만드는 조명 기구를

228) Georges Claude (1870~1960, 프랑스) 화학자, 공학자. 바다 표면과 심해의 온도차를 이용한 발전을 제안하고 쿠바에 발전소를 건설하기도 했다.

229) 1898년 William Ramsey(1852~1916, 영국)와 Morris William Travers(1872~1961, 영국)에 의해 발견되었다.

통틀어서 네온사인(neon sign)이라고 부르는데, 엄밀하게 말하면 붉은 빛을 내는 것 만 네온이고 다른 색은 다른 기체를 사용한 것이다.

그 이후 여러 사람이 유리 내벽에 형광을 바르는 방법 등의 여러 가지 기술에 대한 시도를 했는데, 상업적으로 성공하지는 못했다. 1927년 마이어,[230] 스패너,[231] 거머[232]가 진공에 수은을 넣어 자외선을 발생시키는 등을 개발하고 특허를 취득했다. 그러나 이 역시도 상업화에 성공하지는 못했다.

상업화가 되지 않은 이유는 조명기구라는 것이 발광등 만으로 되는 것은 아니기 때문이다. 발광 효율을 높이고 더 좋은 색으로 만드는 것도 중요하지만 고전압을 안정적으로 공급해 주는 장치 등 여러 가지가 필요하다. 개인이 이 모든 것을 혼자서 다 하기는 무리이고, 여러 분야의 전문가로 구성된 연구팀과 연구를 할 수 있는 인프라가 필요했던 것이다.

대기업인 GE(General Electric)는 인맨[233]을 책임자로 한 개발 팀을 구성하고 휴잇의 저압 수은등 특허, 무어의 특허 등 필요한 특허의 사용 권리를 사들였다. 그리고 1938년 판매 가능한 형광등(fluorescent tube)의 개발에 성공했다.

Aicher Inman
Lemmers Thayer
형광등 개발팀 (Lemmers 소장 사진)

형광등은 2차 대전 때 군용으로 사용되었고 그 이후에는 실내조명에도 많이 사용되기 시작했다. GE의 형광등은 원리적으로는 저압 수은등의 유리 내벽에 형광 물질인 베릴륨[234]을 바른 것이다.

230) Friedrich Meyer (?~?)
231) Hans Joachim Spanner (?~?)
232) Edmund Germer (1901~1987, 독일) 발명가
233) George Elmer Inman (1895~1972, 미국)
234) 처음에는 베릴륨(Be)이 사용되었는데, 독성이 있는 물질이기 때문에 최근에는 다른 화합물로 바꾸었다.

형광등은 그림처럼 유리로 된 방전관의 양 쪽에 필라멘트가 배치되어 있고 유리 내벽에 형광 물질이 발라져 있는 구조로 되어 있다. 방전을 하면서 자외선이 발생되고 자외선에 의해 형광이 가시광선을 발생한다는 것은 형광등 이전에 만들어진 몇 가지 방전등을 조합한 것으로 새로운 것은 아니다.

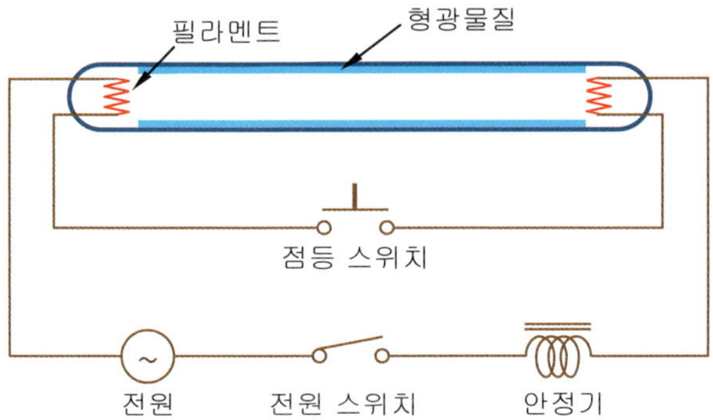

형광등 조명기구의 구조

형광등의 특징은 점등 스위치를 두어서 양쪽 전극을 가열하여 전자가 낮은 전압에서도 방출되도록 했다는 것, 안정기를 사용하여 발생되는 빛이 일정하도록 했다는 것 등이다.

안정기는 코일인데, 렌츠의 법칙에 의해 전류가 줄어들 때는 줄어들지 않게 하고 전류가 늘어날 때는 늘어나지 않게 하는 작용을 한다. 코일의 동작에 대한 설명은 "2.13 인덕턴스와 전류 변화"에 있다.

형광등은 전원 스위치를 닫을 때(on 할 때) 바로 켜지지 않는다, 전원 스위치가 닫힌(켜진) 상태에서 점등 스위치를 눌렀다 떼야 켜진다. 점등 스위치를 누르면 필라멘트를 통해 전류가 흐르면서 양 끝에 있는 필라멘트가 가열된다. 두 필라멘트가 진공관의 음극처럼 되는 것이다.

점등 스위치를 놓으면(off 하면) 안정기는 전류가 갑자기 변하지 않게 하는 작용을 하므로 큰 전압을 발생시킨다. 그러면 두 필라멘트 사이에 큰 전압이 걸리게 되고 유리관 내부에 방전이 시작된다. 일단 방전이 시작되면 낮은 전압에서도 계속 방전이 일어나면서 전류가 점점 더 커지려고 한다. 안정기는 이럴 때 전류가 너무 커지지 않게 해주는 역할도 한다.

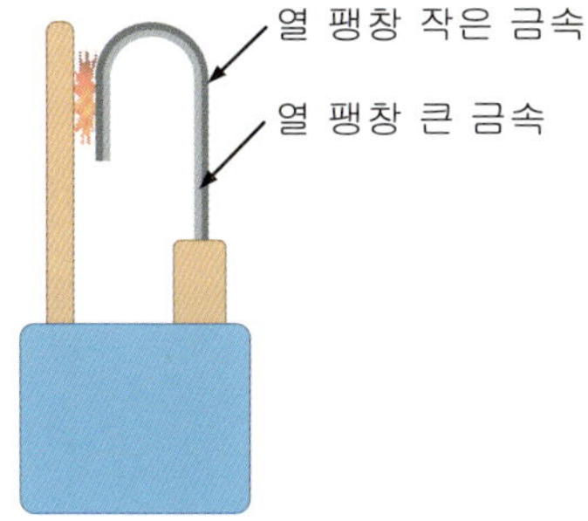

점등관의 구조

끌 때는 전원 스위치를 끄면 된다. 켤 때 마다 점등 스위치를 눌러야 되는 것은 불편하기 때문에 전원 스위치를 켜면 자동으로 켜지는 점등관(點燈管, glow starter)을 사용하는 방식이 개발되었다. 점등관은 그림과 같이 열팽창이 다른 두 개의 금속을 붙인 바이메탈(bimetal)을 사용한 것인데, 점등 스위치 대신 연결하면 된다.

전원 스위치를 켜면 점등관의 전극 사이에서 불꽃이 튀게 된다. 불꽃이 튀면 온도가 올라가게 되고 구부러진 바이메탈의 안쪽이 더 많이 팽창하면서 두 전극이 붙게 된다. 점등 스위치가 켜진 것이므로 형광등의 필라멘트가 가열된다. 그리고 방전이 시작되면 점등관으로 흐르는 전류가 줄어들면서 점등관의 온도가 내려가고 점등관의 접촉은 떨어지게 된다.

만약 필라멘트가 충분히 가열되기 전에 점등관의 접촉이 떨어져 버리면 형광등 내에서 방전이 일어나지 않으므로 점등관의 두 전극 사이에 다시 전압이 걸리게 된다. 그러면 점등관에서 다시 불꽃이 튀게 되고 필라멘트가 가열된다. 그래서 형광등을 켤 때 몇 번 깜박깜박하기도 하는 것이다.

형광등은 백열등에 비해 색깔이 좋지는 않았지만[235] 같은 전력으로 더 밝은 빛을 내기 때문에 인기가 좋았다. 그래서 오랜 기간 동안 조명 시장은 '색깔이 좋은 백열등' 과 '전기가 적게 드는 형광등' 이 주도했다.

235) 좋은 빛을 내는 것을 "연색성이 좋다"라고 표현한다. 연색성(演色性, color rendering)의 정의는 "조명이 물체의 색감에 영향을 미치는 성질"이다. 형광등은 푸른색을 내므로 차가운 느낌이 있고, 음식이 맛없게 보이기도 한다.

최근에는 점등 장치와 안정기를 반도체 회로로 만들어 전구 속에 넣은 형태의 "전구형 형광등(CFL, Compact Fluorescent Light bulb)"이 많이 사용되고 있다. 빛이 어른거리지 않게 하기 위해 주파수를 높이는 인버터 회로도 함께 들어있는 것이 보통이다.

전구형 형광등

그리고 빛의 3원색인 빨강, 파랑, 녹색을 발생하는 3 가지의 형광 물질을 넣어서 연색성을 좋게 한 형광등도 많이 사용되는데, 이런 형광등을 "3 파장 램프(tri-wave lamp)"라고 부른다. 물론 "전구형 3 파장 형광등"도 많이 사용되고 있다. 이런 새로운 형광등이 나오면서 백열전구와 형광등이 함께 주도하던 조명 시장은 형광등 쪽으로 기울어졌다.

1.22 레이더의 발명

1,2 차 세계 대전을 통틀어서 가장 많은 예산과 인력이 동원되어 개발된 장비가 뭐냐고 물으면 원자폭탄이라고 답할 사람이 많을 것 같다. 하지만 정답은 원자폭탄이 아니라 레이더(RADAR)[236]이다. 원자폭탄은 미국 한 나라만 개발했지만, 레이더는 많은 나라에서 개발한 것이다.

레이더의 발명은 헤르츠로부터 시작되었다고 볼 수 있다. 헤르츠는 맥스웰이 예언했던 전자기파의 존재를 증명한 후 전자기파의 성질에 대한 여러 가지 연구를 했는데, 그 결과 중 하나가 어떤 물체가 있으면 전자기파가 반사된다는 것이었다. 그러나 헤르츠는 전자기파가 쓸모 있다는 생각을 하지 않았고 더 이상 연구를 진

236) RAdio Detection And Ranging의 약자인데 무선 탐지와 거리 측정이라는 뜻을 가지고 있다. 물속에서는 전자기파가 전달되지 않기 때문에 물속을 탐지할 때는 초음파를 사용하는데, 이런 장치를 SONAR(SOund Navigation And Ranging)라고 부른다. 동작 원리는 레이더와 비슷하다.

행하지 않았다. (1.16 전자기파의 발견)

휠스마이어

헤르츠가 전자기파를 발견한 지 15년 정도 후인 1904년 휠스마이어[237]는 전자기파가 반사되는 것을 이용하여 배의 충돌 방지를 위한 경보기를 만들었다. 휠스마이어는 헤르츠가 했던 것과 같은 방법인 불꽃이 튀게 하는 방법으로 전자기파를 발생시켰다. 반사되어 오는 전자기파의 검출에는 마르코니와 마찬가지로 브랑리의 검파기(1.17 무선 통신과 진공관의 발명)를 이용했다.

그의 아이디어는 전자기파를 여러 방향으로 발사해 보아서 반사되어 돌아오는 방향이 있는지를 측정하는 것이었다. 어떤 방향에서 전자기파가 반사되어 돌아온다면 그 방향에 물체가 있다는 것을 알 수 있다는 것이다.

휠스마이어는 이 장치에 대해 특허를 획득했지만 사람들의 관심을 끌지는 못했다. 어느 방향에 물체가 있는지를 아는 것도 중요하지만 물체까지의 거리를 아는 것도 중요하기 때문이었다. 물체까지의 거리가 얼마나 되는지를 알아야 지금 급히 피해야 되는지 천천히 피해도 되는지를 알 수 있는 것이다.

그래서 휠스마이어는 삼각함수를 이용하여 거리를 측정할 수 있는 방법을 개발했다. 배의 높은 곳에서 그림처럼 여러 각도로 전자기파를 보내어 물체 위치까지의 각도를 측정하면 삼각함수를 사용하여 물체까지의 거리를 계산할 수 있다. 장치가 높이 있을수록 더 정확한 측정이 될 것이다.

그러나 휠스마이어는 실제 믿고 사용할 수 있을 정도로 안정된 동작을 하는 장치를 만들지는 못했다. 게다가 세상은 사람이나 화물을 싣고 다니는 배가 암초에 부딪히지 않을까를 걱정할 정도로 여유로운 세상이 아니었다. 1914년 제1차 세계

237) Christian Hülsmeyer (1881~1957, 독일) 공학자, 발명가

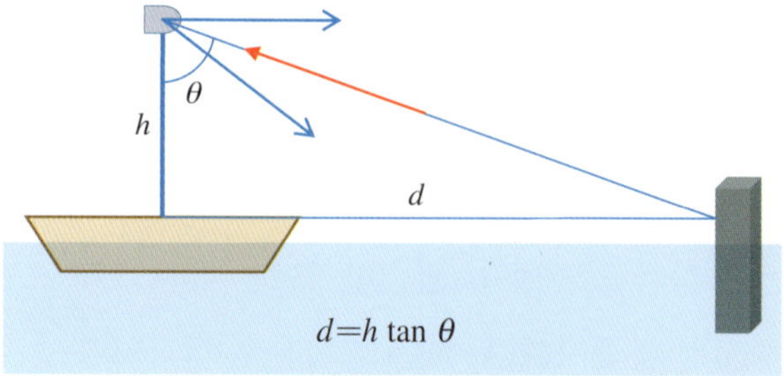

휠스마이어의 거리 측정 방법

대전이 발발한 것이다. 유럽 전체가 전쟁에 휩싸였고, 휠스마이어의 발명품은 사람들의 기억에서 점차 잊혀졌다.

히틀러와 나치 (adolfhitlerfans.com)

제1차 세계대전은 1918년에 끝났지만 세상이 평화로워진 것은 아니었다. 패전국인 독일은 엄청난 채무를 지는 등 점점 더 궁지에 몰리고 있었기 때문에 독일 국민 중에는 나라를 다시 강하게 만들어서 힘으로 이겨야 된다는 생각을 하는 사람이 많아졌다. 1919년 독일에 나치[238)]가 결성되고 히틀러[239)]가 독일 국민의 엄청난 지지를 받으면서 강력한 독일을 만들려는 움직임이 더 활발해졌다.

독일 이외의 나라도 좋은 상황이 아니었다. 제국주의 국가들의 불균형이 커지고 세계 공황이 발생하는 등 자본주의 세계 전체의 위기 상황이었다. 독일은 히틀러를 중심으로 전 국민이 똘똘 뭉쳐 전쟁 준비를 하고 있었고 다른 나라들도 언제

238) Nazi라는 이름은 반 히틀러파가 부르는 이름이며 정식 명칭은 Nationalsozialistische Deutsche Arbeiterpartei (민족사회주의 독일 노동자당)이다. 1933년에 독일을 장악했고, 1945년 패전하면서 해체되었다.

239) Adolf Hitler (1889 오스트리아 ~1945 독일) 정치가, 독재자. 게르만 민족주의와 반 유태주의를 내걸어 1933년 독일수상이 되고 1934년 독일 총통이 되었다. 제2차 세계대전을 일으켰지만 패색이 짙어지자 자살하였다.

발생할지 모르는 전쟁을 위해 준비를 하고 있었다.

제1차 세계대전은 전투기가 사용된 최초의 전쟁이다.[240) 특히 폭격기에 의한 공습은 공포 그 자체였으므로 각 나라가 공습에 대비하기 위한 여러 가지 준비를 하고 있었다. 특히 영국은 섬나라이기 때문에 지상군에 대한 대비보다는 배와 비행기로 공격해 오는 것에 대한 대비가 필요했는데, 특히 비행기에 대한 대비가 중요했다.

그러나 그 당시의 기술로는 소리를 듣고 비행기가 오는지를 아는 것 이외의 다른 방법이 없었다. 비행기의 소리를 듣기 위해서 나팔처럼 생긴 장치를 사용했는데, 들고 다니면서 귀를 대고 듣는 것도 있었지만 대형 비행기 소리 탐지기를 설치하기도 했다. 더 멀리 있는 비행기의 소리를 듣기 위해서는 더 큰 나팔이 필요했으므로 점점 더 큰 탐지기가 설치되었다. 특히 영국은 해안에 많은 탐지기를 설치했다.

1928년 영국에 설치된 지름 10m의 소리 탐지기

한편, 학계에서는 1924년 애플턴[241)]이 전자기파가 전리층에서 반사된다는 것을 이용하여 전리층의 존재를 증명하고 높이를 측정하는데 성공했다. (1.17 무선 통신과 진공관의 발명) 수직으로 전파를 쏘아 올리면 약 2000분의 1초 정도의 시간 후에 돌아온다. 맥스웰이 예측했듯이 전자기파의 속도는 빛의 속도[242)]와 같아서 2000분의 1초 동안에 150 km 정도 진행한다. 왕복을 생각한다면 전리층의 높이는 75 km

애플턴

240) 제트기가 최초로 사용된 전쟁은 한국전쟁이다.
241) Edward Victor Appleton (1892~1965, 영국) 물리학자
242) 약 30만 km/s, 1 초에 지구를 7 바퀴 반 돌 수 있는 속도. 시속으로 하면 약 11억 km/h

정도라는 것을 알 수 있다.[243)]

왓슨와트

영국 기상청에서는 왓슨와트[244)]가 전자기파가 반사되어 돌아오는 것을 측정하여 먹구름의 위치를 파악하는 연구를 하고 있었다. 그 때 신문에 미국의 테슬라가 살인광선을 발명했다는 기사가 났는데, 이것을 본 영국 정부는 왓슨와트라면 살인 광선을 만들 수 있을지 모른다는 생각에 연구를 요청했다. 계산을 해 본 왓슨와트는 그렇게 강력한 전자기파 무기를 만드는 것은 무리라고 판단하고 대안으로 비행기를 탐지할 수 있는 기술을 개발하겠다고 했다.

배의 경우에는 모든 배가 바다 표면에 떠 있기 때문에 휠스마이어의 삼각 측량 방법으로 위치와 거리를 측정할 수 있다. 하지만 비행기의 경우에는 높이가 계속 변하기 때문에 삼각 측량 방법으로는 측정이 불가능하다.

그래서 왓슨와트는 애플턴이 전리층의 높이를 측정할 때 했던 방법과 자신이 먹구름의 위치를 측정할 때 사용한 방법을 응용하기로 했다. 즉 전자기파를 쏘아서 반사되어 오는 방향과 시간을 측정하는 방법으로 비행기의 위치를 측정하려는 것이 왓슨와트의 생각이었다.

전자기파는 1μs (백만분의 1 초)에 300m 정도 진행한다. 전자기파를 쏘아서 돌아오는데 까지 걸린 시간이 1μs인 경우 그 물체까지의 거리는 150m가 된다. 즉 1μs 단위로 시간을 측정할 수 있으면 150m 단위로 거리를 측정할 수 있다. 더 세밀하게 거리를 측정하려면 더 짧은 시간을 측정할 수 있어야 한다. 이런 짧은 시간을 측정한다는 것은 그 당시의 기술로는 어려운 일이었다.

243) 이 설명은 이해를 쉽게 하기 위한 것이다. 전리층은 특성이 다른 여러 층으로 되어 있으므로, 실제로는 이렇게 간단하지는 않다.
244) Robert Alexander Watson-Watt (1892~1973, 영국) 나중에 기사 칭호를 받는다.

시간 측정도 중요하지만 레이더에 있어서 가장 중요한 기술은 전자기파를 발생시키는 기술이다. 실험실에서는 각종 아이디어가 동원된 조잡한 장치를 사용해도 되지만 실제 사용, 특히 전쟁의 경우에는 훨씬 더 안정되고 신뢰성 있는 장치가 필요하다.

전자기파 발생 장치는 마그네트론(magnetron)이라고 부르는데, 레이더의 핵심 부품으로 각 나라가 독자적으로 개발했다. 마그네트론에 대해서는 "2.22 마그네트론과 전자레인지"에서 설명한다.

왓슨와트는 영국 정부의 지원 하에 마그네트론을 사용하여 전자기파를 발생시키고 반사되어 돌아오는 시간을 측정하는 방법으로 비행기를 탐지하는 기술을 개발하기 위한 비밀 프로젝트를 시작했다. 영국은 이 프로젝트가 성공하면 군사적으로 독일을 압도할 수 있다고 생각하고 수상인 처칠[245)]까지 이 프로젝트를 적극적으로 지원했다.

그러나 독일은 그렇게 만만한 나라가 아니었다. 독일은 빌리젠[246)]과 에릅슬뢰[247)]를 중심으로 오히려 영국보다 먼저 비밀리에 레이더를 개발하고 있었던 것이다. 동시에 독일은 더 강력한 전투기, 폭격기, 전함, 잠수함 등의 개발에 성공하고 있었다.

마그네트론도 독일이 먼저 개발했다. 마그네트론은 1921년 미국의 헐[248)]이 발명한 것으로 알고 있는 사람이 많은데, 이것은 영국과 미국의 입장에서 하는 말이고, 독일은 그보다 앞서 있었다. 1912년 그라이나흐[249)]가 마그네트론을 구상하

245) Winston Leonard Spencer Churchill (1874~1965, 영국) 정치가. 제2차 세계대전을 승리로 이끈 지도자라는 평가를 받고 있다.

246) Hans-Karl Freiherr von Willisen (1906~1966, 독일) 전쟁 후 농기구 수리를 하다가 방송 장비 제조업을 했다.

247) Paul-Günther Erbslöh (1905~2002, 독일) 전쟁 후 형과 함께 알루미늄 공장을 했다.

248) Albert Wallace Hull (1880~1966, 미국) 물리학자. GE에서 오랫동안 일했다.

249) Heinrich Greinacher (1880~1974, 스위스) 물리학자.

고 수식으로 설명했고 헐과 같은 해 하반[250]이 발명했고 1935년 홀만[251]이 실제 사용 가능한 마그네트론을 만들었다.

1935년 독일이 개발한
Freya 레이더

그렇지만 독일의 준비는 순탄치만은 않았다. 어느 날 독일의 레이더 실험용 보트가 덴마크 앞바다에서 침몰하는 사고가 발생했다. 인양한 보트에는 뭔지 알 수 없는 이상한 기계가 실려 있었다. 영국의 정보부가 활동을 개시했고 독일에서 레이더 개발을 하고 있는 것 같다는 보고를 했다.

이제 영국은 독일의 상황을 정확히 파악하기 위해서 독일에 첩보원을 보내야 하는 상황이 되었다. 그런데, 독일에 가서 기계를 직접 보더라도 그 생전 처음 보는 기계가 레이더인지 아닌지, 레이더라면 어떤 방식의 레이더인지를 파악할 능력이 있는 첩보원이 있을 리가 없었다.

영국의 chain home 계획
(www.forosegundaguerra.com)

기계를 알아볼 수 있는 사람은 왓슨와트 밖에 없었다. 그래서 영국은 왓슨와트를 독일에 침투시키는 큰 모험을 감행하기로 한다. 만약 왓슨와트가 독일에 붙잡힌다면 영국의 레이더에 대한 모든 정보는 독일로 넘어가게 된다. 왓슨와트는 부인과 함께 여행객으로 가장하고 정보부가 알려준 곳을 중심으로 독일의 여기저기를 돌아보기 위해 떠났다.

250) Erich Habann (1892~1968, 독일) 물리학자
251) Hans Erich Hollmann (1899~1960, 독일) 물리학자

몇 번의 위기가 있었지만 그는 발각되지 않고 무사히 영국으로 돌아왔다. 그렇다고 해서 임무를 성공한 것은 아니었다. 독일의 레이더에 대한 것을 전혀 파악하지 못하고 온 것이다. 영국 정보부가 파악한 독일의 레이더 위치 정보가 잘못된 정보였던 것이다.

왓슨와트는 레이더의 개발에 성공한 후 독일에 첩보 활동을 하러 갔는데, 왓슨와트가 첩보 활동을 하는 동안에도 영국에서는 동해안과 남해안에 많은 레이더를 설치하는 "Chain home" 프로젝트가 진행 중이었다.

Chain home이 완성된 며칠 후인 1939년 9월 1일 히틀러가 이끄는 나치 독일이 폴란드를 공격했다. 제2차 세계대전이 시작된 것이다. 강력한 전투기와 전함 그리고 레이더로 무장한 독일군은 파죽지세로 전투를 이겨나갔다. 프랑스도 몇 주 버티지 못했다.

독일의 다음 목표는 영국이었다. 영국보다 우세한 전력을 보유한 독일은 최첨단 전투기를 동원하여 자신만만하게 영국을 공습했다. 그러나 독일군은 예상치 못한 상황에 부딪혀서 고전을 면치 못하게 되었다. 영국이 자신들의 움직임을 미리 알고 대응해 왔다. 독일은 영국에 레이더가 있는 줄 몰랐던 것이다.

물론 독일도 아무것도 알아보지 않고 무작정 공격해 들어간 것은 아니었다. 독일은 영국이 해안에서 뭔가를 준비하고 있다는 낌새를 알아채고 파악을 위해 첨단 장비를 장착한 비행선인 LZ130[252)]을 해안 근처로 보낸 적이 있다. 그러나 이 비행선은 아무런 신호도 포착하지 못하고 돌아갔다. 아무 신

LZ130

252) Zeppelin 사에서 만든 비행선. 폭발 사고로 유명한 Hindenburg호는 LZ129이다. 영국의 전설적인 hard rock 그룹 Led Zeppelin의 이름도 여기서 따온 것이다.

호도 포착하지 못한 이유는 명확히 밝혀져 있지 않은데, 어쨌든 영국으로서는 큰 행운이었던 셈이다.

그 다음 영국이 독일을 공습했는데, 알루미늄 조각을 하늘에서 뿌려서 레이더를 교란시킨 다음 폭격기가 들어가는 전술을 구사해서 성공을 했다. 그 이후 독일의 암호 장치인 Enigma를 연합군이 해독하는데 성공하여 정보전에서 밀리게 되고,[253] 노르망디 전투에서 결정타를 맞은 독일은 패망하게 되었다.

1945년 8월 15일 끝까지 버티던 일본이 원자폭탄을 맞은 후 무조건 항복을 함으로써 제2차 세계대전은 막을 내리게 되었다. 그리고 우리나라도 35년간의 일본 제국주의의 통치에서 벗어나 광복(光復)을 맞게 되었다.

1.23 전쟁이 끝나고

제2차 세계 대전이 끝나고 세계에 평화가 찾아왔다. 많은 사람이 어두웠던 과거에서 벗어나서 새로운 것을 해보려는 희망적인 시도를 하고 있었다. 그러나 군수 관련 회사는 반대로 앞날을 걱정해야 되는 처지가 되었다. 레이더 회사도 그 중 하나였다. 전쟁이 끝나고 레이더의 수요가 대폭 감소하면서 레이더를 만들던 회사는 이제 민간인에게 팔 수 있는 물건을 개발해야만 하는 상황이 되었다.

이 시기에 레이더 회사에서 일하고 있던 스펜서[254]는 레이더 개발을 할 때 마그네트론 근처에 가면 주머니 속의 초콜릿이 녹았던 것을 기억해냈다. 그리고 몇 가지의 실험을 해 본 결과 전자기파의 주파수만 잘 맞추어 주면 마그네트론으로 음

253) Enigma의 암호화 방식은 거의 해독이 불가능하다고 할 수 있을 정도로 해독하기 어려운 것이었다. 그러나 한 대의 장치로 암호화와 복호화를 다 하도록 만들다 보니 그 암호 방식의 장점을 완전히 살리지 못했다. 자세한 내용은 암호 관련 책 참고.

254) Percy LeBaron Spencer (1894~1970, 미국) 공학자, 발명가

식을 데울 수 도 있고 팝콘을 튀길 수 도 있다는 것을 알았다. 이렇게 해서 개발된 것이 전자레인지[255)]이다.

스펜서

전자레인지는 전자기파로 물 분자를 진동시켜 열을 내는 장치이다. 물 분자는 전기적으로 약간의 극성을 가지고 있기 때문에 전자기파 속에 있으면 진동을 하게 된다. 전자기파의 주파수를 물 분자의 고유 진동수로 해주면 진동이 훨씬 커지게 되는데,[256)] 이 주파수가 전자레인지에서 사용하는 2.45 GHz이다.[257)] 물 분자의 진동에 의한 발열로 가열하는 방식이므로 전자레인지에서 조리하면 음식물이 타지 않는다. 전자레인지에 대해서는 "2.22 마그네트론과 전자레인지"에서 설명한다.

Radarange로 요리하는 요리사 (LIFE지)

초창기의 전자레인지는 "Radarange"라는 이름으로 팔았는데 가격이 비싼데다가 크기도 지금의 대형 냉장고 정도였으므로 일반 가정에서는 잘 사용하지 않았고, 대형 식당이나 기차 등에서 사용했다.

마그네트론과 레이더 기술은 다른 민간 영역에서도 사용되기 시작했다. 예를 들면 선박의 항해와 충돌 방지 등에도 사용되고, 먹구름, 빗방울, 우박 등을 감지하여 수백 km 떨어진 곳의 폭풍을 탐지하고 추적하는 데에도 사용 되었다.

255) 영어로는 microwave oven이라고 한다.

256) 고유진동수와 맞기만 하면 산들바람에 다리가 무너지기도 한다. 1940년 미국 타코마의 다리가 시속 70 km도 되지 않는 바람에 공진하여 무너진 적이 있다. 같은 이유로 발 맞춰 행군하던 군대도 다리를 건널 때는 발을 맞추지 않는다.

257) 공중으로 이 주파수의 전자기파를 보내면 공기 중의 수증기가 진동하면서 전자기파가 약해져버리므로 이 주파수는 통신에 사용되지 않는다. 통신에 배정되지 않은 주파수이므로 Bluetooth 등에서 사용한다.

이와 같이 전쟁 중에 군사 목적으로 개발된 많은 과학 기술들이 전쟁이 끝나면서 민간 목적으로 사용되기 시작했는데, 그 중 가장 중요한 것을 꼽으라면 아마 컴퓨터가 될 것이다. 컴퓨터는 제2차 세계대전 중 미사일의 탄도 계산과 암호 해독을 위해 개발하기 시작했다.

바베지의 계산기 "Analytical Engine" (Science & Society)

계산을 위한 장치는 아주 옛날부터 있었다. 레오나르도 다빈치[258)]도 계산 장치를 구상했고, 파스칼[259)]은 덧셈 뺄셈을 하는 장치를 만들었다. 그리고 라이프니츠[260)]가 사칙연산이 가능한 계산기를 만들었고, 바베지[261)]가 계산 순서를 정해줄 수 있는 계산기를 구상했다. 이외에도 많은 시도와 발명이 있었지만 모두 톱니바퀴 등의 기계적인 방법을 사용한 것이었다.

전쟁 중에 사용한 계산기도 톱니바퀴를 사용한 기계식 계산기인데, 전동기로 회전시켜 계산 속도를 빠르게 한 것이 대부분이었다. 그러나 기계식 계산기는 계산 속도에 한계가 있고 장치가 크기 때문에 나중에는 아날로그 컴퓨터가 사용되었다.

아날로그 컴퓨터 (www.explainthatstuff.com)

아날로그 컴퓨터는 숫자로 계산을 하지 않고 회로를 통해 계산하고자 하는 값을 직접 알아내는 방식의 계산기로 계산 결과를 숫자로 바로 볼 수는 없지만 계산 속도가 빨라서 많이 사용되었다. 아날로그 컴퓨터에 대해서는 "2.25

258) Leonardo da Vinci (1452~1519, 이탈리아) 화가. 수학, 물리, 천문, 식물, 해부, 지리, 토목, 기계 등 다방면의 연구를 했다. 인체 해부 묘사는 의학 발전에 큰 영향을 미쳤다.

259) Blaise Pascal (1623~1662, 프랑스) 수학자, 물리학자, 종교 철학가. 유체와 압력에 대한 원리인 파스칼의 원리를 발견했다.

260) Gottfried Wilhelm von Leibniz (1646~1716, 독일) 철학자, 수학자, 자연과학자, 법학자, 신학자, 언어학자, 역사가. 2진법의 창시자.

261) Charles Babbage (1791~1871, 영국) 수학자.

아날로그 컴퓨터와 OP-AMP 회로"에서 설명한다.

한 편에서는 톱니바퀴와 같은 기계적인 장치를 사용하지 않고 진공관 회로를 사용하여 계산기를 만들려고 하는 사람들이 있었다. 1939년 아타나소프[262)]와 베리[263)]는 천공 카드를 통해 식을 읽어 들이고 진공관으로 된 회로에 의해 숫자를 처리하는 계산기를 만드는데 성공하고 ABC (Atanasoff Berry Computer)라는 이름을 붙였다.

아타나소프 (www.scl.ames-lab.gov)

베리 ww.kerryr.net)

모클리와 에커트

그러나 ABC는 실제 사용될 수 있을 정도의 수준까지는 개발되지 못했다. 실제 사용할 수 있는 최초의 진공관식 디지털 컴퓨터는 ENIAC[264)]이다. ENIAC은 미국 육군의 요청으로 에커트[265)]와 모클리[266)]가 탄도 계산을 위해 17468 개의 진공관을 사용하여 만들어진 컴퓨터로. 소비전력 150 kW, 무게는 30톤, 설치면적은 약 140㎡나 되는 거대한 장치였다.

ENIAC은 전쟁 중에 군사 목적으로 개발하기 시작하여 미국 육군의 탄도 연구실에 설치되었는데, 완성된 것은 전쟁이 끝난 후인 1946년이었다. 탄도 계산이라는 원래 목적이 거의 의미가 없어진 것인데, 그 대신 민간 영역인 일기 예보나 통계

262) John Vincent Atanasoff (1903~1995, 미국) 물리학자. 불가리아 출신 이민 2세대.
263) Clifford Edward Berry (1918~1963, 미국) 전기공학자. 대학원생일 때 아타나소프의 컴퓨터 개발 프로젝트에 참가했다.
264) Electronic Numerical Integrator And Calculator의 약자
265) John Adam Presper Eckert Jr. (1919~1995, 미국) 전기공학자. ENIAC 이후에도 Mauchly와 함께 EDVAC, BINAC의 개발 등 컴퓨터의 발전을 위한 많은 일을 했다.
266) John Wendell Mauchly (1907~1980, 미국) 물리학자, 공학자.

ENIAC

처리 등에도 사용되었다.

ENIAC은 다른 계산을 하기 위해서는 결선을 새로 해야 한다. 예를 들어 오전에 일기예보를 위한 계산을 하고 오후에 통계 처리를 한다면 하루에 두 번 씩 사진의 왼쪽에 있는 수많은 전선들을 새로 결선해야 한다. 컴퓨터를 사용하는 일이 많아지면서 결선을 바꾸는 일이 점점 부담스러운 일이 되어가고 있었다.

노이만

이 문제의 해결책을 제시한 것은 노이만[267]이었다. 노이만은 1945년에 결선을 바꾸는 대신 계산하는 순서를 기억시켜놓고 실행을 시키면 기억된 순서대로 계산을 하도록 하는 방식을 제안했다. 이 기억된 계산 순서를 프로그램이라고 부른다. 1949년에는 영국 캠브리지 대학에서 프로그램 기억 방식을 도입한 컴퓨터인 EDSAC[268]이 만들어졌다.

그 이후 컴퓨터는 한 가지 획기적인 발전을 하게 된다. 그것은 2진법을 사용하게 되었다는 것인데, 1952년에 만들어진 EDVAC[269]이 시초이다. 2진수는 켜진 상태를 1로 꺼진 상태를 0으로 해서 2진수로 모든 수를 나타내고 계산하는 방법이

267) John von Neumann (1905, 헝가리~1957, 미국)
268) Electronic Delay Storage Automatic Computer
269) Electronic Discrete Variable Automatic Computer

다. 2진수는 숫자를 0과 1 만으로 나타내는데, 숫자가 두 가지 밖에 없으므로 논리 연산으로 모든 계산을 할 수 있다.

논리 연산이란 AND, OR, NOT을 말하는데, 2진수를 사용하면 사칙연산 뿐 만 아니라 어떤 계산이든 모두 논리 연산의 조합으로 만들 수 있다.[270)]

기본 논리 연산				
0	AND	0	=	0
0	AND	1	=	0
1	AND	0	=	0
1	AND	1	=	1
0	OR	0	=	0
0	OR	1	=	1
1	OR	0	=	1
1	OR	1	=	1
	NOT	0	=	1
	NOT	1	=	0

진공관으로 논리 연산을 하는 회로를 만들 수 있으면 이 회로를 조합하여 어떤 계산이든 할 수 있는 장치를 만들 수 있다는 것이다. 논리 회로에 대해서는 2.24에서 설명한다. 이후 '프로그램 저장 방식' 과 2진수 사용은 컴퓨터의 기본 개념이 되었다.

트랜지스터가 발명된 이후부터 컴퓨터는 트랜지스터를 사용한 방식으로 바뀌었고 집적회로 제작 기술이 발전하면서 발전 속도가 점점 가속되었다. 그리고 컴퓨터는 하드웨어 중심에서 소프트웨어 중심으로 변해갔다. 컴퓨터의 발전을 요약하면 다음의 표와 같이 된다.

270) "1"을 참, "0"을 거짓으로 생각하면 된다. 'AND' 의 경우, '둘 다 참이라야 참' 이 되고 'OR' 의 경우 '둘 중 하나만 참이면 참' 이 된다.

세대	연도	주요 소자	연산 속도	사용 언어	특징
1	1951 ~ 1958	진공관 수은 지연 회로 자기 드럼	ms(10^{-3}초)	기계어 어셈블리어	- 하드웨어 개발이 중심 - 통계용이나 미사일 탄도 계산에 주로 사용 - 컴퓨터의 상품화 시작
2	1958 ~ 1963	트랜지스터 자기 코어 자기 드럼 자기 디스크	μs(10^{-6}초)	COBOL FORTRAN ALGOL 등	- 소프트웨어 중심으로 전환 - 고급언어 개발 - 운영체제 등장, 멀티프로그래밍 도입. - 회계, 과학기술계산 등 다양한 목적에 사용
3	1964 ~ 1970	집적회로(IC) CRT	ns(10^{-9}초)	BASIC PASCAL LISP PL/1 등	- 시분할 처리(time sharing), 다중 처리 (multi processing)기법 개발 - OMR, OCR, MICR과 같은 입력 장치가 개발
4	1971 ~ 1983	고밀도집적 회로(LSI) 마이크로프로세서	ps(10^{-12}초)	C, ADA 등	- 개인용 컴퓨터, 슈퍼 컴퓨터 등장 - Network, 인터넷의 발달로 원격지의 자료 공유 - 컴퓨터를 이용한 공장 자동화, 사무 자동화 - 가상 기억 장치(virtual memory) 도입
5	1984 ~ (VLSI)	초고밀도 집적회로	fs(10^{-15}초)	Visual C Visual Basic Java Delphi 등	- 인공 지능(AI), 전문가 시스템(expert system), 패턴 인식 시스템, 의사 결정 시스템(DSS), 퍼지(fussy) 이론 등 발달

세계 대전이 끝난 후 레이더와 컴퓨터 이외에도 전쟁을 위해 개발된 많은 기술이 민간 용도로 응용되기 시작했다. 폭격기 제조 기술은 그대로 대형 여객기 제조 기술로 응용되었고, 병원용 솜을 대체하는 종이로 만든 티슈는 가정용 미용 화장지로 판매되기 시작했다. 그러나 과학 기술의 모습은 전쟁 전과는 사뭇 다른 모습이 되어 있었다.

전쟁을 위한 연구를 하면서 국가들은 많은 과학기술자로 팀을 구성하고 연구비를 지원하면 분명히 뭔가가 나온다는 확신을 하게 되었다. 그래서 기업, 국가, 국가 연합의 대형 연구소들이 만들어지기 시작한다. 그리고 과학기술자의 팀을 구성하고 프로젝트를 기획하고 예산을 배정해서 조직적인 연구를 하는 것이 당연한 것이 되어갔다.

한사람의 천재가 위대한 발견을 하면 다른 천재가 그 발견을 응용한 발명을 하고, 몇몇 학자들이 그걸로 '알콩달콩' 뭔가를 해보는 시대는 지나간 것이다.

순수 과학 분야에서는 이런 식으로 어떤 목적을 가지고 연구소가 만들어지지는 않았지만 학자들의 교류가 중요해졌다. 우리가 현대 물리학이라고 부르는 학문도 전쟁 중에 많은 천재들이 교류하면서 짧은 시간에 이루어졌다.

다음 사진은 1927년 개최된 "Solvay Conference of Quantum Physics : electrons and photons"의 기념사진이다. 이 사진은 현대 물리학 교과서에 나오는 거장들이 한 자리에 모여 있는, 다른 분야에서는 있을 수 없는, 물리학에서도 다시는 있을 수 없는 사진인 듯하다.

Piccard Henriot Ehrenfest Herzen deDonder Schroedinger Verschaffelt Pauli Heisenberg Fowler Brillouin
Debye Knudsen Bragg Kramers Dirac Compton deBroglie Born Bohr
Langmuir Planck Curie Lorentz Einstein Langevin Guye Wilson Richardson

1.24 트랜지스터의 발명

전쟁 중에는 통신을 할 일이 많아진다. 그래서 전화 사업은 전쟁 중에도 꾸준히 발전하고 있었다. 그 당시 미국의 통신을 장악하고 있던 전화 회사인 AT&T는 처음에는(벨 전화회사일 때부터) 여성 교환원을 두고 통화 서비스를 했는데, 통화량이 점점 많아지고 인건비가 계속 오르면서 진공관으로 만든 전화 교환기를 도입했다.[271)]

전쟁이 끝난 후에도 통화량은 계속 증가했고 이 통화량을 소화하려면 교환기를 더 설치해야 했다. 교환기를 더 설치하려면 공간이 더 필요하다, 진공관은 유리로 되어 있기 때문에 작은 충격에도 쉽게 깨어지는데, 많은 진공관이 설치되면 점검과 교체도 보통 일이 아니다.

그리고 진공관은 음극을 가열해야 동작을 하기 때문에 전력도 많이 필요하고, 열이 많이 나기 때문에 냉각장치를 붙여야 했다. 진공관으로는 늘어나는 통화량을 점점 감당하기 어려운 지경에 이르고 있었다.

바딘, 쇼클리, 브래튼 (왼쪽부터)

그래서 벨연구소에서는 진공관을 대체할 새로운 소자를 개발하는 연구가 진행되고 있었다. 쇼클리,[272)] 바딘,[273)] 브래튼[274)]은 게르마늄(Ge)에서 답을 찾고자 했고 몇몇

271) 벨 전화회사는 전화망이 갖추어진 후 30년이 지난 1920년대에야 자동 교환 시스템을 도입했는데, 그 이유는 직원의 고용 안정에 대한 약속 때문이었다.

272) William Bradford Shockley (1910, 영국~1989, 미국)

273) John Barden (1908~1991, 미국) 노벨 물리학상을 두 번 수상한 유일한 사람이다. 한 번은 지금 설명하고 있는 트랜지스터의 발명이고 또 한 번은 Leon N. Cooper(1930~, 미국), John Robert Schrieffer(1931~, 미국)와 함께 한 초전도에 대한 이론 (BCS theory)의 정립이다.

274) Walter Houser Brattain (1902~1987, 미국)

대학에서도 비슷한 연구가 진행되고 있었다. 특히 미국 퍼듀대 연구팀은 벨 연구소와 거의 비슷한 실험을 하고 있었는데, 반도체의 메커니즘을 제대로 이해하지 못하고 있었다. 결국 반도체의 성질을 이용하여 진공관과 같은 동작을 하는 장치를 만드는데 성공한 것은 벨 연구소의 팀으로 1947년 성공을 했다.

게르마늄, 규소(Si) 등 원소 주기율표의 4족 원소는 전류가 잘 안 흐르는 물질인데 3족 원소나 5족 원소가 불순물처럼 아주 조금 들어가면 전기를 통하게 된다. 불순물의 양이 많으면 도전성도 높아진다. 3족 원소를 조금 넣은 반도체와 5족 원소를 조금 넣은 반도체를 붙이면 2극 진공관 역할을 하는 다이오드(diode)가 만들어진다.

3극 진공관 역할을 하는 소자는 트랜지스터(transistor)라고 하는데, 두 개의 5족 원소 반도체 사이에 얇은 3족 원소 반도체를 끼우거나 두 개의 3족 원소 반도체 사이에 얇은 5족 원소 반도체를 끼우는 구조로 되어 있다. 진공관, 다이오드, 트랜지스터의 동작 원리에 대해서는 "2.23 진공관과 트랜지스터"에서 설명한다.

다이오드와 트랜지스터는 진공관에 비해 크기와 소비전력이 훨씬 적으며 잘 깨어지지도 않는데다가 가격도 훨씬 싸다. 게다가 예열할 필요도 없고, 열도 많이 나지 않는다. 그래서 그 때까지 진공관으로 동작하던 많은 장치가 트랜지스터 방식으로 바뀌어 갔고 진공관으로는 만들기 어려운 소형 장치, 예를 들면 보청기 같은 것들도 만들어졌다.

트랜지스터의 발명이 알려지자 일본의 SONY사 사장인 모리타[275)]는 바로 미국으로 날아가서 트랜지스터의 사용 권리를 불과 2만 5천불이라는 돈으로 사들였다. 벨연구소도 트랜지스터가 얼마나 대단한 가치가 있는 것인지를 잘 몰랐던 것 같다.

275) 모리타 아키오 (盛田昭夫, 1921~1999, 일본) SONY의 창업자.

SONY는 2년의 개발 기간을 거쳐 1955년 트랜지스터라디오를 출시했다. 트랜지스터라디오는 진공관 라디오에 비해 크기가 훨씬 작고, 무게도 1/5 정도로 아주 가벼워서 들고 다닐 수 있었다. 게다가 예열하지 않아도 될 뿐만 아니라 가격도 1/3로 저렴했기 때문에 전 세계적인 엄청난 대박 상품이 되었다.[276)]

SONY의 1955년 트랜지스터 라디오 TR-55

그 이후 많은 회사들이 트랜지스터라디오를 만들어 팔기 시작했다. 우리나라 최초의 라디오는 1959년 금성사(지금의 LG)가 발매한 진공관 라디오 A-501인데, 1960년에는 A-602라는 트랜지스터라디오가 발매되었다.

국산 라디오가 인기를 끌지 못해서 금성사가 사업 철수를 고려하는 상황이었지만 1962~63년에 시행된 농어촌 라디오 보내기 운동에 의해 판매가 촉진된다. 외제 선호의 분위기가 강했지만 어쨌든 트랜지스터라디오의 인기는 대단해서 라디오를 "도란지스타"라고 부르는 사람이 많을 정도였다.

우리나라 뿐 만이 아니라 세계적으로 트랜지스터는 승승장구하고 있었지만, 트랜지스터를 발명한 세 사람의 사이는 좋지 않았는데, 자타가 공인하는 뛰어난 창의적인 천재인 쇼클리가 원인이었다. 쇼클리는 자신은 보통 사람과는 다른 특별한 대우를 받아야 된다는 생각을 가지고 있었다. 그러나 벨연구소는 독선적인 쇼클리를 높은 자리에 앉히고 싶어 하지 않았다.

1953년 인사에 실망한 쇼클리는 벨연구소를 그만두고 캘리포니아 공대(Caltech, California Institute of Technology)로 옮겼다. 그리고 1955년에는 대학 동창이 운영하는 Beckman Instruments라는 회사로 옮겨서 쇼클리 반도체 연구소를 만

276) 1946년 창업한 회사로 트랜지스터라디오를 최초로 발매할 당시의 회사 이름은 東京通信工業으로 세계적으로 알려진 회사가 아니었다. 트랜지스터라디오가 미국에서 엄청난 성공을 하게 되면서 1958년에 사명을 SONY로 바꾸었다.

들었다.

쇼클리는 벨연구소에서 함께 일한 옛 동료들을 자신의 연구소로 데려오려 했으나, 아무도 쇼클리와 함께 일하려 하지 않았다. 그래서 쇼클리는 자신이 가르쳤던 캘리포니아 공대의 우수 졸업생을 포함하여 뛰어난 대학 졸업생을 영입했다.

그러나 쇼클리의 독선적인 경영은 직원의 사기를 떨어뜨렸고 회사의 실적도 좋지 못했다. 급기야는 핵심 멤버 중 8 명이 사표를 내고 Fairchild라는 회사로 옮겨서 반도체 사업부를 만든다. 쇼클리는 그들을 "8인의 배신자"라고 불렀지만 쇼클리의 악명은 이미 널리 알려져 있던 상황이라 사람들은 오히려 Fairchild 쪽으로 모였고, 쇼클리 반도체 연구소는 쇠퇴일로를 걷게 된다.

반면에 "8인의 배신자"가 중심이 된 Fairchild는 빠른 속도로 성장을 했다. 그리고 Fairchild에서 갈라져 나온 회사들도 생기게 된다. 그 중 가장 유명한 회사가 노이스[277]와 무어[278]가 설립한 INTEL[279]이다. 지금도 잘 알려져 있는 National Semiconductor, AMD[280] 등도 Fairchild에서 분사하여 나온 회사들이다.

노이스

무어

이런 식으로 새로운 회사가 생기고 우수한 사람들이 모여들면서 세계 최고의 반도체 회사들이 모인 지역이 형성되었는데 이 지역을 실리콘 벨리(Silicon Valley)라고 부른다. 지금은 실리콘 벨리가 전성기를 지나 쇠퇴하고 있는 것으로 평가되

277) Robert Norton Noyce (1927~1990, 미국)
278) Gordon Earle Moore (1929~, 미국) 메모리칩의 저장 밀도가 18개월마다 2 배로 늘어난다는 무어의 법칙을 제창한 사람이다.
279) INTegrated ELectronics. 1968년 창립. 처음에는 회사 이름을 설립자 이름을 따서 Noyce-Moore라고 하려 했으나 noise-more (잡음이 더 많다)처럼 들린다고 해서 만든 이름이 INTEL이다.
280) Advanced Micro Devices

고 있지만 아직 많은 회사들이 모여 있다. 아래의 지도는 실리콘 벨리에 있는 회사들을 나타낸 것이다.

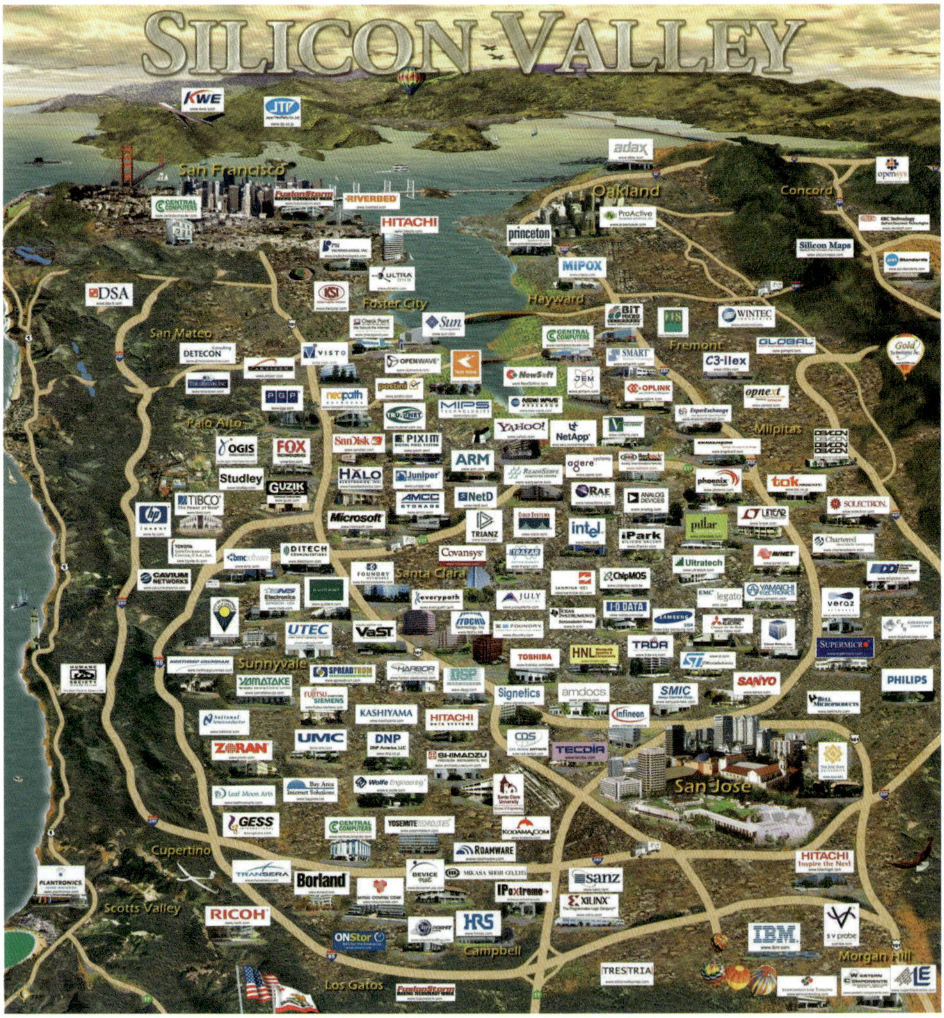

실리콘 벨리 지도 (www.stanford.edu)

진공관이 발명되기 전에는 음악은 생음악 또는 비싼 축음기로 들을 수밖에 없었기 때문에 부자들의 전유물이었다. 진공관이 발명되면서부터는 공연장에 가지 않아도 집에서 라디오로 음악을 즐길 수 있고, 텔레비전으로 드라마를 즐길 수 있게 되었지만, 아직은 진공관으로 만든 라디오와 텔레비전의 가격은 서민들이 개인적으로 소유하기는 어려운 가격이었다.

하지만 진공관은 서민들이 공연을 접할 수 있는 기회가 많아지도록 해 주었다. 진공관 앰프가 발명되면서 오페라 하우스처럼 특별히 만든 장소가 아닌 곳에서도 많은 사람을 대상으로 한 공연을 할 수 있게 된 것이다.

그러나 곧 세계 전쟁이 발발했고 사람들은 문화에 신경 쓸 여유를 가지지 못했다. 전쟁이 끝나자 음악계는 다시 활기를 띠기 시작했는데, 1950년대 rock' n roll이 등장하면서 음악의 소리도 커지고 공연의 규모도 커지기 시작했다.

그에 따라 필요한 앰프의 용량은 점차 늘어갔지만, 진공관 앰프의 용량에는 한계가 있었다. 한 예로, 비틀즈[281]는 1965년 Shea stadium 콘서트[282]에서 늘 쓰던 30와트 앰프 대신 100와트 진공관 앰프를 사용했지만 소리가 너무 작아서 청중들 가운데 음악을 제대로 들을 수 있는 사람은 몇 명 되지 않았다고 한다.

비틀즈의 Shea stadium 공연 모습
(beatlemania.ca)

트랜지스터가 발명되자 거의 모든 앰프 회사들은 진공관 앰프 대신 트랜지스터 앰프를 생산하기 시작했다. 특히 진공관으로는 만들기 어려운 대용량의 트랜지스터 앰프가 판매되어 공연에 사용되기 시작했다. 비틀즈도 공연에 트랜지스터 앰프를 사용하기 시작했다. 앰프뿐만이 아니라 진공관으로 만들던 모든 것이 트

281) The beatles (1960~1970, 영국) 4인조 록 밴드. 발라드, 레게, 싸이키델릭 록, 블루스, 헤비 메탈 등 현대 음악 스타일의 장을 열었다. 음악뿐만이 아니라 1960년대의 사회 및 문화적 혁명을 야기하였다.
282) 뉴욕 Mets 야구팀의 홈구장인 Shea stadium에서 열린 콘서트로 록 밴드 최초의 야외 스타디엄 공연이었다. 56000 명의 청중이 몰려들었고, 공연 중 실신하는 여성 팬이 속출하기도 했다.

랜지스터로 바뀌어 가고 있는 시대였다.

Jimi Hendrix

트랜지스터에 밀려 진공관은 이대로 사라질 것 같은 분위기였던 1967년 Monterey Pop Festival에서 Jimi Hendrix를 비롯한 많은 뮤지션들은 100 와트 진공관 앰프를 여러 대 쌓아 놓고 연주했다. 청중들은 트랜지스터 앰프로는 낼 수 없는 부드러우면서도 중후한 감동적인 음색의 음악을 들을 수 있었고, 진공관 앰프는 다시 각광받게 되었다.

많은 뮤지션들은 아직도 진공관의 음색을 더 선호하고 있다. 전기 기타의 경우 작은 용량의 진공관 앰프를 사용하여 소리를 내고 그 앞에 마이크를 대어 대형 트랜지스터 앰프로 증폭하여 청중에게 들려주는 방법은 지금도 많이 사용된다.[283)]

가정용 오디오의 경우에도 진공관 앰프의 소리를 선호하는 사람이 많다. 트랜지스터가 발명되어 엄청난 기세로 시장을 잠식하고 있었지만 진공관을 100% 대체한 것은 아니었다.

벨 연구소에서 트랜지스터가 발명된 지 11년 후인 1958년에 테츠너[284)]가 입력 전류가 거의 흐르지 않는 새로운 방식의 트랜지스터인 전계효과 트랜지스터(FET, Field Effect Transistor)를 제작하는데 성공했다. 처음으로 전계효과 트랜지스터의 가능성을 제안한 것은 1951년 쇼클리였는데 실현하지는 못했고, 테츠너가 최초로 제작에 성공한 것이다.

테츠너가 만든 것은 접합형 전계효과 트랜지스터 (JFET, Junction FET)라고 부르는 방식인데, 이전의 트랜지스터에 비해 동작 속도가 느리고 잡음이 많다는 단

283) 이렇게 하는 것을 마이킹(micking)이라고 한다. 마이킹의 의미는 악기의 소리를 마이크로 증폭하는 것을 말하므로 위의 경우 진공관 앰프를 악기의 일부로 본 것이다.
284) Stanislas Teszner (?~?, 프랑스)

점이 있었지만 전력 소모가 적고 만들기도 간단하여 각광을 받았다. 새로운 트랜지스터가 나온 이후부터 벨 연구소에서 개발한 이전 방식의 트랜지스터를 접합형 트랜지스터(BJT, Bipolar Junction Transistor) 라고 부르고 있다.

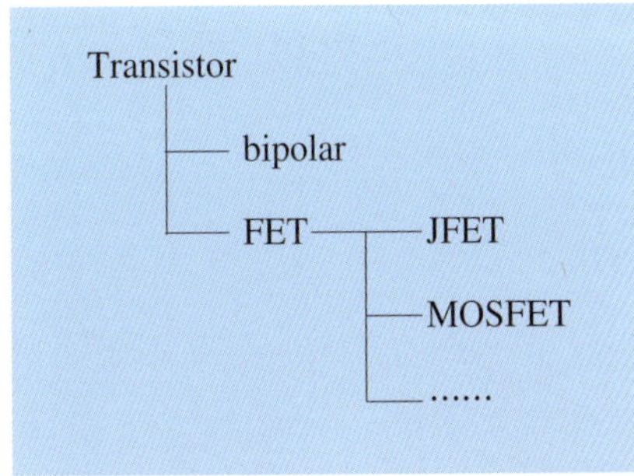

그러나 JFET는 생각만큼 큰 성공을 하지는 못했는데, 그 이유는 2년 후인 1960년 강대원[285)]과 아탈라[286)]가 더 우수한 특성의 전계효과 트랜지스터인 "금속 산화막 반도체 전계효과 트랜지스터(MOSFET, Metal - Oxide - Semiconductor Field Effect Transistor)"를 개발했기 때문이다.

강대원 (NEC)

아탈라
(www.invent.org)

MOSFET은 현재까지도 반도체, 특히 디지털 회로에 사용되는 반도체의 기반이 되는 중요한 소자이다. 전계효과 트랜지스터에 대해서는 "2.23 진공관과 트랜지스터"에서 설명한다.

285) 姜大元, Dawon David Kahng, (1931 한국~1992 미국) 서울 출생. 경기고, 서울대 물리학과 졸업, 1955년 도미, 오하이오 주립대에서 공학 박사 학위를 받고 벨 연구소에서 30년간 활동했다. 우리나라의 반도체 산업 발전에도 기여했다. 왜 우리나라에서는 잘 알려져 있지 않은지 한 번 생각해볼 필요가 있을 것이다.

286) Martin Mohammed John Atalla (1924 이집트~미국) 발명가, 반도체 물리학자, 공학자. 정보 비밀 관리에 쓰이는 개인 확인 번호(PIN = Personal Identification Number)를 개발하여 비밀번호의 아버지라고 불리는 사람이다.

1.25 집적회로(IC)의 발명

일부 마니아들의 진공관 선호가 있긴 하지만 어쨌든 대세는 진공관에서 트랜지스터로 넘어갔다. 기존에 진공관으로 만들었던 회로를 트랜지스터를 사용해서 다시 만들기도 했지만 새로운 회로들도 속속 개발되고 있었다. 그리고 회로가 점점 복잡해져 가면서 회로를 설계하는 것과 납땜을 하는 것이 "장난이 아닌" 상황이 되어갔다.

1950년도에는 한 장의 게르마늄 기판 위에 여러 개의 소자를 넣어서 설계와 납땜 작업을 간단하게 하려는 연구가 실리콘 벨리를 중심으로 진행되었다.[287)] 다이오드와 트랜지스터는 게르마늄에 3족 원소를 첨가한 p형 반도체와 5족 원소를 첨가한 n형 반도체를 이용한 것이다.

P형 반도체와 n형 반도체를 따로따로 만든 다음 두 개 또는 세 개의 반도체를 절묘하게 붙이면 다이오드나 트랜지스터를 만들 수 있겠지만 쉽지 않은 일이다. 그래서 다이오드를 만들 때는 게르마늄으로 판[288)](기판이라고 부른다)을 만들고 절반에는 3족 원소를 첨가하고 다른 절반에는 5족 원소를 첨가하는 방법을 사용한다.[289)] 트랜지스터의 경우에는 3 부분으로 나누어서 첨가한다.[290)]

기판의 원하는 위치에 3족이나 5족 원소를 원하는 양 만큼 첨가하는 기술이 있다면 기판 한 장에 다이오드나 트랜지스터 같은 소자를 여러 개 만들어 넣을 수 있을 것이다. 이런 기술이 있다면 저항과 커패시터도 기판 한 장에 함께 만들어 넣

287) 이때까지도 반도체는 게르마늄이 대세였다. 실리콘 벨리라는 이름은 실리콘으로 반도체 회로를 만드는 것이 일반화된 이후에 붙여진 이름이다.

288) 지금은 실리콘(Si)을 사용한다.

289) 3족이나 5족 원소를 첨가하는 것을 도핑(doping)이라고 부른다. Doping의 원래 뜻은 마약 등의 약을 투여하는 것으로, 운동 경기에서 doping test라고 하는 것은 금지된 약물이 투여되었는지를 검사하는 것이다.

290) 이 설명은 BJT에 대한 것이고, FET의 경우에는 다른 구조로 만들어진다.

을 수 있다.

순수한 게르마늄은 전기를 잘 통하지 않고(실리콘도 마찬가지이다), 3족이나 5족 원소를 첨가하면 전기가 통하게 된다. 첨가하는 원소의 양이 많아지면 그만큼 전기가 잘 통하게 되므로 첨가물의 양을 잘 조절해 주면 저항을 만들 수 있다. 전기가 통하는 두 부분을 약간의 간격을 두고 나란하게 배치하면 커패시터가 된다. 회로의 세 가지 기본 소자(수동 소자)인 R, L, C 중에서 L은 이와 같은 방식으로 만들어지지 않으므로, 반도체 회로를 설계할 때에는 L이 포함되지 않도록 한다.

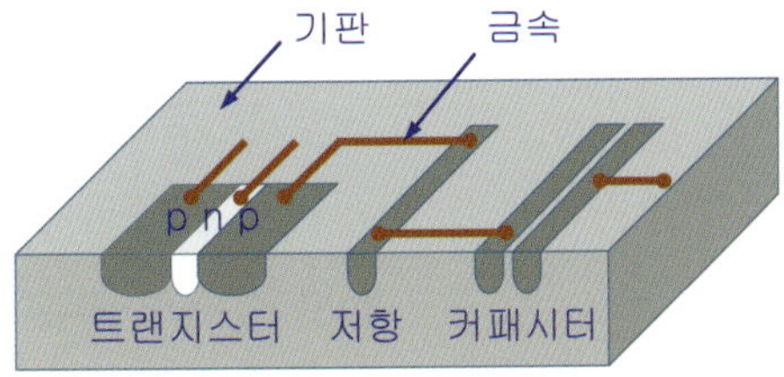

집적회로의 구성 방법

이런 방법으로 한 장의 기판에 여러 소자를 배치한 집적 회로(集積 回路, IC, Integrated Circuit)를 만드는 것에 성공한 사람은 Fairchild에 있던 노이스와 TI (Texas Instrument)에 있던 킬비[291]였다. 두 사람 다 1959년에 성공했는데, 킬비가 조금 빨랐다.

킬비

킬비가 만든 집적회로는 한 장의 기판 위에 여러 개의 소자를 만든 것으로 소자들끼리는 금속선으로 연결해야 했으므로 납땜해야 될 양이 줄어드는 것은 아니었다. 그리고 그렇게 많은 소자를 넣은 것도 아니었다.[292] 그러나 이것은 반도체 집적 기술의 시작이라는 엄청난 의미가 있다.

트랜지스터가 발명되면서 진공관으로 만들었던 회로를 훨씬 작은 크기로 만들 수 있었고, 집적회로가 발명 되면서 회로의 크기를 한층 더 줄일 수 있게 되었다.

291) Jack St. Clair Kilby (1923~2005, 미국) 고속 트랜지스터와 레이저 다이오드, 집적회로(IC) 등을 개발한 공로로 Herbert Kroemer, Zhores I. Alferov와 함께 2000년도 노벨 물리학상을 수상했다.

292) 트랜지스터 1개, 저항 3개, 커패시터 1개 등 모두 5개의 소자를 집적했다.

그리고 더 많이 줄이기 위한 경쟁이 시작되었다. 같은 회로를 작은 크기로 만들 수 있다는 것은 전체 장치의 크기가 작아진다는 것뿐만 아니라 다른 효과가 있다.

우선 크기가 작아지면 열이 발생하는 부분이 그 만큼 작아지므로 전체적으로 발열이 줄어들게 되어 손실이 적어진다. 그리고 아주 짧은 시간이긴 하지만 회로를 통해서 전류가 흘러가는 데에도 시간이 걸리는데, 회로의 크기가 작아지면 이동 거리가 짧아지므로 회로의 동작 시간이 빨라진다.

집적회로가 발명되자 트랜지스터로 만들던 많은 회로들이 집적회로로 바뀌기 시작했고, 트랜지스터로는 만들지 못하던 회로도 만들어지기 시작했다. 지금은 집적회로라 하면 CPU나 메모리 등의 디지털 소자를 생각하게 된다. 그러나 아날로그의 영역에도 집적회로는 큰 발전을 가져왔는데, 대표적인 것이 OP-AMP (Operational Amplifier)이다.

최초의 OP-AMP는 아날로그 컴퓨터에 사용하기 위해 개발된 것으로 진공관으로 만들어진 것이었다. 트랜지스터가 발명된 이후 트랜지스터를 사용한 OP-AMP가 만들어졌지만, 대량 생산을 하기 어려웠기 때문에[293] 사용이 많이 증가하지는 못했다. 그러던 1965년 Fairchild사의 위들러[294]가 OP-AMP의 집적화에 성공했고, OP-AMP의 사용은 급속히 증가했다. 아날로그 컴퓨터와 OP-AMP에 대한 것은 2.25에서 다룬다.

진공관 OP-AMP

OP-AMP는 우리말로 연산증폭기라고 부른다. 증폭기이기는 하지만 OP-AMP는 오디오 앰프와 같이 작은 신호를 크게 증폭하는 회로와는 좀 다르다. 즉 집적회로 OP-AMP라는 것은 우리가 보통 말하는 앰프를 칩 하나에 넣은 것이 아니라는 말

293) 반도체 공정상 특성이 똑 같은 두 개의 트랜지스터를 만드는 것은 대단히 어렵다. 그래서 회로를 구성할 때 마다 가변저항 등으로 조정을 해야 했다.
294) Robert J. Widlar (1937~1991, 미국)

이다.

OP-AMP는 입력 저항은 아주 크고 출력 저항은 아주 작은, 증폭비가 아주 큰 증폭기인데, 저항, 커패시터 등 다른 소자들과 적절히 같이 사용하면 상당히 다양한 동작을 할 수 있게 된다. 자세한 것은 "2.25 아날로그 컴퓨터와 OP-AMP"에서 다룬다.

1.26 전기 시대

지금까지 살펴본 것과 같이 기계식 장치들이 점점 전기식으로 바뀌어 갔고 새로운 전기 장치들이 계속 개발되었다. 그리고 집적회로와 컴퓨터 기술(디지털 기술)이 발전하면서 전기 장치들은 디지털화 되어 갔다. 조명은 아주 특별한 경우가 아니면 전기로 하는 것이 상식이 되어 갔다. 공장의 동력도 거의 모터에서 얻게 되고 가열이나 난방도 전기로 하는 경우가 생겼다.

이전에는 가정에서 불을 때고 공장에서 엔진을 돌리던 것이 모두 전기 에너지를 사용하는 형태로 바뀌어 갔다는 것이다. 전선만 연결하면 전기가 들어오기 때문에 땔감을 쌓아놓을 필요도 없고 불이 다른 데로 옮겨 붙을까봐 걱정할 필요도 없어진 것이다.

그러나 전기 에너지는 하늘에서 그냥 떨어지는 것이 아니다. 발전 사업자들은 발전을 해서 사용자에게 보내 줘야 한다. 점점 많은 양의 전기를 보내다보니 송전선에서 생기는 손실이 중요해지고, 손실을 줄이기 위해 송전 전압은 자꾸 높아만 갔다.[295)]

295) 우리나라에서 가정용 전압을 110 V에서 220 V로 높인 것은 같은 전선으로 더 많은 전력을 보내는 것이 주목적이었다. 두 번째 목적은 전력 시스템에 있는 변압기의 개수를 줄일 수 있다는 것이었다. 손실의 감소는 중요한 목적이 아니었다.

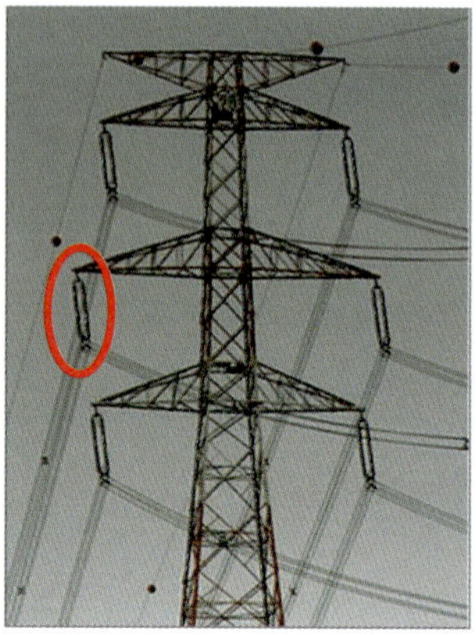

철탑의 절연 구조

전력 사업자들이 원한 것은 전압을 아주 높이 올려서 손실을 획기적으로 줄이는 것이었지만 애자 등의 절연 문제가 있기 때문에 많이 올리지 못했다. 절연 기술의 발전에 따라 전압이 점점 올라갔는데, 1891년 독일에서 25 kV를 성공한 이후, 미국에서 1907년에 110 kV, 1920년대에 220 kV 송전에 성공했고, 1952년에는 스웨덴이 380 kV 송전에 성공했다. 1965년에는 캐나다가 735 kV에 성공했고 1982년에는 소련에서 1200 kV 송전에 성공했다.[296)]

송전 손실 만이 문제는 아니었다. 앞에서 전기를 많이 사용할 때와 많이 사용하지 않을 때의 차이를 전력 회사들끼리 전력을 주고받음으로써 완화했다는 설명을 한 적이 있다. 그러나 이것은 완화이지 해결은 되지 못한다. 여전히 최대 전력 사용량 보다 발전량은 훨씬 커야하고, 전기 사용량이 적을 때는 발전기가 놀고 있는 상태였다.

전기를 저장할 수 있으면 이 문제가 해결된다. 전력 사용량이 적을 때 발전기를 놀리지 말고 발전하여 저장을 해 놓았다가 전력 사용량이 많을 때 저장된 전력을 사용하면 전체 발전량이 최대 전력 사용량 보다 적어도 된다. 작은 전력이라면 전지(배터리)를 사용하여 저장할 수 있겠지만 발전소 규모 정도의 큰 전력을 저장할 수 있는 방법은 개발되지 않았다.

그래서 생각한 방법이 전력 사용량이 적을 때 수력 발전소의 물을 다시 퍼 올리는 방법이었다. 물을 퍼 올리려면 댐의 아래에도 저수지가 있어야 한다. 그리고 한 대의 장치로 발전도 하고 물을 퍼 올리는 펌프의 역할도 한다면 기계도 한 대 만

296) 현재 우리나라의 최고 송전 전압은 765 kV이다.

있으면 되고 물파이프와 수로도 하나만 있으면 된다.

이런 구조로 만들어진 수력 발전소를 양수발전소(揚水發電所, pumping-up power station)라고 부른다. 1890년대에 이탈리아와 스위스가 최초로 양수 발전 방식을 도입한 이후 세계적으로 많은 양수 발전소가 건설되었다.[297)]

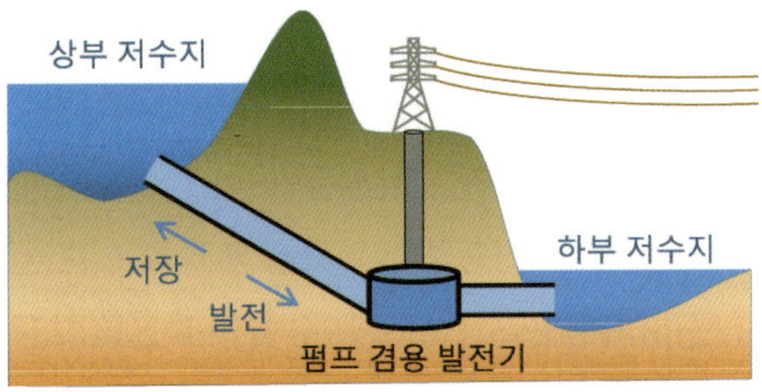

양수 발전소의 동작 원리

사람들이 전기를 사용하는 양이 항상 일정하다면 이런 걱정을 할 필요는 없을 것이다. 그런데 전기 사용량은 일정하게 되지 않았고 특히 낮과 밤의 차이가 심했다. 사람들이 깨어 있는 낮 시간은 전력 사용이 많다가 밤이 되면 전력 사용량이 줄어들어버리는 것이었다.

그래서 밤에는 전기 요금을 낮춰서 밤에 전력을 더 사용하게 만드는 방법을 생각했는데, 이것이 심야 전력 요금 제도이다.

아래의 그림은 양수 발전과 심야 전력 요금제의 효과를 정리한 것이다. 왼쪽 위 그림은 아무 것도 하지 않은 경우로 발전 용량은 최대 전력 사용량 이상이 되어야 한다. 오른쪽 위 그림은 양수 발전을 하는 경우로 양수 발전을 제외한 다른 발전기의 발전 용량이 좀 작아도 된다는 것을 보여주고 있다.

297) 우리나라의 경우, 청평, 삼랑진, 무주, 양양 등에 양수 발전소가 있다.

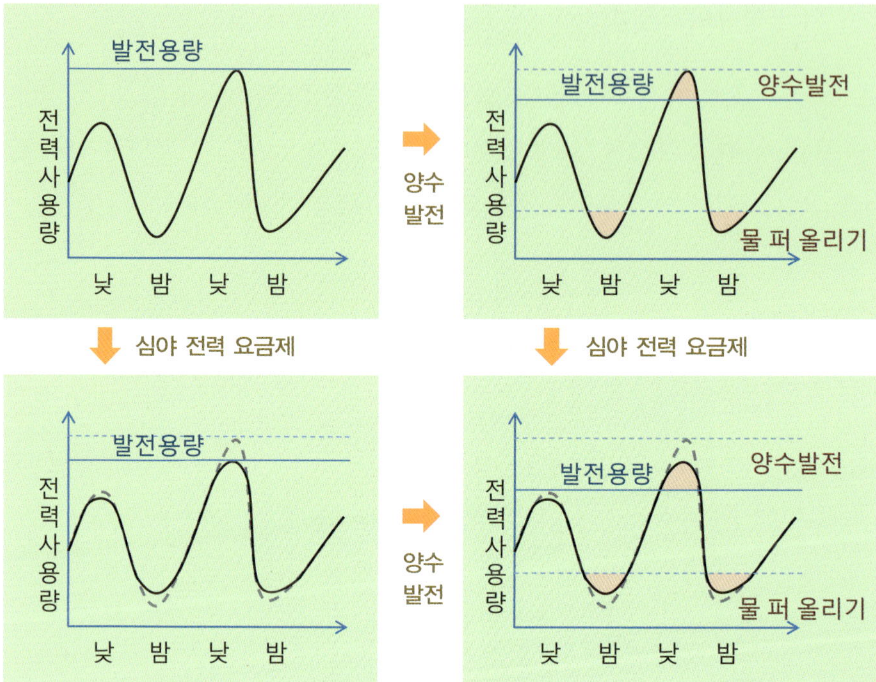

왼쪽 아래 그림은 심야 전력 요금제에 의해 밤의 전력 사용량이 늘어나고 낮의 사용량이 줄어든 경우를 보여주고 있다. 최대 전력 사용량이 줄어들었으므로 발전용량이 그 만큼 줄어도 된다. 오른쪽 아래 그림은 두 가지를 다 적용한 경우로 발전 용량을 상당히 줄일 수 있음을 보여준다.

1954년 소련에서 세계 최초의 원자력발전소인 Obninsk(Обнинская)가 가동된 것을 시작으로 1956년에는 영국의 Calder hall 원자력 발전소가 가동되었고, 1957년 미국의 Shippingport 원자력 발전소가 운전을 개시하였다. 전쟁 중에 대량 살상 무기로 사용되었던 원

고리 원자력 발전소(science.kongju.ac.kr)

자력의 평화적인 이용이 시작된 것이다.

원자력 발전소는 설치비용과 폐기 비용이 많이 들어가기는 하지만 발전 비용은 화력에 비해 훨씬 적게 들어간다. 그래서 수력 발전을 하기 어려운 나라의 경우 원자력 발전은 전력 문제를 해결할 수 있는 유일한 방법으로 여겨졌고, 세계 곳곳에 원자력 발전소가 세워지게 되었다.

원자력 발전소는 발전 단가가 화력보다 훨씬 낮지만, 일단 운전을 시작하면 발전량 조절이 대단히 어렵다는 특징을 가지고 있다. 그래서 원자력 발전소는 최대 발전량으로 계속 운전하는 것이 보통이다.

이것은 새로운 문제의 가능성을 가지고 있다. 원자력 발전이 운전되기 전에는 발전기의 효율적인 사용과 용량 감소를 위해 양수발전을 했는데, 이것은 원자력 발전을 하는 경우에도 마찬가지이다. 그러나 원자력 발전이 전체 발전의 상당 부분을 차지하는 경우를 생각해보자. 만약 전체 전력의 사용량이 원자력 발전소의 발전량 보다 적어진다면 어떻게 되겠는가?[298)]

이 경우 수력 발전과 화력 발전을 모두 중지하더라도 전기가 남게 된다. 그러면 전체의 전압이 올라가게 되고 전력 기기 뿐 만 아니라 공장의 기계, 가전제품 등에 무리가 가서 망가져 버릴 수도 있다.

물론 이런 극단적인 상황이 발생할 가능성은 아주 낮다. 그러나 원자력 발전소가 많아지면 그 만큼 더 많은 양수 발전소가 필요하게 된다는 것은 다시 설명할 필요가 없을 듯하다. 같은 이유로 심야 전력 제도도 확대되기 시작했다.

이런 여러 가지 일들이 일어나면서 전기를 사용하는 장치들은 계속 개발되었고, 전력 사용량도 점점 늘어났다. 우리나라의 경우 1961년부터 40년 간의 통계를 보면 상당히 빠른 속도로 전력 사용량이 늘어나고 있는 것을 알 수 있다. 물론 우리

298) 우리나라의 경우 원자력으로 발전하는 전력은 전체의 40% 정도 된다.

나라의 경제 발전이 빨랐기 때문에 다른 나라에 비해 전력 사용이 더 빨리 증가했지만, 전 세계적으로도 전력 사용량은 상당히 빠른 속도로 증가해 왔다.

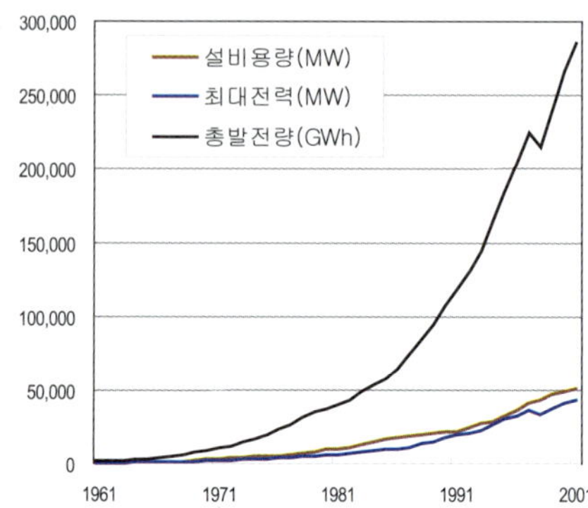

우리나라의 40년 간 전력 통계
(한국전력거래소)

전력이 늘어나면서 발전소와 변전소도 많아지고 송전선도 많아졌다. 전국의 송전선을 다 합치면 9억 m 정도가 된다고 하는데,[299] 이는 지구를 22500 바퀴 도는 길이로, 빛의 속도로 가더라도 50분이 걸리는 엄청난 길이이다. 사람들의 생활이 전기 기술을 이용하여 점점 윤택해지고 있는 동안 전국 곳곳에는 발전소들이 세워지고 전국의 산은 철탑으로 가득 차고 전국의 들판은 전봇대로 가득 차게 되었다.

1.27 미래는?

이제 발전소를 더 지을 곳도 마땅치 않고 철탑을 더 세워 자연 경관을 더 해치는 것을 사람들이 원하지도 않는다. 자연 경관 뿐만 아니라 환경에 대한 관심이 점점 커져가고 있다. 그러나 전력 사용량은 점점 늘어나고 있다.

전기를 사용하면 집에서 불을 땔 필요가 없어져서 집이 깨끗해진다. 그래서 전기가 깨끗하고 편리한 에너지로 각광을 받은 것이다. 그러나 발전소를 생각해보자. 화력발전소는 오염 물질과 이산화탄소를 내뿜는다. 원자력 발전소는 이산화탄소는 발생시키지 않지만, 방사능에 대한 우려가 있다. 수력은 공기를 오염시키지도

299) 정확히 말한다면 송전선과 배전선을 합친 것을 말한다.

않고 방사능을 내어놓지도 않지만 흐르는 물을 막음으로써 자연, 특히 생태계에 급작스러운 변화를 준다.

그래서 환경을 덜 손상시키면서 발전을 할 수 있는 방법에 대한 연구를 많이 하고 있다. 태양광 발전, 풍력 발전 등은 모두 이런 이유로 연구하고 있는 것이다. 태양광 발전이나 풍력 발전이 정말 환경을 덜 손상시키는지에 대해서는 논란이 있긴 하지만[300] 그렇다고 환경을 손상시키지 않는 명확한 다른 방법을 찾은 것도 아니다.

새로운 발전 방식은 대부분이 대형 발전기를 사용하는 방식이 아니다. 물론 태양광 발전 단지, 풍력 발전 단지를 조성할 수 도 있겠지만, 그것은 작은 발전기를 모아놓은 것이고, 발전 자체는 소형이다. 상가 건물이나 아파트 옥상에 태양광 발전 장치나 풍차를 하나씩 달 수 도 있는 것이다.

군데군데 이런 소형 발전기가 설치된다면 전력 공급 시스템 자체에도 변화가 올 수 있다. 지금까지는 대형 발전소에서 발전하여 보내주는 전기를 사용하기만 하는 체제였는데, 각 가정에서 발전을 할 수 도 있고, 아파트 단지 등 지역의 발전소가 생길 수 도 있다. 지역의 전력을 담당하는 회사가 생길 경우, 지역 회사끼리 전력을 팔고 사는 것이 일반화 될 수 도 있다.

또 한 가지 주목할 것은 직류이다.[301] 반도체 기술과 디지털 기술이 발전되면서 많은 가전 장치들이 내부에서는 직류를 사용한다. 컴퓨터, TV, 오디오 등 속칭 흑색 가전 기기는 완전히 직류로만 동작하므로 전원은 교류를 직류로 바꾸는 장치(power supply 라고 부르는)를 거쳐 회로에 연결된다.

냉장고, 세탁기, 에어컨 등 백색 가전 기기는 반도체 회로와 유도기를 사용하므로

300) 태양광 발전판(solar cell)은 제조 공정에서 많은 유해 물질이 발생하고, 풍차의 소음과 진동이 생태계를 교란한다는 것과 같은 것이다.

301) 과학동아 2005년 2월호 "전기의 웰빙 선언 직류로 돌아가자" 참조

신재생 에너지의 분류 (한국전력공사)

구분		정의
신에너지	연료 전지	수소, 메탄 및 메탄올 등의 연료를 산화(酸化) 시켜서 생기는 화학에너지를 이용하여 생산하는 에너지
	수소 에너지	수소를 기체 상태에서 연소시 발생하는 폭발력을 이용하여 생산하는 에너지
	석탄 액화 및 가스화	고체 상태인 석탄을 액화 및 가스화 하여 얻어지는 에너지로 가스터빈 및 증기터빈을 구동하여 생산하는 에너지
재생에너지	태양열	태양으로부터 방사되는 복사에너지를 흡수、저장하고, 열기관을 통하여 열로 변환시키어 생산하는 에너지
	태양광	반도체 소자에 일정량의 태양광을 입사, 그 전위차를 이용하여 생산하는 에너지
	바이오 에너지	각종 유기성 생물체를 변환시켜 얻어지는 기체、액체 또는 고체의 연료를 연소 또는 변환시켜 생산하는 에너지
	풍력	공기의 유동이 가진 운동에너지의 공기 역학적 특성을 이용하여 회전자를 회전시켜 생산하는 에너지
	수력	개천, 강, 호수 등에서 물의 흐름을 인공적으로 유도하여 수차터빈을 회전시켜 생산하는 에너지
	지열 에너지	지하에 존재하는 뜨거운 물(온천)과 돌(마그마)을 포함하여 땅이 가지고 있는 열을 이용하여 생산하는 에너지
	해양 에너지	해양의 조석, 파도, 온도차 등의 변환으로부터 얻어지는 에너지
	폐기물 에너지	가정 또는 사업장에서 발생되는 가연성 폐기물 소각시 발생하는 열을 이용하여 생산하는 에너지

교류와 직류가 함께 사용된다. 그러나 효율을 좋게 하기 위해서 인버터를 사용하는 방식이 많이 채용되고 있다. 인버터 방식이란 교류를 직류로 바꾼 다음 다시 적절한 주파수의 교류를 만들어 유도기에 공급해 주는 방식을 말한다. 즉, 직류로 동작하는 셈이다. 조명도 크게 다르지 않다. 인버터 스탠드, 삼파장 전구는 직류로 바꾸었다가 다시 높은 주파수의 교류를 만드는 방법을 사용한다. LED 조명은 직류를 사용한다.

가정 내 만이 아니라 공용 설비도 직류가 많아지고 있다. 거리의 신호등도 직류 방식인 LED 등으로 바뀌고 있고, 엘리베이터도 직류 방식이 많아지고 있는데, 특히 고속 엘리베이터는 직류를 사용하는 것이 많다. 전철도 직류 방식이 많아지고 있다.

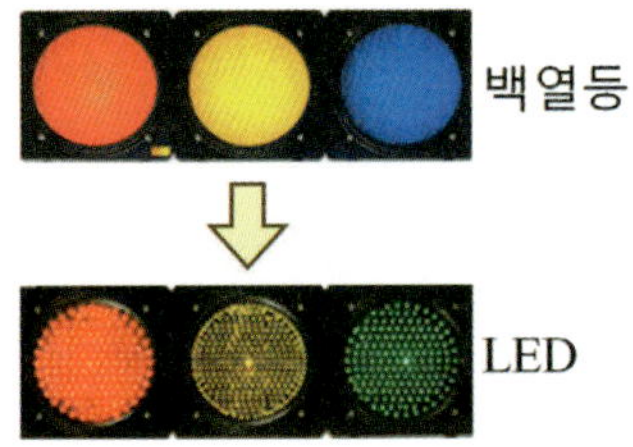

전기의 사용만이 직류화 되어가는 것은 아니다. 태양광 발전은 직류를 생산한다. 풍력 발전은 교류를 발전하지만, 풍차의 회전 속도가 항상 60 Hz가 되지 않으므로, 일단 직류로 바꾸었다가 60 Hz 교류를 만드는 방식을 사용한다. 조력, 파력 등도 마찬가지이다.

결국 전력을 전송하는 부분 만 교류로 남는다는 것인데, 전력 전송도 직류라서 안 될 이유는 없다. 전력 전송이 시작될 때는 전압을 높이 올릴 수 있기 때문에 교류를 사용했다. 그러나 지금은 반도체 기술의 발달로 직류의 전압도 높일 수 있다. 게다가 군데군데 작은 발전소들이 생긴다면 교류 전력선을 통하지 않고 직류를 발전하여 공급하고 직류를 사용하는 것이 훨씬 효율적일 것이다. 그리고 그 만큼 송전선의 역할은 줄어들지 않겠는가?

직류로 발전하고 직류를 사용하는 세상, 군데군데 친환경적인 발전기가 있고 보기 싫은 철탑이 없는 세상, 그런 세상이 될 것인가? 우리 모두가 어떻게 하느냐에 달려 있을 것이다.

02

| 제 2부 |

일반인은 몰라도 되는, 전문가는 알아야 되는 것들

2.1 쿨롱의 법칙

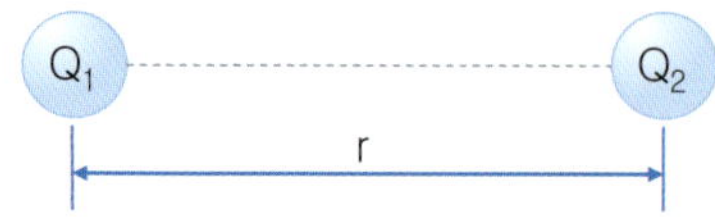

$f > 0$ ← →
$f < 0$ → ←

두 전하 사이의 힘은 두 전하량의 곱에 비례하고 거리의 제곱에 반비례한다는 것이 쿨롱의 법칙이다. 그림과 같이 전하를 가진 두 개의 공이 있다고 할 때, 두 공 사이의 힘 f를 식으로 나타내면 아래와 같이 된다.

$$f=k\frac{Q_1Q_2}{r^2}$$

식에서 f는 두 공 사이의 힘, Q_1, Q_2는 두 공의 전하량, r은 두 공 사이의 거리이다. k는 상수인데, 전하량, 거리를 어떤 단위로 나타내느냐에 따라 달라진다. f의 부호가 +이면 밀어내는 방향, −이면 당기는 방향의 힘이 된다. 힘의 단위는 N, 거리의 단위는 m, 전하량의 단위는 C (쿨롱)을 사용하는 MKS 단위계에서 k는 아래 식과 같이 된다.

$$k=\frac{1}{4\pi\epsilon_0}\simeq 9\times 10^9[Nm^2C^{-2}]$$

식에서 ϵ_0는 공기의 유전율인데, 뒤에서 다시 설명한다. (2.6 가우스의 법칙)

예를 들어 2 C의 음전하와 3 C의 양전하가 10 cm 떨어져 있다면 두 전하 간의 힘은 아래의 식과 같이 된다. 힘의 부호가 −이므로 서로 당기는 방향의 힘이 된다.

$$f=9\times 10^9\frac{(-2)\times 3}{(0.1)^2}=5.4\times 10^{13}[N]$$

2.2 볼타 전지에서 건전지까지

2.2.1 볼타 전지

볼타 전지는 양극으로 구리(Cu)를 음극으로 아연(Zn)을 사용하고 전해질로 황산(H_2SO_4) 용액을 사용한다. 아연판을 황산 용액에 담그면 화학적 성질에 의해 아연판에서 아연 이온(Zn^{++})이 황산 용액으로 녹아 나온다. 아연 이온 하나가 녹아 나올 때 아연판에 전자 2 개를 남기게 된다. 황산 용액 속에는 수소 이온(H^+)이 있는데, 수소 이온은 전자와 결합하여 수소 기체로 되려는 성질이 있다.

그러나 황산 속에 있는 수소 이온은 아연판에 남아있는 있는 전자 보다는 구리판에 있는 전자와 결합하려고 한다.[1] 그래서 아연판에는 전자가 남게 되는데, 아연판에 남는 전자가 많아지면서 점점 −극성이 되기 때문에 아연 이온이 계속 녹아 나오지는 않는다. 구리판에서 전자가 나오면서 구리판은 점점 전자가 부족해지면서 +극성이 되기 때문에 구리판에서도 전자가 계속 나오지 못한다.

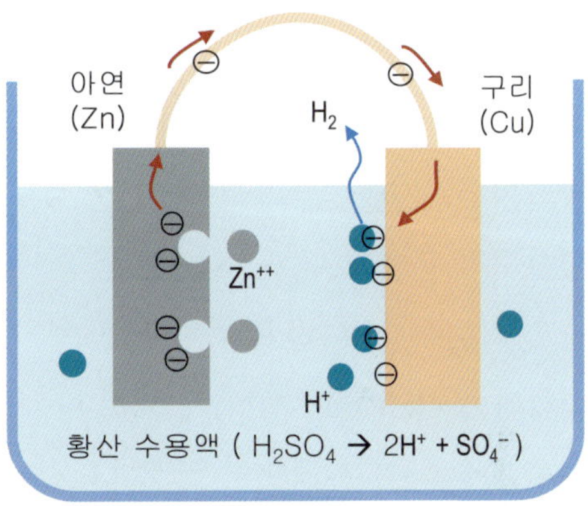

볼타 전지

아연판과 구리판 사이를 전선으로 연결하면 아연판에 있는 남는 전자가 전선을 통해 구리판으로 움직인다. 그리고 아연판에서는 아연이 계속 황산 용액 속으로 녹아나가고, 구리판에서는 수소 기체가 계속 발생하게 된다. 이런 과정이 계속되면서 전선에 전류가 흐르게 되는 것이다. 볼타전지의 발생 전압은 1.1V이다.

1) 이런 성질을 이온화 경향이라고 한다.

수소가 발생한다는 것은 몇 가지의 문제를 초래한다. 우선, 수소는 잘 타는 물질이기 때문에 실내에서 사용할 경우 폭발 위험이 있다. 그리고 구리판 표면에 수소 기포가 생기게 되는데, 기포가 많아지면 구리판과 황산 용액이 접촉하는 면적이 줄어들어 전류의 생산량이 줄어든다. 그래서 볼타 전지는 전압이 금방 낮아져 버리게 되는데, 이 현상은 수소가 아니라 다른 기체가 발생하더라도 마찬가지이다.

2.2.2 다니엘 전지

기체가 발생하지 않는 방식으로 볼타전지를 개선한 것이 다니엘 전지이다. 다니엘 전지는 두 전극을 같은 액체 속에 담그지 않는다. 아연판은 황산아연 용액에 담그고, 구리판은 황산구리 용액에 담가 두 화학 반응을 분리해준다. 이렇게 하면 물질의 화학적 성질(이온화 경향)에 의해 아연은 황산아연 용액으로 녹아 나오려 하고 (아연판에 전자를 남기고) 황산구리 속의 구리는 구리판에 붙으려 한다(구리판으로부터 전자를 받아서).

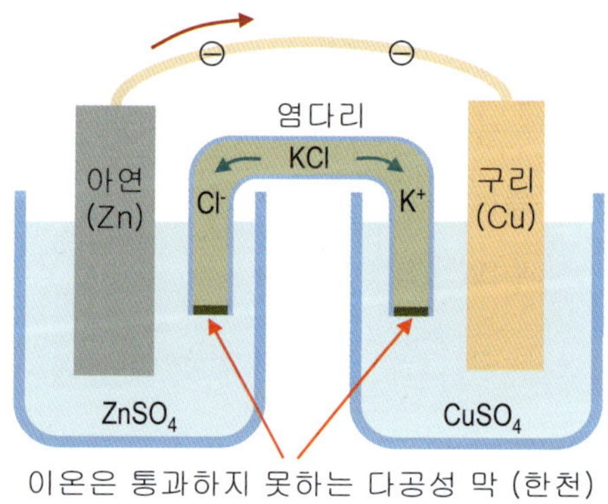

다니엘 전지

아연판과 구리판을 전선으로 연결하면 볼타전지와 마찬가지로 아연판에서 구리판으로 전자가 이동하면서 반응이 시작된다. 그러나 이대로는 황산아연 용액은 점점 더 +극성으로 되고, 황산구리 용액은 점점 더 −극성으로 되면서 반응이 계속되지 않는다.

반응이 계속되게 하기 위해서 염다리(salt bridge)라는 것을 둔다. 염다리는 속에 염화칼륨 등의 염이 채워져 있고 양 끝이 마개로 막혀져 있는 파이프인데, 양 끝을 막은 마개는 물은 통과하지만 이온은 통과하지 못하는 물질로 되어 있다.[2)] 앞에서 설명했던 전지 반응에 의해 황산아연 용액이 +가 되고 황산구리 용액이 −가 되면 염다리 속의 염소 이온(Cl^-)은 아연 쪽으로, 칼륨 이온(K^+)은 구리 쪽으로 움직인다. 마개가 없다면 용액들은 다 섞여버리겠지만, 마개 때문에 이온은 섞이지 않는다.

물론 아무 염이나 다 염다리에 쓸 수 있는 것은 아니다. 화학적 성질이 반응이 일어날 수 있는 것이어야 하는데, 자세한 것은 전기화학책이나 화학책을 참고하기 바란다. 염다리 속의 염화칼륨이 염소 이온과 칼륨 이온으로 완전히 분리되고 나면 더 이상 반응이 일어나지 않게 된다.

다니엘 전지는 볼타전지와 근본적으로는 같은 원리를 사용하고 있지만 각 화학 반응이 따로따로 일어나고 기체가 날아가거나 하는 일이 일어나지 않는다. 그래서 폭발 위험도 없고 구리판에 기포가 생겨서 전압이 떨어지지도 않는다. 또한 없어지는 물질이 없고 각 반응이 따로 일어나므로 전류를 반대 방향으로 흘려주면 충전이 된다.[3)]

2.2.3 납축전지

납축전지는 두 용액을 분리하지 않고도 기체가 발생하지 않고 충전이 가능한 전지이다. 납축전지는 양극에 이산화납을 사용하고 음극에는 납을 사용하며 황산 용액을 사용한다. 충 방전시의 화학 반응을 정리하면 다음과 같이 된다.

2) 한천이나 다공성 물질로 만들 수 있다.
3) 한 번 쓰면 끝나는 전지를 1차 전지(primary cell), 충전이 가능한 전지를 2차 전지(secondary cell)라고 부른다. 용액을 채우면 (충전이 아니라) 계속 쓸 수 있는 전지는 연료전지(fuel cell)라고 부른다.

양극		전해액		음극	방전 ⇄ 충전	양극		전해액		음극
PbO_2	+	$2H_2SO_4$	+	Pb	$\rightleftarrows$	$PbSO_4$	+	$2H_2O$	+	$PbSO_4$

납축전지는 염다리를 사용하지 않고도 충 방전이 가능하고 발생 전압도 2V의 높은 전압이므로 상당히 유용하다. 그래서 납축전지는 지금도 자동차 등에 사용되고 있다. 그러나 납을 사용하기 때문에 무겁고 산성이 강한 액체를 사용하기 때문에 밀봉을 잘 해야 된다.

2.2.4 건전지

건전지(乾電池, dry cell)는 액체를 사용하지 않는 전지이다. 지금은 여러 가지의 건전지가 사용되고 있는데, 처음 발명된 건전지는 망간(Mn)을 사용하는 것이었다. 망간전지는 양극으로 탄소(C)를 사용하고 음극으로 아연(Zn)을 사용한다.

전해질은 염화암모늄(NH_4Cl)인데 액체 상태가 아니라 전분과 반죽을 하거나 종이에 흡수시킨 상태로 되어 있다. 이대로 반응을 시키면 탄소 양극에서 수소가 발생하게 되는데, 탄소 양극의 주위를 이산화망간(Mn_2O_3)과 탄소 가루를 섞은 것을 두면 수소가 이산화망간과 반응하여 물이 된다.

건전지는 이런 방법을 사용하여 액체를 채우지 않고 만든 전지로, 양극에서 발생되는 물은 반죽이나 종이에 흡수되므로 출렁거리거나 흘러나오지 않는다. 밀봉을 더 잘 하기 위해서 아연으로 통을 만들고 그 속에 전해질과 양극이 들어있는 구조로 만든다. 망간전지는 충전할 수 없는 1차 전지로 발생 전압은

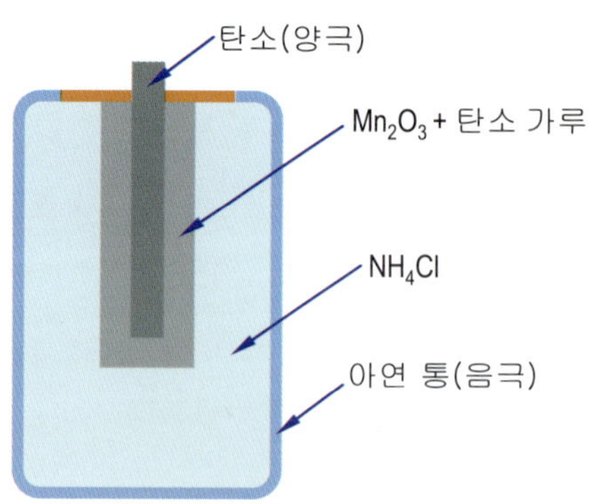

망간 건전지의 구조

1.5V인데, 지금도 많이 사용되고 있다.

2.2.5 2차 전지

2차 전지란 한 번 쓰고 버리는 것이 아니라 충전하여 계속 사용할 수 있는 전지를 말한다. 휴대용 장치들이 개발되면서 충전을 할 수 있는 2차 전지들이 많이 개발되어 사용되고 있는데, 대표적인 것들을 정리하면 아래와 같다.

	양극	음극	전해질	전압[V]
납축전지	PbO_2	Pb	H_2SO_4 수용액	2
니켈 카드뮴 전지	NiO(OH)	Cd	KOH 수용액	1.2
니켈 수소 전지	NiO(OH)	MH(H)	KOH 수용액	1.2
리튬이온 전지	$LiCO_2$	C(Li)	유기 전해액	3.6
리튬 폴리머 전지	$LiCO_2$	C(Li)	고형화 유기 전해액	3.7

2.3 미분과 적분

전기를 공부하려면 미분과 적분을 알아야 한다. 특히 전자기학에서는 미분과 적분을 많이 사용한다. 고등학교에서 미분 적분을 배우기 때문에 고등학교 수학을 공부했다면 계산을 어떻게 하는지는 알고 있겠지만, 정확한 의미를 알고 배우는 사람은 많지 않은 것 같다. 여기서는 미분 적분이 어떤 의미를 갖는지에 대해 설명하기로 한다.

2.3.1 미분

미분(微分, differentiation)이란 함수의 변화율을 계산하는 것(계산의 결과도 함수가 된다)이다. 예를 들어 차가 직선으로 달리고 있다고 할 때 차의 위치 s를 시간 t의 함수로 나타낼 수 있다.

$$s = f(t)$$

속도[4)]는 움직인 거리를 움직인 시간으로 나누면 계산된다. 한 시간 움직인 거리를 km로 나타내면 시속을 나타내는 km/h가 된다. 차가 한 시간 동안 일정한 속도로 달렸다면 이렇게 계산해도 지금의 순간 속도를 알 수 있다.

그런데 차의 속도가 변한다면 이와 같은 평균 속도는 지금 달리고 있는 순간 속도와는 다르다. 현재의 순간 속도는 더 짧은 시간 동안의 이동거리와 시간으로 계산을 해야 할 것이다.

1분 동안의 이동 거리로 계산하면 순간 속도에 더 가까워지고 1초 동안의 이동 거리로 계산하면 순간 속도에 더 가까워질 것이다. 즉 시간이 짧을수록 순간 속도에 가까운 값이 되는데, '더 이상 짧아질 수 없는 아주 짧은 시간' 동안 이동한 거리를 측정하면 '진짜 순간 속도'를 알 수 있다는 것이다.

더 이상 짧아질 수 없는 아주 짧은 시간을 수학에서는 dt라고 표시한다. 그 때의 아주 짧은 이동거리를 ds라고 표시하면 속도는 다음의 식과 같이 된다. 시간을 가로축, 위치를 세로축으로 해서 그래프를 그린다면 속도는 그래프의 기울기가 될 것이다.

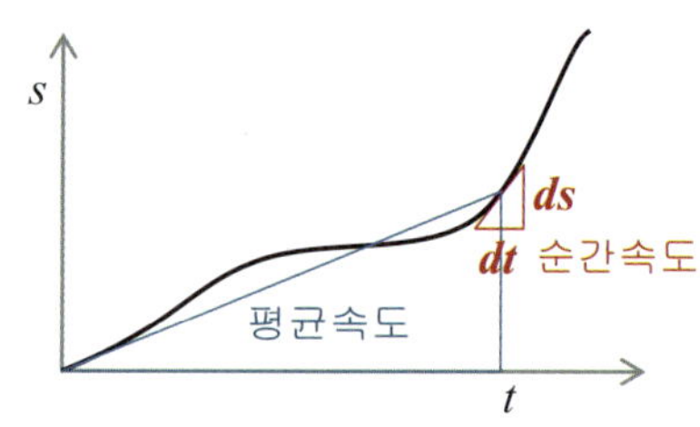

$$v = \frac{ds}{dt} = \frac{df(t)}{dt} = \frac{d}{dt}f(t) \qquad \left(= \lim_{\Delta t \to 0} \frac{\Delta s}{\Delta t}\right)$$

4) 속도는 벡터인데 영어로 velocity이고 속력은 스칼라로 영어로 speed이다.

2.3.2 적분

적분(積分, integration)은 미분과는 반대로 계속 쌓아나가는 것이다. 예를 들어 차가 어떤 속도로 달리고 있을 때 그때그때의 속도와 시간을 곱한 것을 계속 더해나가면 그 때까지의 이동 거리가 계산된다. 60 km/h로 한 시간 달리고 50 km/h로 한 시간을 달리면 두 시간 동안 110 km를 달렸다는 것을 알 수 있다.

이 경우도 마찬가지로 속도가 수시로 변할 때도 계산하려면 아주 짧은 시간 동안의 속도와 시간으로 계산해야 한다. 즉 속도와 아주 짧은 시간 간격을 곱한 $v \cdot dt$를 계속 더해야 한다. 계속 더하는 것을 나타내는 수학 기호인 integral을 사용하여 나타내면 다음과 같이 된다.

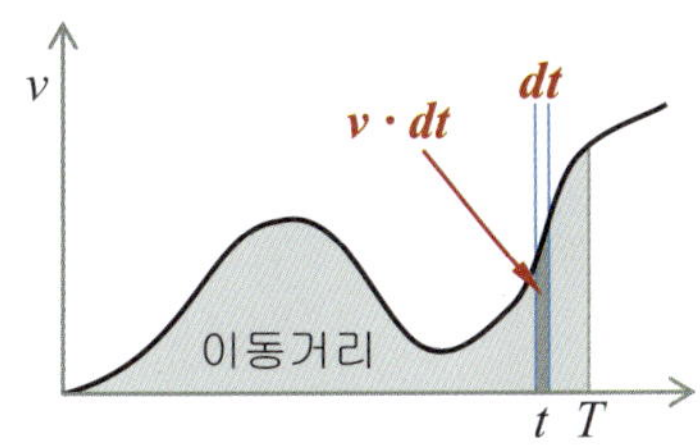

$$s=\int v \cdot dt \qquad \left(=\lim_{\Delta t \to 0} \sum_{t=0}^{T} (v \cdot \Delta t)\right)$$

시간을 가로축, 속도를 세로축으로 해서 그래프를 그리면 그 시간까지 그래프와 가로축 사이 부분의 면적이 이동 거리가 된다. (그림의 회색 부분의 면적)

2.4 벡터 함수

"어떤 x값에 대해 y의 값이 하나 만 대응되는 관계를 x에서 y로의 함수(function)라고 한다."라는 것이 함수의 정의이다.

여기서 x값, y값이란 어떤 숫자를 말하는데, 고등학교 까지는 실수(real number) 범위에서 생각한다. 이 값이 실수인 경우는 스칼라(scalar) 함수라고 부르고, 복소

수(complex number)이면 복소함수, 벡터(vector)이면 벡터함수라고 부른다.

예를 들어 아래의 그림과 같이 방 안의 각 위치의 온도를 위치의 함수로 나타낸다고 해보자. 우선 방의 각 점의 위치를 xyz 좌표를 사용하여 나타내야 할 것이고 그 위치 (x, y, z)에서의 온도 T를 x, y, z의 식으로 (함수로) 나타낼 수 있을 것이다.

$$T=f(x, y, z)$$

온도의 경우에는 몇 도인지를 숫자 하나로 나타낼 수 있으므로 위의 식과 같이 나타내면 된다. 하지만 나타내고자 하는 것이 온도가 아니라 공기가 움직이는 속도라고 하면 크기만 나타내는 것으로는 부족하다. 공기의 흐름은 방향이 있기 때문에 크기와 함께 방향도 표시해야 된다는 것이다.

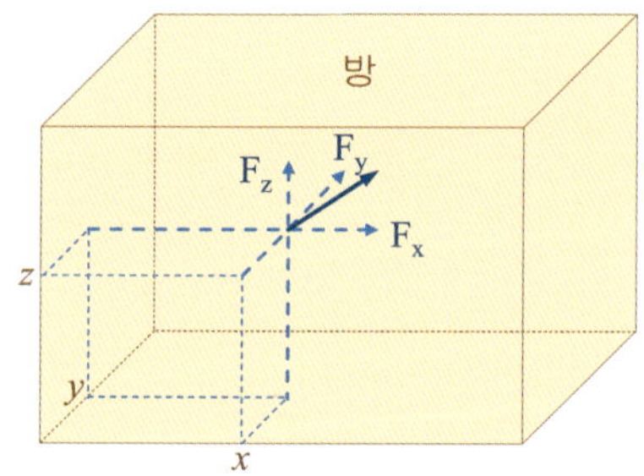

크기와 방향을 표시하려면 x 성분, y 성분, z 성분으로 표시해야 할 것이다. 세 성분을 따로따로 나타내도 되지만, 수학적으로 처리하기 위해서 묶어서 표시하는 것이 벡터 함수이다.

$$\vec{F}=(F_x, F_y, F_z)$$
$$F_x=f_x(x, y, z)$$
$$F_y=f_y(x, y, z)$$
$$F_z=f_z(x, y, z)$$

이 식은 벡터 함수를 x, y, z 세 성분 F_x, F_y, F_z으로 나타낸 것인데 각 성분은 x, y, z의 함수(스칼라)가 된다. 벡터를 표현하는 방법은 여러 가지가 있는데, 이 책에서는 위의 식과 같이 세 성분을 괄호로 묶어서 나타내는 방법을 사용하기로 한다.

전자기의 경우에도 스칼라로 나타내야 될 양이 있고 벡터로 나타내야 될 양이 있다. 전기장, 자기장 등은 크기와 방향을 가지고 있으므로 벡터를 사용해서 나타내야 한다. 그러나 전하량, 전위(전압)와 같은 것 들은 방향이 없이 크기만 있는 양이므로 스칼라를 사용해서 나타내야 한다.

2.5 Gradient, divergence, curl

전자기학은 전기장과 자기장을 벡터 함수로 표현하고 벡터 함수에 미분, 적분, gradient, divergence, curl 등의 연산을 하는 것이 기본이다. 따라서 전자기학을 이해하기 위해서는 이런 연산들을 이해할 필요가 있다. 시간에 대한 미분과 적분에 대해서는 앞에서 설명했으므로 여기서는 공간에 대한 미분 연산인 gradient, divergence, curl에 대해 설명한다.

이 책은 수학책도 전자기학 책도 아니므로, 계산 방법 등에 대해 자세히 설명하지는 않는다. 이 책에서 설명하는 것은 어떤 원리로 이런 계산이 되는가 하는 것으로, 연산자들이 무엇을 계산하는 것인지를 이해하기 위한 것이다. 설명 중에 계산 방법을 잘 모르는 부분이 있으면 수학책이나 전자기학 책을 참고하기 바란다.

Gradient, divergence, curl은 공간적인 미분 연산인데, 이 세 연산은 nabla라고 부르는 연산자 ▽를 사용한다. Nabla는 벡터는 아니지만 벡터와 같은 방법으로 표현하고 벡터와 같은 방법으로 사용할 수 있는 미분 연산자이다.

$$\nabla = \left(\frac{\partial}{\partial x}, \frac{\partial}{\partial y}, \frac{\partial}{\partial z}\right)$$

Nabla 연산자의 표기법의 예를 들면 다음 식과 같이 된다.

$$\nabla f=\left(\frac{\partial}{\partial x}, \frac{\partial}{\partial y}, \frac{\partial}{\partial z}\right)f=\left(\frac{\partial f}{\partial x}, \frac{\partial f}{\partial y}, \frac{\partial f}{\partial z}\right)$$

$$\nabla \cdot \vec{F}=\left(\frac{\partial}{\partial x}, \frac{\partial}{\partial y}, \frac{\partial}{\partial z}\right) \cdot (F_x, F_y, F_z)$$

$$=\frac{\partial F_x}{\partial x}+\frac{\partial F_y}{\partial y}+\frac{\partial F_z}{\partial z}$$

식에서 $\frac{\partial f}{\partial x}$는 함수 f를 y, z는 상수라고 생각하고 x에 대해서만 미분을 한다는 의미로 편미분(偏微分, partial differentiation)이라고 부르는 기호이다. Nabla는 x, y, z를 사용하는 직교 좌표계(rectangular coordinate)[5)]에서는 위의 식과 같이 되지만, 원통좌표계(cylindrical coordinate) 나 구좌표계(spherical coordinate)에서는 식이 달라진다.

2.5.1 Gradient

Gradient는 기울기를 뜻하는데, 구배(勾配)라고도 부른다. 이 연산자는 스칼라 함수에 적용하고 결과는 벡터 함수가 된다.

gradient의 의미

예를 들어 위치를 xy 좌표로 나타내고 위치에 따른 땅의 높이를 $f(x, y)$라는 함수로 나타내면 이 함수의 gradient는 그 점에서의 땅의 기울기를 나타내게 된다. 그 위치에 공을 두면 gradient가 가리키는 방향으로 굴러가게 되는데, gradient의 크기가 클수록 더 많이 가속된다.

지금 예로 든 것은 x-y로 나타낸 2차원의 경우인데 3차원의 경우에도 마찬가지

5) 데카르트 좌표계(Cartesian coordinate)라고 부르기도 한다.

의미가 된다. 예를 들어 방의 한 점의 온도를 나타내는 함수(스칼라)에 gradient를 하면 그 점에서의 온도의 기울기, 즉 열이 흐르는 방향과 크기를 나타내는 벡터 함수가 나온다. 전자기학에서도 물론 3차원 함수를 사용해야 한다. Gradient를 계산하는 방법은 아래와 같다.

$$grad\, f = \nabla f = \left(\frac{\partial f}{\partial x}, \frac{\partial f}{\partial y}, \frac{\partial f}{\partial z}\right)$$

이 계산의 의미를 살펴보기로 한다. $\frac{\partial f}{\partial x}$는 함수 f의 x방향의 기울기를 의미한다. y와 z에 대해서도 마찬가지이므로 gradient의 의미는 아래와 같이 된다.

$$grad\, f = \nabla f = (x\text{방향의 기울기}, y\text{방향의 기울기}, z\text{방향의 기울기})$$

벡터의 각 성분이 그 방향으로의 기울기이므로 grad는 기울기를 벡터로 나타낸 것이 된다.

2.5.2 Divergence

Divergence는 발산(發散)이라고도 부르는데, 각 점에서 바깥으로 나가는 양이 얼마나 되는지를 나타낸다. 벡터 함수에 적용하고 결과는 스칼라 함수가 된다.

예를 들면 방 안의 각 점의 공기의 흐름을 나타내는 함수(벡터 함수)에 divergence 연산을 하면 각 점에서 바깥으로 나가는 공기의 양을 나타내는 스칼라 함수가 된다. 이 스칼라 함수의 값은 공기가 만들어지거나 없어지지 않는 점에서는 0이 될 것이다. 열의 경우라면 발열이 있는 점의 divergence는 양의 값이 되고 냉각을 하는 점의 divergence는 음이 될 것이다. Divergence는 아래와 같은 식으로 계산한다.

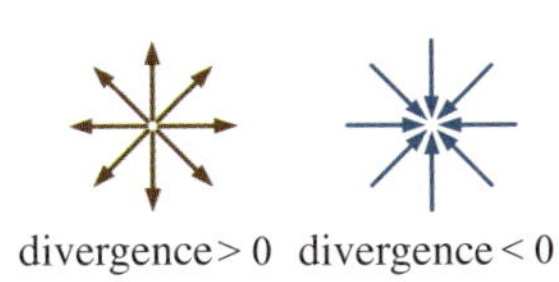

divergence의 의미

$$div\ \vec{F} = \nabla \cdot \vec{F} = \frac{\partial F_x}{\partial x} + \frac{\partial F_y}{\partial y} + \frac{\partial F_z}{\partial z}$$

이 식의 계산 결과가 바깥으로 퍼져나가는 양을 계산하는 것이 맞는지 확인해 보기로 한다. 식의 첫 번째 항 $\frac{\partial F_x}{\partial x}$는 $\vec{F}$함수의 x성분을 x에 대해서 미분한 것이다. 아래의 그림 (a)가 이 값이 양(+)인 경우를 도식화한 것인데, 양이라는 것은 왼쪽보다 오른쪽이 F_x의 값이 더 크다는 것을 의미한다.[6] 즉 이 점에서는 들어오는 것보다 나가는 것이 더 크다는 의미이다.

두 번째 항은 $\vec{F}$함수의 y성분을 y에 대해서 미분한 것으로, 그림의 (b)에 이 값이 양인 경우를 나타내었다. 세 번째 항은 $\vec{F}$함수의 z성분을 z에 대해서 미분한 것인데 그림에는 표시하지 않았다. 세 방향에 대한 것을 다 합친 것이 divergence로 그 점에서 밖으로 나가는 양이 얼마인지를 나타낸다.

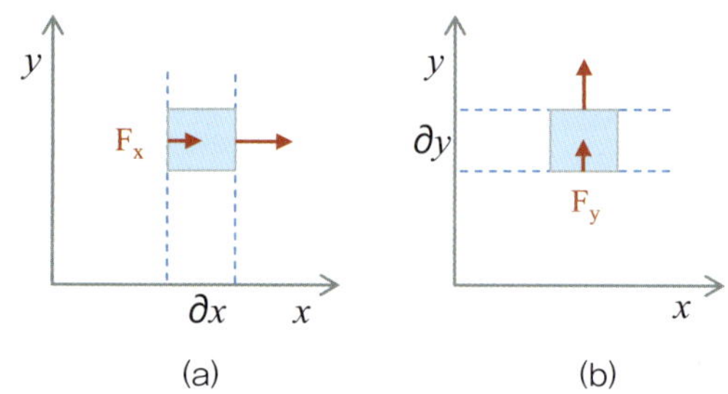

divergence 의 계산 과정

2.5.3 Curl

Curl은 회전이라는 뜻으로 rotation이라고 부르기도 한다. 벡터 함수에 적용하고 결과도 벡터 함수가 된다.

Divergence는 밖으로 나가는 양을 나타내는 것이었으므로 하나의 숫자 즉 스칼라로 나타낼 수 있는 것이었다. 이와는 달리 회전의 경우는 어떤 축을 중심으로 어느 방향으로 회전하느냐를 표시해야 하므로 결과도 벡터로 표시해야 한다.

6) $y=f(x)$의 그래프에서 미분이 양이라는 것은 기울기가 양이라는 의미로 x가 커질수록 y도 커진다는 것을 생각하면 이해가 될 것이다.

회전이라고 하는 것은 축을 중심으로 도는 것만을 이야기하는 것은 아니다. 예를 들어 물이 흐르고 있는 경우 물의 모든 부분이 똑 같은 속도로 흐르고 있다면 curl은 0이 되지만, 흐름이 위치에 따라 다르다면 0이 되지 않는다. 그림은 축 중심으로 회전하는 성분이 없는 경우와 있는 경우를 나타낸 것이다.

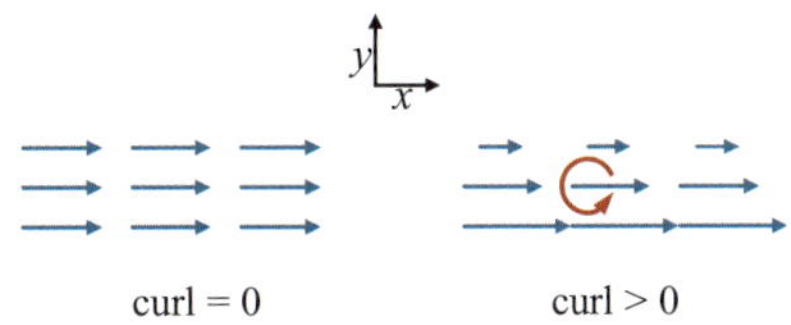

curl의 의미

$$curl\,\vec{F} = rot\,\vec{F} = \nabla \times \vec{F}$$

$$= \begin{vmatrix} (x\text{성분}) & (y\text{성분}) & (z\text{성분}) \\ \dfrac{\partial}{\partial x} & \dfrac{\partial}{\partial y} & \dfrac{\partial}{\partial z} \\ F_x & F_y & F_z \end{vmatrix}$$

$$= \left(\frac{\partial F_z}{\partial y} - \frac{\partial F_y}{\partial z}, \frac{\partial F_x}{\partial z} - \frac{\partial F_z}{\partial x}, \frac{\partial F_y}{\partial x} - \frac{\partial F_x}{\partial y} \right)$$

같은 방법으로 식의 의미를 분석해보자. 예를 들어 z성분은 $\frac{\partial F_y}{\partial x} - \frac{\partial F_x}{\partial y}$가 된다. 이 중에서 첫 번째 항은 $\vec{F}$ 함수의 y성분을 x에 대해서 미분한 것이다. 그림의 (a)에 이 값이 양인 경우를 나타내었다. 왼쪽보다 오른쪽이 y방향으로 올리는 성분이 크므로 반시계 방향으로 회전한다는 의미가 된다.

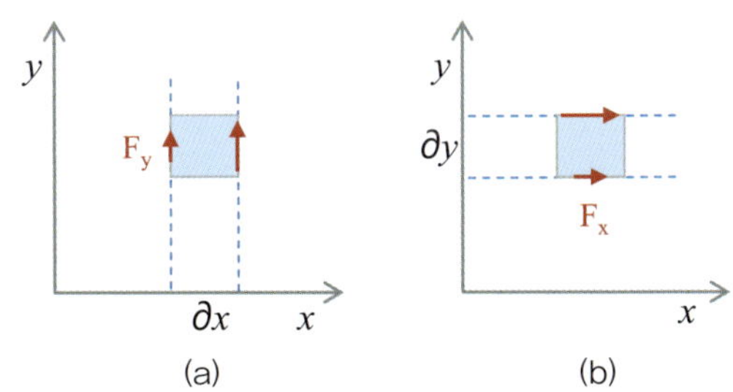

curl의 계산 과정

두 번째 항이 양인 경우를 (b)에 나타내었는데, 이 경우는 시계 방향으로 회전한다는 의미가 된다. 회전 방향은 오른손 나사 방향을 +로 잡기로 되어 있으므로, z축 기준으로는 반시계 방향이 +가 된다. 그래서 (첫 번째 항)−(두 번째 항)을 하면 z축 중심의 회전 성분이 되는 것이다. x방향과 y방향도 같은 방법으로 계산할 수 있다.

2.5.4 요약

지금까지 설명한 세 연산자를 정리하면 아래와 같이 된다.

	의미	피연산자	연산 결과	연산 기호	연산 방법
Gradient	기울기	스칼라 함수	벡터 함수	∇f	$\left(\frac{\partial f}{\partial x}, \frac{\partial f}{\partial y}, \frac{\partial f}{\partial z}\right)$
Divergence	발산량	벡터 함수	스칼라 함수	$\nabla \cdot \vec{F}$	$\frac{\partial F_x}{\partial x} + \frac{\partial F_y}{\partial y} + \frac{\partial F_z}{\partial z}$
Curl	회전량	벡터 함수	벡터 함수	$\nabla \times \vec{F}$	$\left(\frac{\partial F_z}{\partial y} - \frac{\partial F_y}{\partial z}, \frac{\partial F_x}{\partial z} - \frac{\partial F_z}{\partial x}, \frac{\partial F_y}{\partial x} - \frac{\partial F_x}{\partial y}\right)$

2.6 가우스의 법칙

전자기학에서는 전하가 있을 때 그 전하의 주위로 전기력선이라는 것이 방출된다고 생각한다. 방출되는 전기력선의 수는 전하량에 비례한다. 즉 전하량이 두 배이면 방출되는 전기력선의 개수가 두 배라고 생각하는 것이다. 전기력선은 +전하에서 나와서 −전하로 들어가는데, 중간에 끊어지거나 전기력선끼리 만나지 않는다.

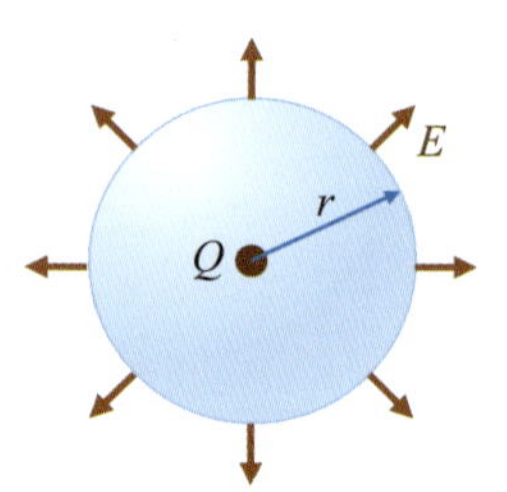

그림처럼 가상의 구가 있고 그 구의 중심에 전하량 Q인 양전하가 있다고 생각해보자. 그러면 전하에서 전기력선이 퍼져나갈 것이고 가상의 구를 수직으로 뚫고 지나

가게 될 것이다. 그림은 양전하의 경우이고, 중심에 음전하가 있으면 전기력선이 바깥에서 안으로 들어가게 된다.

구 면에서의 전기장의 세기가 E라고 할 때, 구의 표면적은 $4\pi r^2$이므로 구 표면 전체의 전기력선을 다 합한 것은 $4\pi r^2 E$가 되는데, 이것이 전하량 Q에 비례한다는 것이 가우스 법칙이다.

어떤 전하가 있을 때 그 전하를 완전히 둘러싸는 폐곡면이 있다면, 폐곡면의 크기나 모양에 상관없이 폐곡면으로 지나는 전기력선의 개수는 전하가 내놓는 전체의 전기력선의 개수가 될 것이다. 이것을 수학적으로 표현하면 아래와 같이 된다.

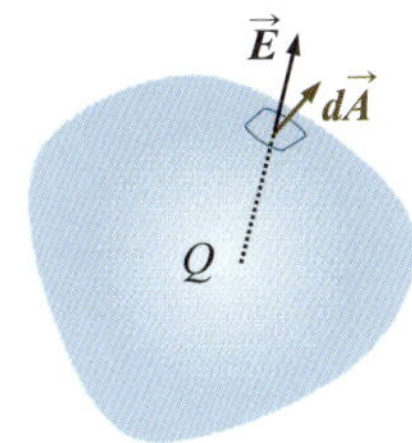

$$\oint \vec{E} \cdot d\vec{A} = \frac{Q}{\epsilon}$$

식에서 ϵ는 유전율(誘電率, permittivity)이라고 부르는 상수인데, 공간이 어떤 물질로 채워져 있느냐에 의해 정해진다.[7] 유전율은 물질에 따라 다른데 공기의 유전율은 보통 ϵ_0라는 문자로 표현하고 MKS 단위계에서는 $8.854 \times 10^{-12}[F/m]$가 된다.

양전하가 있는 점을 생각해보자. 이 점에서는 전기력선이 만들어져서 바깥으로 퍼져나가므로 divergence가 양이 되는 점이다. 음전하가 있는 점은 divergence가 음이 될 것이고 전하가 없는 점은 divergence는 0이 될 것이다. 식으로 나타내면 아래와 같이 된다. 식에서 ρ는 전하의 밀도이다.

$$\nabla \cdot \vec{E} = \frac{\rho}{\epsilon}$$

7) 유전율은 그 물질이 +와 −로 얼마나 잘 분리되는지를 나타내는 것이다. 즉 유전율이 클수록 더 잘 분리되는 물질이다.

지금 설명한 것은 전하에 의한 전기장을 가우스 법칙으로 설명한 것인데, 자기장의 경우에도 같은 방법으로 가우스 법칙을 적용할 수 있다. 그런데 자기는 전기와는 한 가지 큰 차이가 있다. 전하는 +와 −가 따로따로 하나씩 존재할 수 있지만, 자석의 경우에는 N극 또는 S극 만 따로 존재할 수가 없다.

그래서 어떤 폐곡면을 잡아도 그 안에 있는 N극의 양과 S극의 양은 같게 되고 식은 다음과 같이 된다.

$$\oint \vec{B} \cdot d\vec{A} = 0$$

$$\nabla \cdot \vec{B} = 0$$

2.7 앙페르 법칙

전류가 흐르면 그 전류 주위에 오른나사 방향으로 회전하는 자기장이 발생된다. 이것이 앙페르의 오른나사 법칙인데, 앙페르의 법칙은 방향만을 말하고 있는 것은 아니고, 자기장의 세기에 대해서도 설명하고 있다.

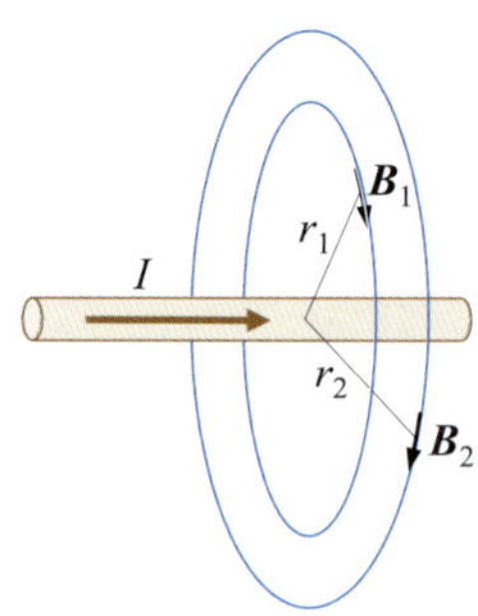

그림이 앙페르의 법칙을 설명하고 있다. 전선에 전류 I가 흐르면 오른 나사 방향으로 회전하는 자기장이 생기는데, 반지름이 r_1인 곳의 자기의 세기는 B_1이고 반지름이 r_2인 곳의 자기의 세기는 B_2라고 하자.

그러면 반지름 r_1인 원의 둘레를 따라 자기의 세기를 더한 $2\pi r_1 B_1$과 반지름 r_2인 원의 둘레를 따라 자기의 세기를 더한 $2\pi r_2 B_2$는 같은데, 이 값은 전류에 비례한다는 것이다. 즉 식으로 나타내면 다음과 같이 된다.

$$2\pi r_1 B_1 = 2\pi r_2 B_2 \propto I$$

원이 아니라 어떤 폐곡선이든 그 폐곡선의 둘레를 따라 자기의 세기를 다 합한 것과 그 폐곡선으로 둘러싸인 면을 지나는 전류의 크기는 비례한다는 것이 앙페르의 법칙이다. 모양에 상관없이 폐곡선이기만 하면 이 법칙이 성립한다.

어떤 모양이든 성립하는 것을 나타내기 위해서는 적분 형식을 사용해야 한다. 앙페르의 법칙을 적분 형식의 수식으로 표현하면 아래와 같이 된다.

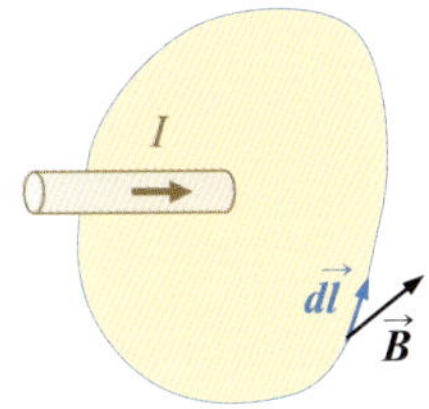

$$\oint \vec{B} \cdot d\vec{l} = \mu I$$

식에서 μ는 투자율(透磁率, permeability)이라는 상수로, 공간이 어떤 물질로 채워져 있느냐에 따라 결정된다.[8] 공기의 투자율은 보통 μ_0라는 문자로 나타내는데, MKS 단위계에서의 값은 $4\pi \times 10^{-7}[H/m]$가 된다.

이 식은 적분을 사용하여 나타낸 식으로 그림과 같이 폐곡선을 그린 경우에 성립하는 식인데, 앙페르의 법칙 역시 한 점에서도 성립한다. 즉 전류가 흐르고 있는 점에서의 자기가 회전하는 방향은 오른나사의 방향이 되고 크기는 그 점의 전류 밀도와 비례하게 된다. 한 점에서의 식은 아래와 같이 curl을 사용해서 나타낼 수 있다. 식에서 J는 전류 밀도이다.

$$\nabla \times \vec{B} = \mu \vec{J}$$

8) 주변의 자기장과 같은 방향으로 자화되는 정도를 나타낸다. "2.21 강자성, 반자성" 참조

2.8 패러데이의 전자기 유도 법칙

패러데이는 자기장이 변하면 전기가 발생된다는 것을 발견하고, 그것을 자기력선이라는 개념을 통해 설명했다. 패러데이가 말한 것은 발생되는 전압은 자기력선의 변화량에 비례한다는 것이다.

자기력선의 개념을 이용하여 패러데이의 법칙을 설명하면 그림과 같이 된다. 그림은 자기력선이 고리 (한 바퀴 감긴 전선, loop) 사이를 지나고 있는 모습이다. 여기서 Φ는 자기력선의 밀도인데 이 값이 클수록 더 많은 자기력선이 있다고 생각한다. 고리의 면적이 크면 더 많은 자기력선이 지나가게 되고, 자기가 강하면 같은 면적이라도 더 많은 자기력선이 지나간다는 의미이다.

자기장이 변하는 경우 발생되는 전압은 자기력선의 변화량에 비례한다는 것이 패러데이의 법칙인데, 식으로 나타내면 다음과 같이 된다.

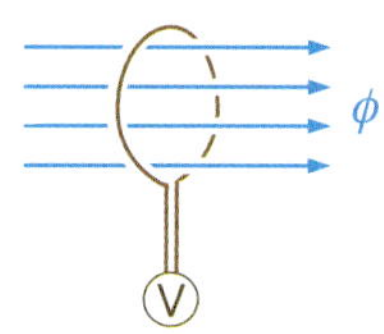

$$V = -\frac{d\Phi}{dt}$$

식에 −부호가 붙은 것은 자기장이 커질 때 발생되는 전류의 방향이 자기장이 커지는 것을 방해하는 방향이기 때문이다. 자기장이 작아지면 자기장을 유지하는 방향의 전류가 흐르게 된다. 이 현상의 방향만을 알기 쉽게 정리한 것이 “자기장의 변화를 방해하는 방향으로 전류가 흐른다”라는 렌츠의 법칙이다.

패러데이의 법칙도 앙페르 법칙처럼 고리가 어떤 모양이 되더라도 성립하는 수식으로 나타낼 수 있다. 그림과 같은 임의의 폐곡선이 있다고 할 때 그 폐곡선 내부를 지나는 자기장의 변화에 의해 폐곡선의 전압이 정해진다는 것이다. 식에서 $\boldsymbol{E}$는 전기장의 세기인데, “2.6 가우스의 법칙”에서 사용

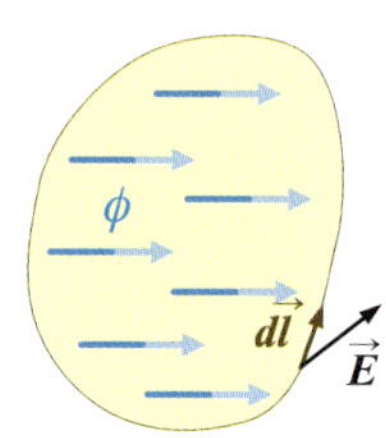

한 적이 있다.

$$\oint \vec{E} \cdot d\vec{l} = -\frac{d\Phi}{dt}$$

앙페르의 법칙과 마찬가지로 패러데이 법칙 역시 한 점에 대해서도 성립한다. 즉 한 점에서 전기가 회전하는 성분은 그 점의 자기장 밀도의 변화율과 비례하게 된다. 그 경우를 나타내는 식은 아래와 같이 curl을 사용한 미분식이 된다.

$$\nabla \times \vec{E} = -\frac{\partial \vec{B}}{\partial t}$$

2.9 맥스웰 방정식과 전자기파

맥스웰 방정식은 표현할 수 있는 방법이 여러 가지가 있는데, 크게 나누어 미분식으로 나타내는 방법과 적분 식으로 나타내는 방법이 있다. 여기서는 미분을 사용하여 나타낸 것 중 한 가지를 보인다.

$$\nabla \cdot \vec{E} = \frac{\rho}{\epsilon} \quad \text{(가우스 법칙)}$$

$$\nabla \cdot \vec{B} = 0 \quad \text{(가우스 법칙)}$$

$$\nabla \times \vec{B} = \mu \vec{J} + \mu\epsilon \frac{\partial \vec{E}}{\partial t} \quad \text{(앙페르 법칙+변위 전류)}$$

$$\nabla \times \vec{E} = -\frac{\partial \vec{B}}{\partial t} \quad \text{(패러데이 법칙)}$$

맥스웰은 앙페르 법칙을 나타내는 식에 변위 전류(displacement current)에 해당되는 항을 추가했다. 변위전류란 실제로 전류가 흐르지는 않지만 전류가 흐르는 것과 같은 효과가 나타나는 것으로, 대표적인 예는 커패시터에 교류를 걸었을 때의 전류이다.[9)] 커패시터는 평행한 두 도체 판으로 되어 있는데 두 도체 판 사이에 실제로 전자가 이동하지는 않는다. 그러나 교류 전압을 가하면 도체 판에 전자가 모였다 다시 나왔다 하면서 전류가 흐르는 것처럼 된다. (2.14 커패시턴스와 전압 변화) 이 현상은 회로의 관점에서 보면 전류로 보이지만, 커패시터 내부에서 일어나는 현상이라는 관점에서 보면 전기장의 변화가 된다.

맥스웰 방정식은 전자기파가 존재할 것을 알려주고 있는데 개념적으로 알아보기로 한다. 맥스웰 방정식 중 관련 있는 두 개만 생각해보자. 그리고 공간에 전파되는 것에 대한 이야기이므로 전류는 0이 된다.

$$\nabla \times \vec{B} = \mu\epsilon \frac{\partial \vec{E}}{\partial t}$$

$$\nabla \times \vec{E} = -\frac{\partial \vec{B}}{\partial t}$$

첫 번째 식은 전기장이 변하면 그 주위를 도는 자기장이 생긴다는 것을 나타내고 있다(a). 전기장이 계속 변한다면 회전하는 자기장도 계속 변할 것이다. 두 번째 식은 자기장이 변하면 그 주위를 도는 전기장이 생긴다는 것을 나타낸다. 두 번째 식에서 알 수 있는 것은 회전하는 자기장은 다시 회전하는 전기장을 만들어 낸다는 것이다(b).

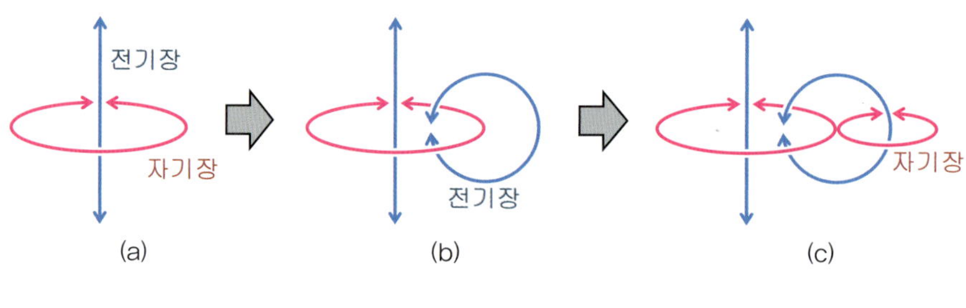

(a) (b) (c)

9) 전류에는 세 가지 종류가 있다. 전선에 흐르는 전류는 전도 전류(傳導 電流, conduction current)라고 부르고, 진공관 속에서 전자가 움직이는 것과 같은 형태의 전류를 대류 전류(對流 電流, convection current)라고 부른다. 세 번째의 형태가 변위 전류(變位 電流)이다. 열전달에 비유해서 전도 전류는 전도, 대류 전류는 대류, 변위 전류는 복사와 비슷하다고 생각해도 된다.

변하는 전기장은 변하는 자기장을 만들고, 변하는 자기장은 변하는 전기장을 만드는 과정이 반복되어 전기장과 자기장이 맞물리면서 전 공간으로 뻗어나가게 된다(c).

그림에서 알 수 있듯이 전기장과 자기장은 항상 수직이 되고, 전자기파의 진동수는 처음 전기장을 진동시킨 진동수와 같게 된다. 그림에는 전기력선, 자기력선은 하나씩 만 그렸지만, 실제로는 수많은 전기력선 자기력선이 생겨 전자기파는 넓은 공간으로 퍼져나가게 된다.

위의 두 식을 미분과 벡터가 함께 사용되는 어려운 수학을 사용하여 잘 정리하면 전자기파를 표현하는 식을 만들 수 있는데, 그 식에서 전자기파의 전파 속도가 계산된다.

공기 중(또는 진공 중)이라고 하면 전자기파의 속도는 다음의 식과 같이 계산 되는데, 이는 공기 중의 빛의 속도와 같은 값이다. 그래서 맥스웰은 빛도 전자기파의 일종이라고 한 것이다.

$$(\text{공기 중 전자기파 속도}) = \frac{1}{\sqrt{\epsilon_0 \mu_0}} = 3.0 \times 10^8 [m/s]$$

아래의 그림은 빛을 포함한 전자기파의 파장과 주파수에 따른 응용 예를 나타낸 것이다.[10] 위에 있는 눈금은 파장을 나타내고 아래에 있는 눈금은 주파수를 나타낸다. 전자기파의 속도는 (주파수)×(파장)으로 계산되는데, 전자기파는 주파수가 빨라질수록 파장이 짧아지는 성질이 있어서 속도는 항상 일정하게 된다.

10) 소리와 초음파는 공기나 물이 진동하는 종파(縱波)로 전자기파가 아니다.

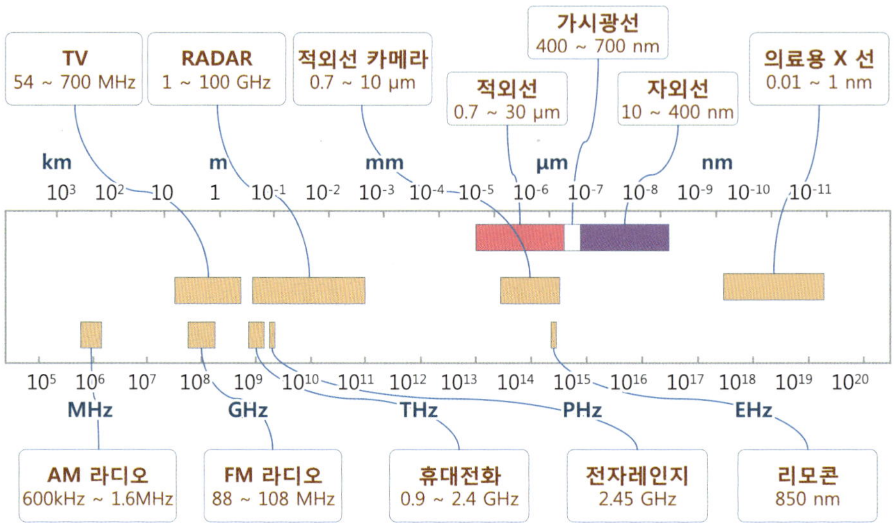

2.10 전압과 전류 그리고 저항

옴은 전압은 온도에 전류는 열의 흐름에 비유하여 설명했다. 여기서는 파이프에 물을 흘리는 것을 생각하여 전압은 수압에 전류는 흐르는 물의 양에 비유하여 설명하기로 한다.

우선 파이프의 굵기와 저항의 관계를 생각해 보자. 파이프가 가늘면 물이 흐르기 어려우므로 굵은 파이프보다 가는 파이프가 더 큰 저항을 가지고 있다고 할 수 있다.

파이프가 가늘면 같은 압력을 걸었을 때 물이 적게 흐를 것이다. 반대로 같은 양의 물이 흐르고 있을 경우 파이프가 가늘다면 파이프에 더 큰 압력이 걸릴 것이다.

이 관계를 전기에 적용하면 "저항이 크면 같은 전압을 걸었을 때 전류가 적게 흐르고, 같은 양의 전류가 흐르고 있을 경우 저항이 크면 더 큰 전압이 걸린다."가 된다. 이것을 식으로 나타내면 아래와 같은 옴의 법칙이 된다.

$$V=I\cdot R \text{ 또는 } I=\frac{V}{R}$$

식에서 V는 전압이고 I는 전류이며, R은 저항(resistance)이다. 저항이라고 부르는 이유는 이 값이 클수록 전류가 잘 흐르지 않기 때문이다. 즉 '전기가 흐르는 것에 저항하는 정도'를 나타내는 값이라는 뜻이다. 1 V의 전압이 걸려있을 때 1 A의 전류가 흐르는 저항을 1Ω이라고 하기로 정해져 있다.

저항 값은 전류가 흐르고 있는 물체의 모양과 물질에 따라 정해지는데 아래의 식과 같이 된다.

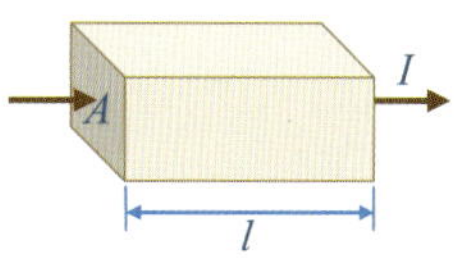

$$R=\rho\frac{l}{A}$$

A는 전류가 지나는 면의 면적(m^2), l은 전류가 지나가는 길이(m)이며, ρ는 저항률이라는 상수인데 물질에 따라 정해진다. ρ값이 작은 물질이 도체이고 큰 물질이 부도체이다. 저항률의 단위는 [Ωm]이다.[11)]

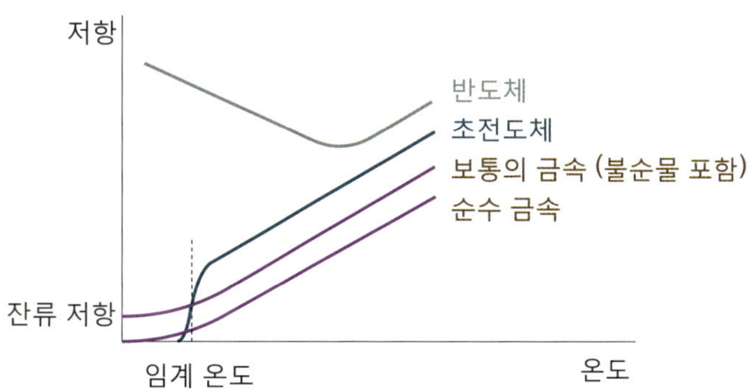

11) 식에서 단위를 계산하면 [$\Omega m^2/m$]이 되므로 단위가 [Ωm]가 되는 것이다.

저항률은 온도에 따라 달라진다. 금속의 경우 온도가 올라가면 자유전자들끼리의 충돌이 많아지면서 저항률이 커진다. 반도체의 경우에는 반대로 온도가 올라가면 전하를 이동시킬 수 있는 전자와 정공이 많아지기 때문에 저항률이 낮아진다. 즉 금속은 온도가 내려가면 저항이 작아진다. 그래서 많은 전류를 흘리는 전선은 물로 냉각하여 저항을 줄여 주기도 한다.

전기를 전혀 통하지 않는 물질은 존재하지 않는다. 예를 들어 공기는 일상생활에서 접할 수 있는 '보통의 상태' 에서는 전기를 통하지 않지만, 구름이 엄청나게 높은 전압을 가지게 되면 공기로 전기가 통하는 현상인 번개가 생긴다. 즉 물질을 전기가 통하는 물질과 안 통하는 물질로 구분하는 것은 일상생활에서 편의상 사용하는 것이지 과학적인 구분은 아니다.

구분	물질	저항률 (Ωm)
도체	은	1.62×10^{-8}
	구리	1.72×10^{-8}
	알루미늄	2.75×10^{-8}
	철	9.8×10^{-8}
	주석	11.4×10^{-8}
	납	21.9×10^{-8}
부도체	유리	10^{9}~10^{8}
	자기	3×10^{11}
	대리석	10^{7}~10^{9}
	베이클라이트	10^{6}~10^{10}

일반적으로 전기를 잘 통하는 금속일수록 열도 잘 통하는데, 이것을 물리 법칙으로 나타낸 것이 비데만[12)]-프란츠[13)] 법칙이다. 이 법칙에 의하면 열전도도와 전기전도도(저항률의 역수)의 비는 온도에 비례한다.

$$\frac{(\text{열 전도도})}{(\text{전기 전도도})}=L_0T$$

식에서 T는 절대온도 단위(K)로 나타낸 온도이고 L_0는 로렌츠 상수라고 부르는 상수로 값은 $2.45\times10^{-8}[W\Omega/K^2]$이다.

12) Gustav Heinrich Wiedemann (1826~1899, 독일) 물리학자
13) Rodolph Franz (1826~1902, 독일) 물리학자

저항에 전류가 흐르면 열이 발생하며 에너지가 소모된다.[14] 저항에서 발생하는 발열량은 다음과 같은 줄의 법칙으로 계산된다.

$$(\text{저항발열})=i^2R$$

전류의 단위를 A, 저항의 단위를 Ω으로 한 경우 발열량(에너지)의 단위는 J(Joule)이 된다. 열량의 단위로 자주 사용되는 cal(칼로리)[15]의 단위로 나타내려면 4.186으로 나누면 된다. 즉 4.186 J=1 cal이다.

저항 발열 식에 옴의 법칙을 적용하면 발열을 아래와 같이 전압과 저항의 식으로 나타낼 수 있다.

$$(\text{저항발열})=i^2R=\left(\frac{v}{R}\right)^2R=\frac{v^2}{R}$$

발열량은 i^2R라는 식으로 나타내어지므로 저항이 클수록 발열이 많은 것을 알 수 있다. 그러나 발열량을 $\frac{v^2}{R}$이라고 생각하면 저항이 작을수록 발열량이 많다는 의미가 된다. 이게 어떻게 된 일인가? 발열을 크게 하려면 저항을 크게 해야 하는가? 작게 해야 하는가? 책을 계속 읽기 전에 왜 이런 불일치가 생겼는지 한 번 생각을 해보자.

혼란이 생겼다면 전압, 전류, 저항에 대해 잘못 알고 있거나 정확히 알고 있지 못하기 때문일 것이다. 아마 혼란이 생긴 것은 저항이 변하면 전압과 전류의 관계가 변한다는 것을 생각하지 않았기 때문일 것으로 생각된다.

저항의 전압이 일정한 경우, 저항이 커지면 전류가 줄어들게 된다. 전류가 일정하다면 저항이 커지면 전압도 커지게 된다. 위의 의문은 전압과 전류가 모두 일정한 상태에서 저항만 변했을 때 어떻게 될 것인지를 묻는 것인데, 그런 일은 일어날

14) 수동소자의 세 기본 성분인 R, L, C 중 에너지를 소모하는 것은 R 뿐이다.
15) 음식의 열량을 나타낼 때 많이 사용하는 '칼로리'는 'Cal'라고도 쓰는데, 1 Cal은 1000 cal이다. 즉 Cal은 kcal이다.

수 없다.

전압이 일정하게 유지되는 경우 저항이 두 배가 되면 전류는 반으로 줄어들므로 발열도 반으로 줄어든다. 전류가 일정하게 유지되는 경우에는 저항이 두 배가 되면 전압이 두 배가 되고 발열도 두 배가 된다. 전압과 전류가 다 바뀐다면 경우에 따라 달라질 것이다. 혼란스러웠다면 의문이 풀릴 때까지 잘 생각해보기 바란다.

2.11 직렬연결, 병렬연결

직렬연결과 병렬연결도 물이 흐르는 파이프를 예로 들어 설명한다.

그림처럼 물이 흐르는 두 파이프가 병렬로 연결되어 있는 경우를 먼저 생각해 보자. 이 경우 R_1 파이프에 걸려 있는 압력은 A 점의 압력과 B 점의 압력의 차이가 될 것이다. R_2 파이프에 걸려 있는 압력도 A 점의 압력과 B 점의 압력의 차이가 되므로 두 파이프의 압력은 같다. 그러나 흐르는 물의 양은 두 파이프가 다른데, 당연히 굵은 파이프 R_2에 물이 많이 흐를 것이다.

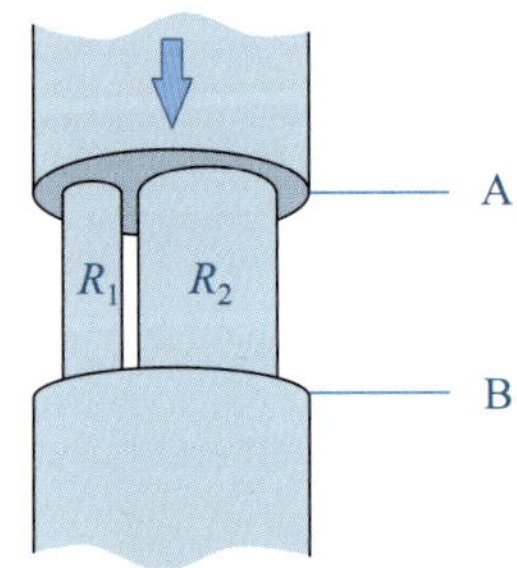

파이프의 병렬연결

병렬연결 된 두 파이프는 걸려있는 압력은 같지만 물은 굵은 파이프로 많이 흐른다는 것인데, 이것을 그대로 전기의 경우로 바꾸어 말하면 두 저항을 병렬로 연결한 경우 두 저항에 걸린 전압은 같고, 전류는 저항이 작은 쪽으로 많이 흐른다는 것이 된다.

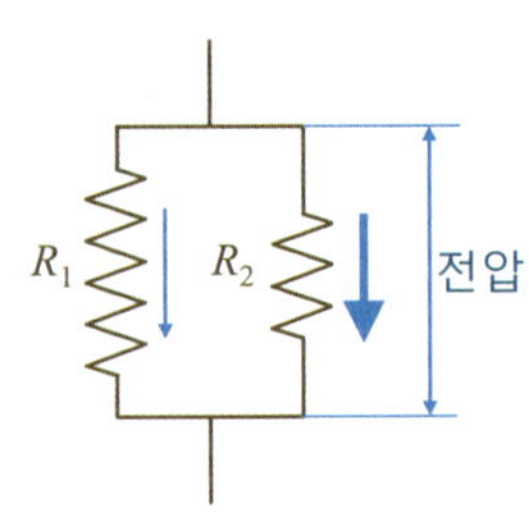

두 개의 병렬저항의 합성저항 (두 저항 대신 하나의 저항이 있다고 할 때의 저항 값)은 위의 관계를 사용

하여 계산할 수 있는데, 다음과 같이 된다.

$$(\text{합성 저항}) = \frac{R_1 R_2}{R_1 + R_2}$$

그림과 같이 두 파이프가 직렬로 연결된 경우, R_1 파이프와 R_2 파이프 사이에 물이 들어가거나 나오는 곳이 없으므로 두 파이프에 흐르는 물의 양이 같을 것이다. 그러나 R_1 파이프 보다는 R_2 파이프에 물이 지나가기가 힘들 것이며, 따라서 A점과 C점의 압력차 보다는 C점과 B점 사이의 압력차가 클 것이다. 만약 R_2 파이프가 물이 거의 못 지나갈 정도로 가늘다면 C점의 압력은 A 점의 압력과 거의 같게 될 것이다.

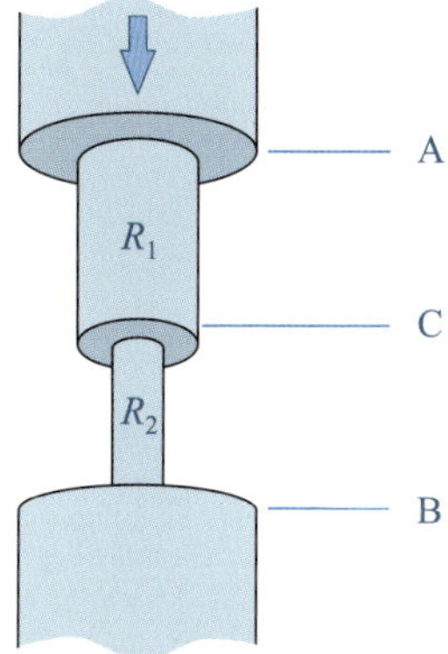

파이프의 직렬연결

직렬로 연결되어 있는 두 파이프의 경우 흐르는 물의 양은 같지만 압력은 가는 파이프에 많이 걸린다는 것인데, 이것을 그대로 전기의 경우로 바꾸어 말하면 두 저항을 직렬로 연결한 경우 두 저항에 흐르는 전류는 같고, 전압은 저항이 큰 쪽에 많이 걸린다는 것이 된다.

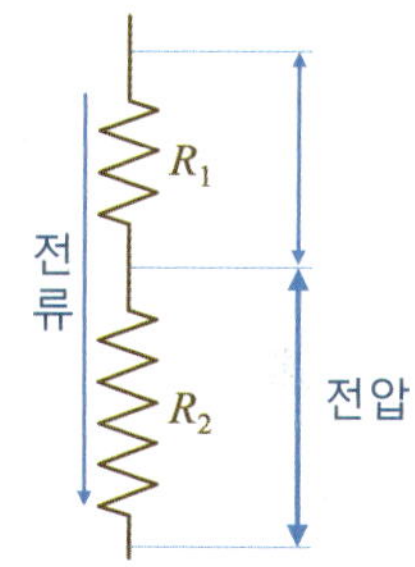

두 개의 저항이 직렬로 연결된 경우의 합성저항은 다음의 식과 같이 계산된다. 여러 개의 저항이 직렬, 병렬로 연결되어 있는 경우에도 같은 방법으로 합성 저항을 계산할 수 있다.

$$(\text{합성 저항}) = R_1 + R_2$$

전지는 펌프와 비슷하다고 생각하면 된다. 두 개의 펌프가 병렬로 연결되어 있으면 압력은 하나일 때와 같지만 두 배의 물을 흘려줄 수 있게 되고, 직렬로 연결되어 있으면 두 펌프의 압력이 합해져서 두 배의 압력이 되

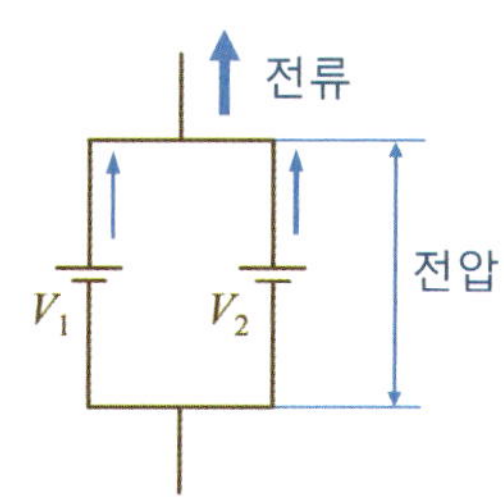

지만, 흘려줄 수 있는 물의 양은 펌프가 하나일 때와 같이 된다.

이것을 그대로 전기에 적용하면, 두 개의 전지가 병렬로 연결되면 전압은 전지 하나일 때와 같고 전류는 두 배로 흘려줄 수 있게 되며, 두 개의 전지가 직렬로 연결되면 전압은 두 배가 되지만 흘려줄 수 있는 전류는 전지 하나일 때와 같이 된다.

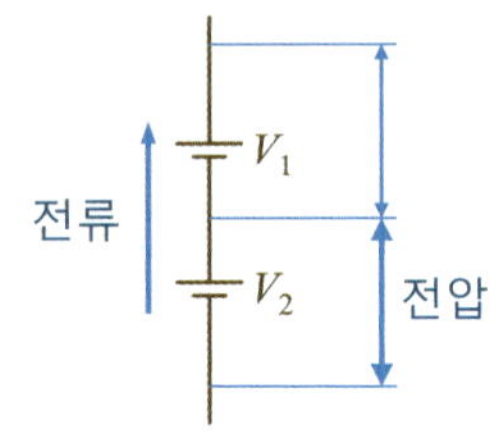

같은 전압의 전지 두 개가 병렬로 연결된 경우 회로 상으로는 전지 하나만 있는 경우와 다를 것이 없다. 똑 같아지는 이유는 회로에서 전지는 전류의 양에 관계없이 전압이 일정하게 유지된다고 가정했기 때문이다.[16)]

그러나 실제로는 전류가 많이 흐르면 전지가 전압을 유지하지 못하고 전압이 떨어져 버린다. 전지 두 개를 병렬로 연결해 놓으면 하나일 때 보다 전압을 유지할 수 있는 전류가 두 배로 커진다. 이것이 "두 배의 전류를 흘려줄 수 있다"는 말의 의미이다.

2.12 키르히호프 법칙

지금까지 설명한 것은 두 개의 저항이 연결된 경우인데, 많은 저항(또는 다른 소자라도)이 복잡하게 연결되어도 이 원리는 그대로 적용된다. 그러나 복잡해지면 계산이 어려워지므로 키르히호프 법칙을 사용한다.

키르히호프 법칙은 복잡한 회로 각 부분의 전압과 전류를 계산할 수 있는 법칙으

16) 전압이 일정하게 유지되는 전원을 정전압원(定電壓原) 또는 전압원이라고 부른다. 전류가 일정하게 유지되는 전원은 정전류원(定電流原) 또는 전류원이라고 부른다. 전지는 정전압원에 가깝지만 정전압원은 아니다.

로 '마디의 전류 법칙'과 '고리의 전압 법칙' 등 두 개의 법칙으로 되어있다.

마디의 전류 법칙은 "마디에 흘러 들어오는 전류와 흘러 나가는 전류의 합은 같다"라는 법칙으로 그림과 같은 회로에서 다음의 식이 성립한다는 것이다.

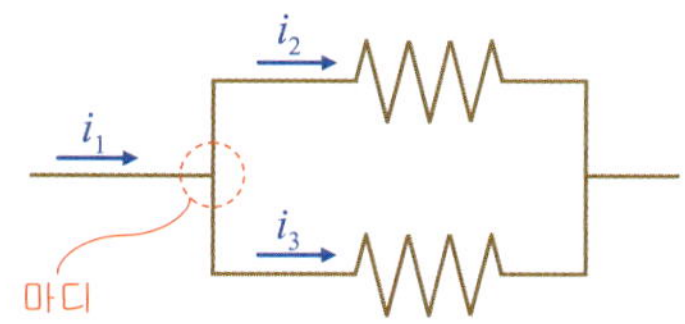

$$i_1 = i_2 + i_3$$

두 번째 법칙인 고리의 전압 법칙은 조금 생각을 해야 이해할 수 있다. 두 번째 법칙은 "고리에 있는 기전력(전지)의 합과 사용되는 전압의 합은 같다"는 법칙이다. 즉, 그림에서 다음의 식이 성립한다는 것이다.

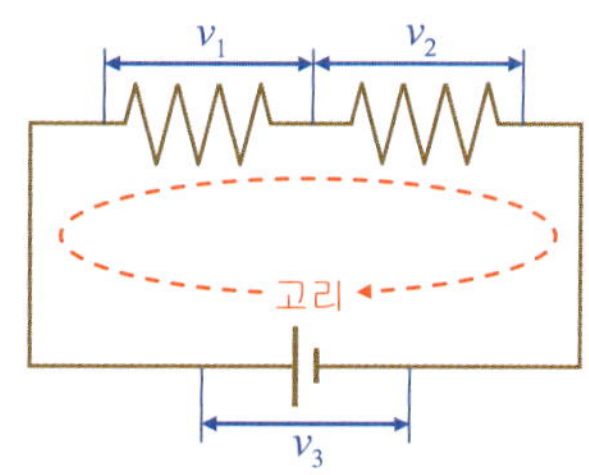

$$v_3 = v_1 + v_2$$

원리는 간단하지만 회로가 복잡해지면 키르히호프의 법칙을 적용하여 계산하는 것도 쉬운 일이 아니다. 계산을 할 때 회로에 있는 모든 마디나 고리에 옴의 법칙을 적용한 식을 만들고 회로의 모든 마디 또는 고리의 식을 모아서 연립 방정식을 만들어서 풀어야 한다.

그림과 같은 회로 각 부분의 전류를 계산하는 예를 들어보기로 한다. 이 회로는 두 개의 전원이 있어서 직렬연결 병렬연결의 계산만으로는 해석하기는 어렵지만 키르히호프의 법칙을 적용하면 좀 더 쉽게 해석할 수 있다. 우선 전류를 그림과 같이 정하고, 두 고리에서의 전압 식을 이용하여 계산해 보기로 한다.

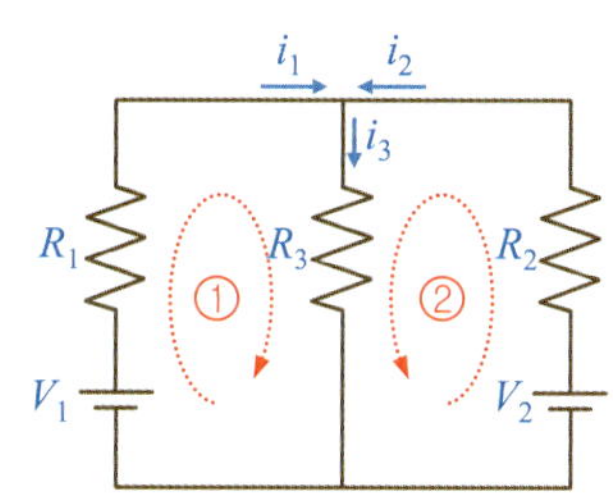

1번 고리에 키르히호프의 전압 법칙을 적용하면 아래의 식이 성립한다.

$$V_1 = R_1 i_1 + R_3 i_3$$

같은 방법으로 2번 고리의 전압 식은 아래와 같다.

$$V_2 = R_2 i_2 + R_3 i_3$$

마디의 전류 식은 아래와 같이 된다.

$$i_3 = i_1 + i_2$$

3 개의 식이 주어졌으므로 3 전류의 값을 계산할 수 있다. 이런 식으로 회로 전체의 마디 또는 고리에 대한 식을 세우고 연립 방정식을 풀면 회로 각 부분의 전압과 전류를 계산할 수 있다. 회로가 간단하다면 손으로 계산할 수 있겠지만, 회로가 복잡해지면 행렬로 표현하고 컴퓨터를 이용한 수치해석적 방법으로 계산을 해야 된다. 참고로 위 회로의 전류 계산 결과를 보이면 아래와 같다.

$$i_1 = \frac{(R_2 + R_3)V_1 + R_3 V_2}{R_1 R_2 + R_2 R_3 + R_3 R_1}$$

$$i_2 = \frac{R_3 V_1 + (R_2 + R_3)V_2}{R_1 R_2 + R_2 R_3 + R_3 R_1}$$

$$i_3 = \frac{R_2 V_1 + R_1 V_2}{R_1 R_2 + R_2 R_3 + R_3 R_1}$$

위 예의 식에서는 전류의 방향이 식에서 모두 양(+)으로 되도록 되어 있지만, 경우에 따라 음(−)이 될 수도 있다. 마디나 고리를 어떻게 정하느냐 하는 것도 중요하다. 마디나 고리를 잘 정하면 계산이 쉬워지는데, 잘 못 정하면 계산이 상당히 복잡해질 수도 있다. 이외에도 회로를 해석하기 위해서 여러 가지 생각해야 될 것이 있는데, 자세한 것은 전기 회로 책을 보기 바란다.

2.13 인덕턴스와 전류 변화

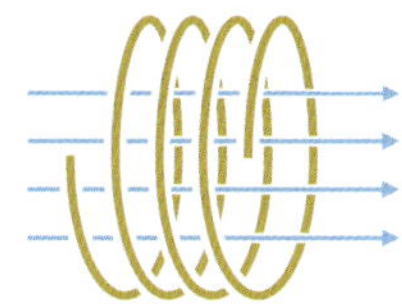

인덕턴스란 코일(coil 또는 inductor)이 가지고 있는 전기적 성질을 말한다. 기본적으로 코일이란 전선을 여러 번 감아 놓은 것이므로 코일의 회로적인 성질은 전선의 성질과 그다지 다르지 않을 것이라고 생각할 수 있다. 코일에 직류 전류가 흐르고 있다면 코일의 자기장은 변하지 않으므로 전류도 일정 전류가 흐르고 있게 될 것이므로 코일은 전선과 다를 바 없다.

그러나 전류가 변하면 자기장이 변하게 되고 자기장이 변하면 코일에는 그 변화를 방해하려는 방향의 기전력이 생긴다(렌츠의 법칙, 1.6 전자기학의 발전). 저항은 전류를 방해하지만 코일은 전류의 변화를 방해한다는 것이다.

즉 코일의 경우 전류의 변화가 크면 큰 전압이 걸릴 것이다. 이것을 수학적으로 나타내면 "전압의 크기는 전류의 시간에 대한 미분 값에 비례한다."가 된다. 그리고 '코일의 전류변화를 방해하는 능력' 이 커도 큰 전압이 걸릴 것이다.

이 방해능력이 바로 인덕턴스인데, 1 초당 1 A의 전류변화가 있을 때 1 V의 전압을 만드는 인덕턴스를 1 H (Henry)라고 하기로 정해져 있다. 인덕턴스를 L이라고 하면 전압과 전류의 관계는 다음의 식과 같이 된다.

$$V = L\frac{di}{dt}$$

그림과 같은 코일의 인덕턴스는 아래의 식과 같이 계산된다.

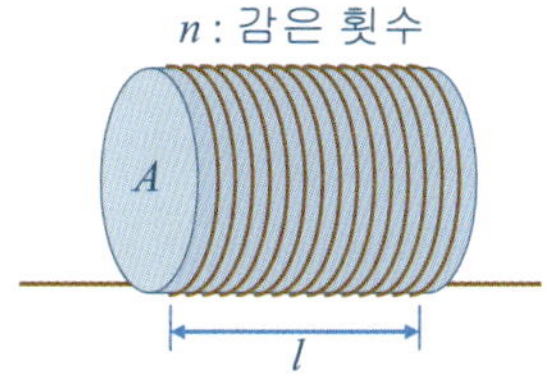

$$L = \frac{\mu n^2 A}{l}$$

식에서 A는 코일의 단면적(m^2), l은 코일의 길이(m)이며, n은 전선을 감은 횟수, μ는 투자율(2.7 앙페르 법칙)이다.

다음으로 코일이 전원에 연결된 경우를 생각해 보자. 다음의 그림이 회로와 전압 전류의 파형을 보여주는데, 파형에서 i_L은 코일에 흐르는 전류, 그리고 v_L은 코일에 걸리는 전압을 나타내는 기호이다.

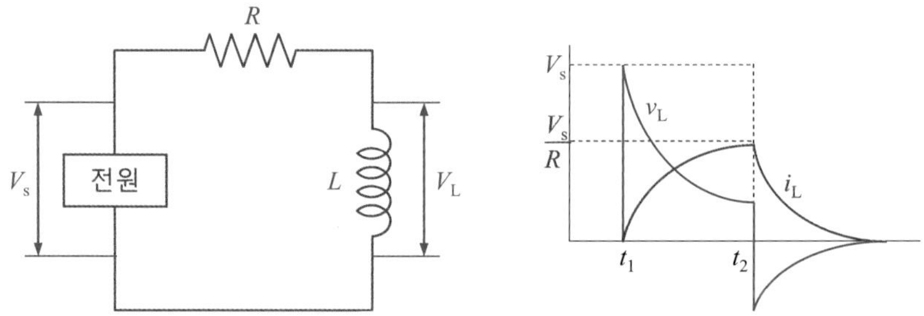

그림의 회로에서 t_1이라는 시각에 전압을 갑자기 걸어주었다고 생각해 보자. 만일 L이 없다면 회로에는 갑자기 직류 전류가 흐르고 전류의 크기는 옴의 법칙으로 정해질 것이다. 그러나 L은 전류의 변화를 방해하므로 전류가 천천히 증가하여 i_L과 같이 될 것이다.

전류가 흐르기 시작한 직후에는 R보다는 L에 전류가 더 흐르기 어려우므로 R보다 L에 더 큰 전압이 걸릴 것이다. 시간이 흐르면서 전류는 커지고 그에 따라 코일의 전압은 줄어들게 된다. (전류의 변화가 점점 작아지므로). 그래서 전압의 파형은 v_L과 같이 된다. 그대로 계속 두면 전압은 0이 되고 전류는 저항에 의해 정해질 것이다.

전압이 0이 되기 전인 t_2라는 시각에 전압을 갑자기 0으로 만들었다고 생각해 보자. 이때에는 L이 전류가 줄어들지 못하게 방해하므로 반대 방향의 전압이 걸리고 전류는 그림처럼 천천히 줄어든다.

이상에서 설명한 것과 같이 인덕턴스는 전류의 변화를 방해하는 성질인데, 이 성질 때문에 전류가 전압보다 늦어지게 된다. 인덕턴스가 크면 클수록 더 많이 늦어질 것이다.

2.14 커패시턴스와 전압 변화

커패시턴스(capacitance, 정전 용량)란 접촉되어 있지 않은 두 평행한 도체 판의 전기적 성질을 의미한다. 두 도체 판은 접촉되어 있지 않으므로 직류 전원이 연결되어 있으면 전류가 흐르지 않는다. 하지만 전압이 변하면 재미있는 현상이 생긴다. 이 현상을 알아보기 위해 그림과 같은 평행 판 커패시터를 생각해 보자.

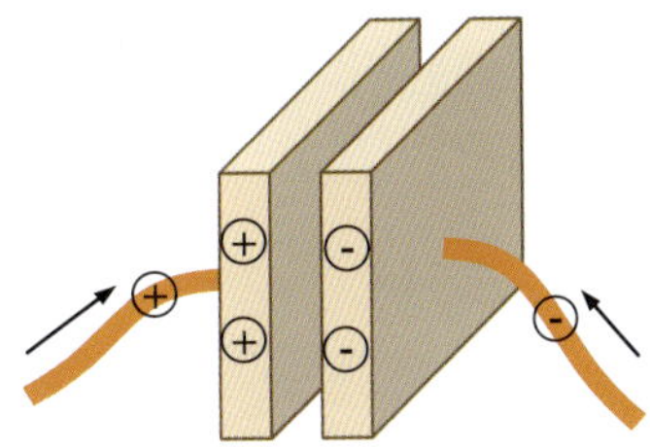

우선 이 커패시터에 전압을 갑자기 걸어준 경우를 생각해 보자. 전압이 갑자기 걸렸다 하더라도 커패시터 자체에 걸리는 전압은 갑자기 올라가지 못한다. 왜냐하면 그림처럼 +와 −전하가 평행 판에 흘러 들어가서 모이는 데는 시간이 걸리기 때문이다.[17)]

처음에는 전하가 모여 있지 않은 상태이므로 많은 전하가 흘러 들어갈 것이다. 시간이 흐르면서 점점 많은 전하가 모이게 될 것이고 흘러 들어가는 전하의 양은 점점 줄어들 것이다. 완전히 다 차면 더 이상 전하가 흘러 들어가지 않게 될 것이다.

전하가 많이 모여 있다는 것은 전압이 높다는 것을 의미하고 전하가 많이 흘러 들어간다는 것은 전류가 크다는 것을 의미한다. 즉, 처음에는 전류는 크지만 전압은 작고, 시간이 흐르면서 전압이 점점 커지고 전류는 점점 줄어든다. 마지막에는 전

17) + 전하가 모인다는 것은 실제로는 전자가 빠져 나가는 것이 될 것이다.

압이 최대까지 올라가고 전류는 0이 된다.[18)]

전하를 저장할 수 있는 능력을 커패시턴스라고 부르고 기호로는 C를 사용한다. 단위로는 F(Farad)를 사용하는데, 1 F이란 1 V의 전압이 걸렸을 때 1 C (coulomb)의 전하를 저장하는 능력을 말한다. 이 관계를 식으로 나타내면 아래와 같이 된다. 식에서 Q는 전하량을 나타내는 기호이다.

$$C=\frac{Q}{V},\ Q=CV$$

얼마나 많은 전하가 모일 수 있느냐 하는 것은 두 평행 판의 크기, 두 판 사이의 거리 그리고 두 판 사이에 어떤 물질이 있느냐에 따라 달라진다. 평행 판의 크기가 클수록, 두 판 사이의 거리가 가까울수록 더 많은 전하가 모이게 된다. 식으로 나타내면 다음과 같이 된다.

$$C=\frac{\epsilon A}{l}$$

식에서 A는 평행 판의 면적(m^3), l은 평행 판 사이의 간격(m)이며, ϵ는 평행 판 사이에 있는 물질의 유전율(2.6 가우스의 법칙)이다.

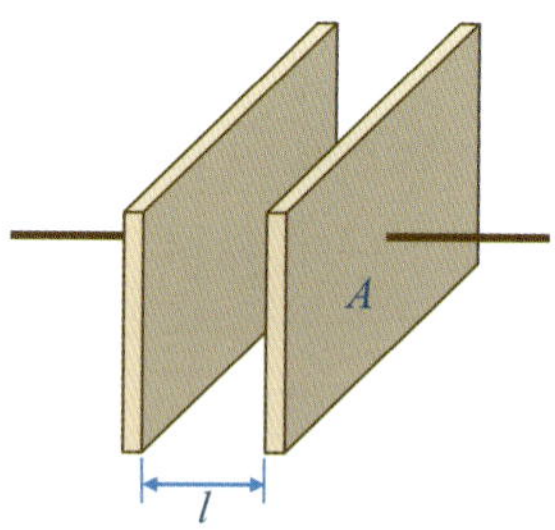

전류란 전하의 흐름이므로 전하량의 시간에 대한 미분이 전류가 된다. 1초 동안 1 C의 전하가 흘러가는 것이 1A의 전류라고 정의되어 있으므로 다음의 식이 성립한다.

$$i=\frac{dQ}{dt},\ Q=\int idt$$

18) 이런 전류를 변위 전류(displacement current) 라고 한다. (2.9 맥스웰 방정식과 전자기파)

위의 두 식을 결합하면 다음의 식이 만들어진다.

$$v=\frac{1}{C}\int idt,\ i=C\frac{dv}{dt}$$

이번에도 같은 방법으로 회로와 그래프를 통해 커패시터에 전원이 연결되었을 때의 동작에 대해 알아보기로 하자.

그림과 같은 회로에서 t_1 시각에 전원 전압을 걸었다고 생각해 보자. 처음에는 커패시터에 전류가 많이 흘러 들어가고 전압은 별로 높지 않을 것이다. 그러다 커패시터 내에 전하가 점점 채워지면서 전압이 올라가고 전류는 점점 줄어들 것이다. 전하가 꽉 차면 전압은 최대가 되고 전류는 더 이상 흐르지 않을 것이다.

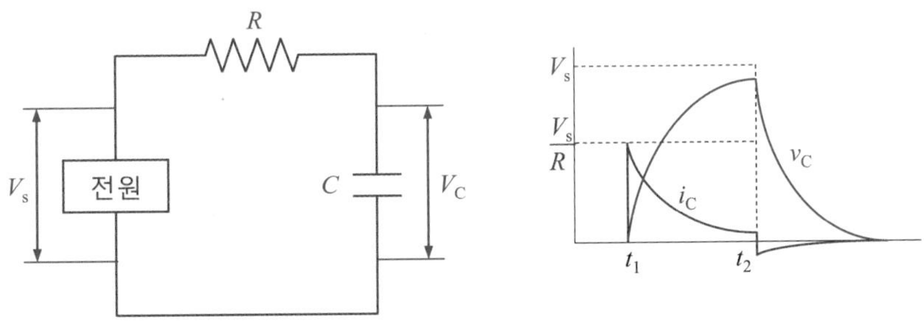

전하가 꽉 차기 전인 t_2 시각에 전압을 0으로 만들면 커패시터에 모여 있던 전하들이 빠져나가므로 전류가 반대방향으로 흐르게 된다. 이 경우 역시 남아있는 전하의 양이 줄어들수록 움직이는 전하의 양, 즉 전류도 줄어들고, 전압도 줄어들 것이다.

이상에서 설명한 것과 같이 커패시터는 전류가 흘러야 전압이 생기는데, 이 성질 때문에 전압이 전류보다 늦어지게 된다. 커패시턴스가 크면 클수록 더 늦어질 것이다.

2.15 *R*, *L*, *C*와 교류

R, *L*, *C*에 대한 것을 정리하면 다음과 같다. *L*에서는 전류가 전압에 비해 늦어지는데 *L*의 값이 클수록 더 늦어진다. *C*에서는 전압이 전류에 비해 늦어지는데 *C*의 값이 클수록 더 늦어진다. 그리고 *R*에서는 전압과 전류 간에 시간차가 없다. 이번에는 교류가 흐를 때 어떤 현상이 일어나는지 살펴보도록 한다.

2.15.1 *R*에서의 교류

*R*에서는 전압과 전류가 비례하고 시간적으로 늦어짐이 없으므로 교류가 흐를 때 전압과 전류 파형이 그림과 같이 시간적으로 일치하게 된다. 전압과 전류의 크기는 옴의 법칙에 의해 정해진다.

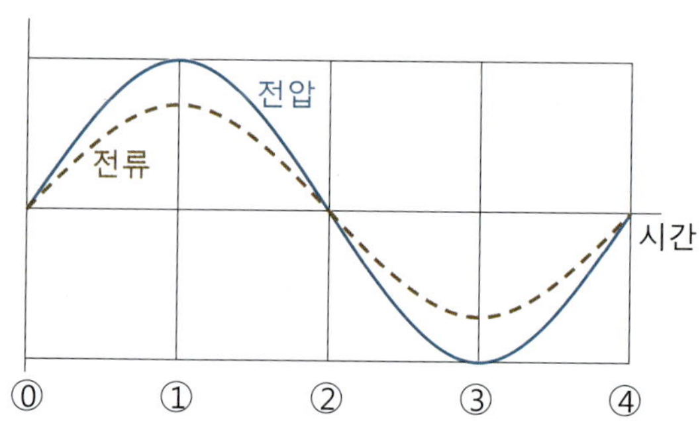

*R*에 교류가 흐를 때의 전압과 전류

2.15.2 *L*에서의 교류

*L*의 경우에는 전압과 전류가 그림과 같이 된다. *L*에는 전류의 변화를 방해하는 전압이 생기므로 전류의 변화가 없을 때에는 전압이 0이 된다. 그러므로 전류가 변하지 않는 ⓪, ②, ④ 점에서 전압은 0이 된다.

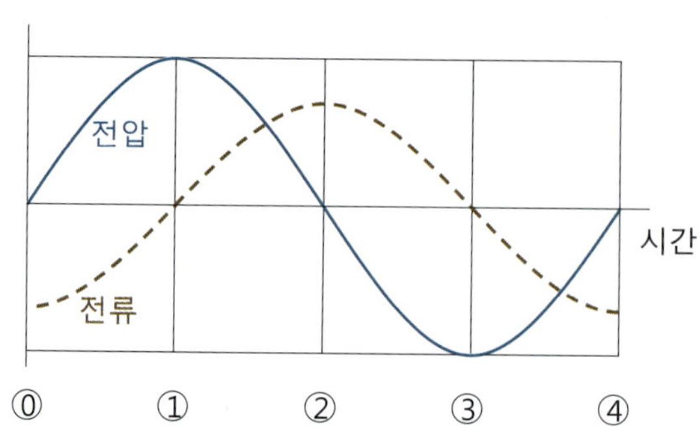

*L*에 교류가 흐를 때의 전압과 전류

⓪과 ②의 사이에서는 전류가 증가하므로 이 증가를 방해하는 +전압이 발생된다.[19] ②와 ④ 사이에서는 반대로 전류가 감소하고 −전압이 발생된다.

"2.13 인덕턴스와 전류 변화"에서는 L이 클수록 전류가 전압에 비해 더 늦어진다는 설명을 했다. 하지만 조금 전의 설명을 보면 교류의 경우에는 L의 크기에 관계없이 전압과 전류는 위의 그림과 같은 관계를 가질 수밖에 없다. 그렇다면 L의 크기가 달라지면 무엇이 달라지는가? 위 그림의 ①과 ③ 점 사이만 다시 한 번 생각해 보자.

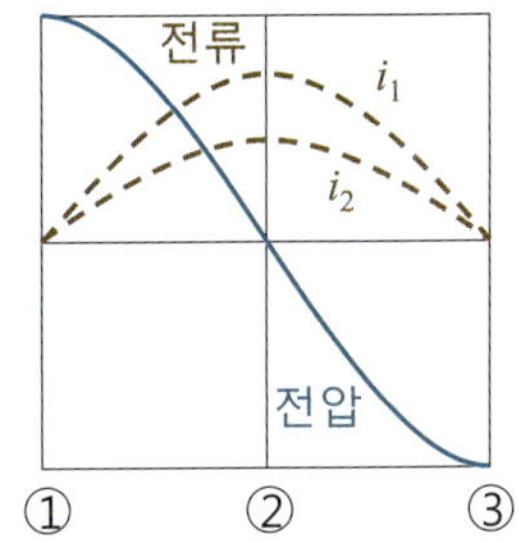

그림에서 i_1은 L이 작은 경우의 전류이고 i_2는 L이 큰 경우의 전류이다. 그림의 점 ① 부터는 전류가 증가하는데, L이 크다면 전류의 변화가 늦어지므로 그림의 i_2처럼 전류가 더 천천히 증가하게 된다.

그러나 점 ② 부터는 전압이 음이 되어 전류가 줄어들 수밖에 없는데, L이 크면 전류가 미처 다 커지지 못하고 다시 줄어들게 된다. 여기서 교류가 가해진 경우 L이 크면 전류가 작다는 것을 알 수 있다.

전류가 작아지는 경우는 또 한 가지가 있는데, 그것은 주파수가 빠를 때이다. L이 크지 않더라도 전류가 미처 다 커지기 전에 전압의 극성이 바뀌어 버린다면 전류의 크기는 작을 수밖에 없다.

즉, L값이나 주파수가 커지면 전류의 크기가 작아진다는 것이다. 더 정확히 말하면 $L\times$(주파수)의 크기와 전류의 크기는 반비례한다. 따라서 단위의 크기 관계만 잘 조정해 주면 $L\times$(주파수)를 저항처럼 생각할 수 있게 되는데, 단위의 크기 관계를 조정한 것이 현재 사용하는 ωL이다. 여기서 ω는 각 회전수이며 $2\pi\times$(주파수)와 같다.

19) 전류를 방해하면 저항이 증가한 것처럼 전류가 흘러들어오는 쪽의 전압이 흘러 나가는 쪽 보다 높아진다.

2.15.3 *C*에서의 교류

같은 방법으로 이번에는 C에 교류 전압이 가해진 경우를 생각해 보자. 아래의 그림은 C에서의 전압과 전류 그래프이다.

그림의 ⓪, ②, ④ 점은 전류가 0인 순간, 즉 전하가 흘러들어가지도 않고 흘러나오지도 않는 순간이므로 전압이 변하지 않는 순간이다. ⓪ 점과 ② 점 사이에서는 전류가 흘러 들어가면서 전압이 증가하고, ② 점과 ④ 점 사이에서는 전류가 흘러나오면서 전압이 줄어든다.

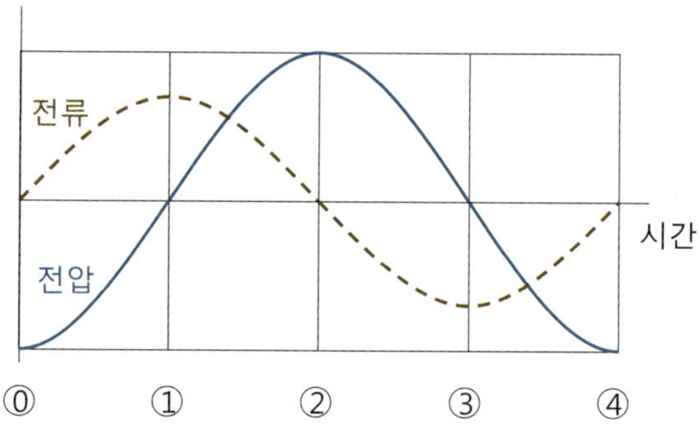

C에 교류가 흐를 때의 전압과 전류

이 경우도 C의 크기와 상관없이 전압과 전류는 위와 같은 관계를 가지게 된다. 그러면 C가 커지면 무엇이 달라지는가? C가 클수록 전하가 덜 찬 상태에서 극성이 바뀌므로 전압이 낮게 된다. 주파수가 빨라지면 전압이 미처 높아지기 전에 극성이 바뀌게 되므로, 주파수가 높을수록 전압이 낮아진다. L의 경우와 같은 방법으로 그림과 같이 생각해보면 된다. 그림에서 v_1은 C가 작은 경우의 전압이고 v_2는 C가 큰 경우의 전압이다.

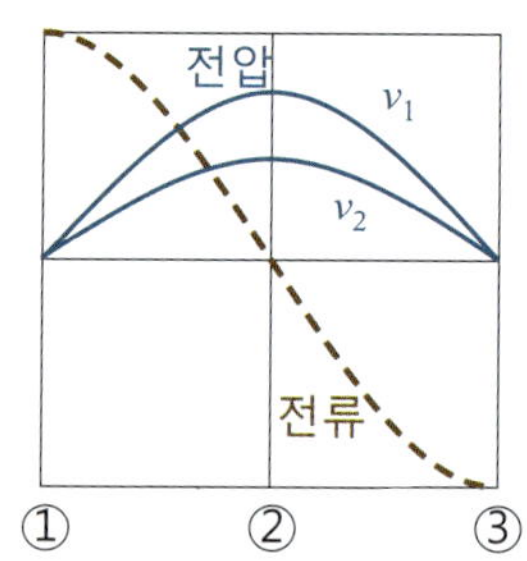

지금까지의 설명에서 $C \times$(주파수)가 클수록 전압이 낮아진다는 것을 알 수 있다. 즉 $\frac{1}{C \times (\text{주파수})}$를 저항처럼 생각할 수 있다는 것인데, 단위의 크기 관계를 조정하여 현재 사용되고 있는 것이 $\frac{1}{\omega C}$이다(ω는 각 회전수).

ωL과 $\dfrac{1}{\omega C}$은 저항처럼 동작은 하지만 전압과 전류 사이에 시간차가 생기므로 저항(resistance)이라고 부르지 않고 리액턴스(reactance)라고 부른다.

L과 C가 교류전원에서 어떻게 동작하는지를 정리하면 다음의 표와 같이 된다.

소자	이름	기호	전압, 전류의 시간차	$\dfrac{(\text{전압크기})}{(\text{전류크기})}$
R	저항 (resistance)		일치	R
L	inductance		전압이 1/4 주기 앞섬	ωL
C	capacitance		전류가 1/4 주기 앞섬	$\dfrac{1}{\omega C}$

2.15.4 *R*, *L*, *C*가 함께 있는 경우

L이나 C가 하나만 있다면 전압과 전류의 사이에는 1/4 주기의 시간차가 생기게 되는데, R, L, C가 섞여 있다면 어떤 시간차이든 생길 수 있다.[20] 전압과 전류가 그림과 같이 되어 있다고 생각해보자. 이 경우의 전압과 전류를 식으로 표현하면 아래와 같이 된다.

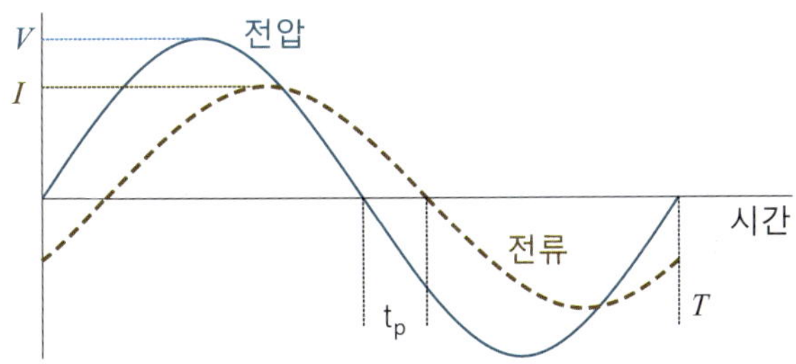

$$v = V\sin\left(\frac{2\pi}{T}\times t\right)$$

$$i = I\sin\left(\frac{2\pi}{T}\times(t - t_p)\right)$$

20) $-\frac{1}{2}$주기 ~ $\frac{1}{2}$주기 사이의 값이 된다.

이런 식을 사용해서 회로를 해석하는 것은 보통 일이 아니다. 스타인메츠가 착안한 것은 회로가 변하지 않는다면 이 시간차는 변하지 않는다는 것이다. (1.15 교류 전력 체계의 성립)

즉 전압과 전류는 이 시간차를 유지하면서 같이 커졌다 작아졌다를 반복하므로 어떤 각도를 유지한 두 개의 막대가 같이 돌아가는 것처럼 생각할 수 있다는 것이다.

위의 그래프의 전압과 전류를 회전하는 원판 위에 나타내면 그림과 같이 된다. 오른쪽에 있는 큰 화살표 방향에서 원판을 바라보면서 원판을 그림과 같이 회전시키면 전압과 전류는 위의 그래프와 같이 보이게 될 것이다.

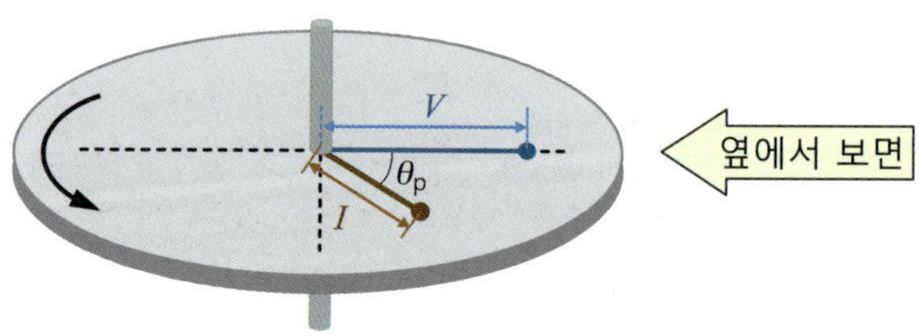

교류의 전압과 전류를 회전하는 원판 위에 나타낸 것

이렇게 하면 한 주기(T) 동안 360도를 회전하는 것이 된다. 그리고 시간차는 모두 각도로 나타낼 수 있게 된다. 그림의 θ_p는 위에 있는 그래프의 t_p를 각도로 나타낸 것이다. 앞에서 설명한 L과 C에서의 전압과 전류의 관계를 각도 표현 방법으로 나타내면 L에서는 전압이 90° 빠르고, C에서는 전류가 90° 빠른 것이 된다. 시간이 모두 각도로 표현되었기 때문에 주파수가 달라지더라도 일일이 시간차를 계산할 필요가 없다.

2.16 *R*, *L*, *C*와 복소평면

전압과 전류를 평면상에 나타내면 시간에 대한 변화를 생각하지 않아도 된다. 그러나 어떤 방법으로 평면에 나타내느냐에 따라 이해하기 쉽게 될 수도 있고 어렵게 될 수도 있다. 예를 들어 xy 평면에 나타내면 계산 과정이나 결과를 이해하기가 쉽지는 않게 된다. 그러나 복소평면을 사용하게 되면 이 방법의 진가가 드러나게 된다.[21)]

복소평면은 가로축이 실수축, 세로축이 허수축인 평면이다. 예를 들어 $a+jb$라는 복소수[22)]는 복소평면 상에서 다음 그림과 같이 된다. 그리고 극좌표를 사용하여 복소수를 $r\angle\theta$와 같이 나타내면 곱셈과 나눗셈이 훨씬 쉬워진다.

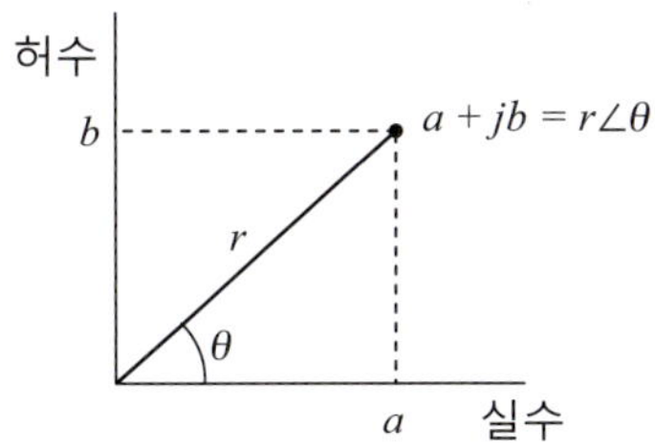

$$r_1\angle\theta_1 \times r_2\angle\theta_2 = r_1 r_2 \angle(\theta_1+\theta_2)$$

전압과 전류를 복소수로 표현하면 크기와 각도(시간차)를 함께 표현할 수 있다. 위의 원판의 경우 전압과 전류는 다음과 같이 표현된다.

$$V\angle 0 = V + j0$$
$$I\angle(-\theta_p) = I\cos(-\theta_p) + j\,I\sin(-\theta_p)$$

전압과 전류를 복소수로 나타내었으므로 전압과 전류의 관계도 복소수로 나타낼 수 있게 되었다. 회로 해석에서 보통 하는 것과 같이 전류를 기준으로 생각하기로 한다. $I\angle 0$의 전류가 R, L, C에 흐르고 있을 때의 전압을 표에 정리했다.

표에서 R, L, C의 저항에 해당하는 것은 각각 R, $j\omega L$, $\dfrac{1}{j\omega C}$이 된다는 것을 알 수 있다. 이런 식으로 '복소수로 표현한 저항'을 임피던스(impedance)라고 부른다. 즉 저항은 임피던스의 실수 부분이 되고 리액턴스는 임피던스의 허수 부분이 된다.

21) 스타인메츠의 가장 중요한 기본 아이디어가 바로 이것이다.
22) 수학에서는 허수를 i(imaginary)를 사용하여 나타낸다. 전기에서 i는 전류를 나타내는 문자로 사용하므로 혼란을 피하기 위해서 허수를 나타내는 문자로 j를 사용한다.

소자	전류가 $I\angle 0$일 때의 전압		임피던스
	$a+jb$	극좌표	
R의 전압	$RI+j0$	$RI\angle 0$	R
L의 전압	$0+j\omega LI$	$\omega LI\angle 90^\circ$	$j\omega L$
C의 전압	$0-j\dfrac{1}{\omega C}I$	$\dfrac{1}{\omega C}I\angle -90^\circ$	$\dfrac{1}{j\omega C}$

복소수로 표현된 임피던스를 사용하면 크기와 각도차가 함께 계산이 된다. 즉 L을 크기가 $j\omega L$인 저항으로 생각하면 된다는 것이다. 단 모든 계산은 복소수 계산을 해야 한다.

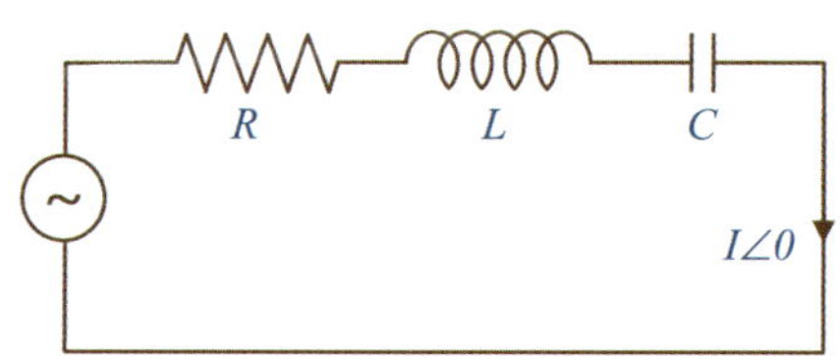

회로의 예로 그림과 같은 R, L, C 직렬 회로의 전압과 전류를 생각해보자. 직렬 회로의 전체 전압은 각 전압의 합이 되므로 전체의 전압은 다음의 식과 같이 계산된다.

$$\text{전체 전압} = RI + j\omega LI - j\frac{1}{\omega C}I$$
$$= \left[R + j\left(\omega L - \frac{1}{\omega C}\right)\right]I$$

이 식에서 이 회로의 합성 임피던스는 $R+j\left(\omega L-\dfrac{1}{\omega C}\right)$임을 알 수 있다. 이 합성 임피던스는 크기가 R, $j\omega L$, $-j\dfrac{1}{\omega C}$인 세 저항의 직렬 합성 저항과 같다. R, L, C가 병렬로 연결되어 있는 경우에도 같은 방법으로 합성 임피던스를 계산할 수 있다.

복소 임피던스 표현의 유용성을 알아보기 위해서 복소 임피던스 표현을 사용하지 않는 방법으로 계산을 해 보기로 한다. 전류는 $i=I\sin(\omega t)$와 같이 표현되고, 전압은 다음의 식과 같이 계산된다.

$$\begin{aligned} v &= Ri + L\frac{di}{dt} + \frac{1}{C}\int i dt \\ &= RI \sin(\omega t) + \omega L\, I \cos(\omega t) - \frac{I}{\omega C}\cos(\omega t) \\ &= RI \sin(\omega t) + \left(\omega L - \frac{1}{\omega C}\right) I \cos(\omega t) \\ &= \cdots \end{aligned}$$

시간 t가 sin, cos 속에 들어 있는 식이 되었다. 이 정도라면 복잡하긴 해도 계산할 만 하다고 생각할지 모르지만, 회로가 복잡해지면 계산할 엄두가 나지 않을 것이다. 앞에서 말한 것과 같이 복소 임피던스를 사용하면 저항만으로 구성된 직류 회로와 같은 방법으로 분석할 수 있는데 다른 점은 교류 회로는 복소수를 사용한다는 것이다.

단 한 가지 주의할 것은, 이 방법은 전압과 전류가 일정한 관계를 유지하면서 같은 주파수의 사인파에서 동작한다는 가정 하에 만들어진 방법이라는 것이다. 전원이 사인파가 아닌 경우, 또는 스위치를 닫는 순간 등 갑자기 어떤 변화가 생긴 경우에는 이 방법을 그대로 적용하면 계산이 맞지 않게 된다.[23)]

2.17 실효치

복소 임피던스를 사용하면 교류 회로를 직류 회로와 같은 방법으로 다룰 수 있다는 것을 알았다. 그러나 아직 크기를 일치시키지는 않았다. 교류가 흐르고 있을 때 그 교류는 몇 A의 직류가 흐르고 있는 것과 같은 양의 일을 하는지를 나타내야 교류를 직류와 같은 방법으로 나타낸 것이다. 즉 교류의 크기를 직류의 크기로 환산해 주는 것이 필요하다.

23) 일정하게 유지되고 있는 상태를 정상상태(正常狀態, steady state)라고 하고 갑자기 변화가 생긴 상태를 과도상태(過渡狀態, transient state)라고 한다. 즉 phasor 법은 정상상태에서 사용하는 방법이다.

이 환산한 직류 전류를 실효치(實效値)라고 부른다. 실효치를 계산하는 방법은 '저항에 교류가 흐르고 있을 때 소모되는 에너지' 와 같은 에너지가 소모되는 직류 전류의 크기를 계산하는 것

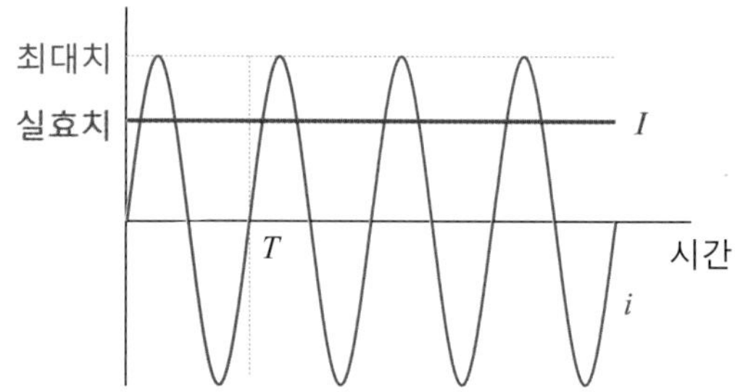

이다. 그림과 같은 교류 전류 i가 크기가 R인 저항에 흐른다면 한 주기 T 동안 소모되는 에너지는 다음의 식으로 계산된다.

$$(\text{교류 전류에너지})=\int_0^T i^2 R dt = R\int_0^T i^2 dt$$

크기 I인 직류가 흐르는 경우 한 주기 T동안 소모되는 에너지는 다음의 식으로 계산된다.

$$(\text{직류 전류에너지})=I^2RT$$

이 두 에너지가 같다는 조건으로부터 실효치를 구하면 다음과 같이 된다.

$$I^2RT=R\int_0^T i^2 dt$$

$$I=\sqrt{\frac{1}{T}\int_0^T i^2 dt}$$

위 식은 교류 전류 i를 제곱하고(square) T 시간 동안의 평균을 구한 후 (mean) 제곱근을 구하면 (root) 실효치가 된다는 것을 의미한다. 이런 의미에서 실효치를 RMS(Root Mean Square)라고도 부른다. 사인파 교류의 경우 실효치는 최대치의 $\frac{1}{\sqrt{2}}$배가 된다. 그리고 실효치는 사인파가 아니더라도 주기성이 있으면 사용할 수 있다.

복소 임피던스를 사용하고 전압과 전류도 복소수로 나타내는데, 전압과 전류의 크기를 최대치가 아니라 실효치로 나타낸 것을 phasor라고 한다. Phasor는 회로

뿐 만이 아니라 전동기, 발전기의 해석 등 교류가 사용되는 다른 곳에도 응용된다. 자세한 것은 회로 이론이나 전기기기 책을 참고하기 바란다.

2.18 공진, 발진, 자유진동

공진과 자유 진동을 혼동하거나 같은 것으로 알고 있는 사람이 많다. 혼동하지 않더라도 정확히 알고 있는 사람은 그리 많지 않은 것 같다. 우선 세 단어의 정확한 의미를 알아본다.

자유진동 : 自由振動, free oscillation. 외력이 작용하지 않는 경우의 진동

발진 : 發振, oscillation : 진동을 발생하는 것을 통칭하는 말

공진 : 共振, resonance.[24] 고유진동수(공진 주파수)와 동일한 진동수를 가진 외력(外力)을 받아 진폭이 증가하는 현상

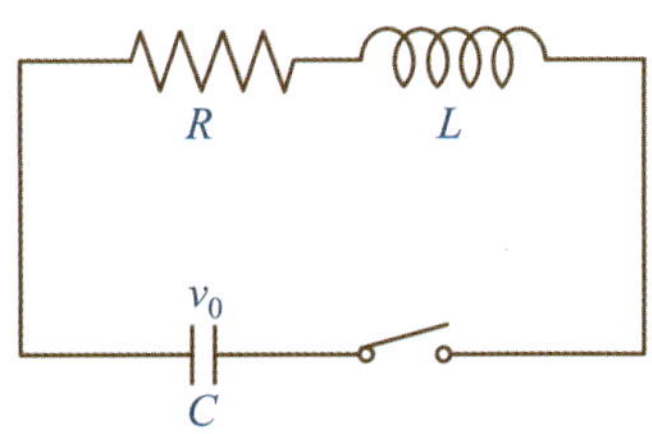

그림과 같은 회로에서 C를 충전시킨 다음 스위치를 닫을 때 생기는 진동의 주파수는 얼마일까? $\frac{1}{2\pi\sqrt{LC}}$이라고 생각했다면 틀렸다. 진동 주파수는 다음의 식과 같이 된다.

$$(\text{진동주파수}) = \frac{1}{2\pi}\sqrt{\frac{1}{LC} - \left(\frac{R}{2L}\right)^2}$$

$\frac{1}{2\pi\sqrt{LC}}$은 이 회로의 공진주파수이다. 회로에 이 주파수의 교류 전원을 가해주면 진동이 점점 커진다. 저항(R)이 0일 때 이 회로는 공진 주파수의 자유 진동을 한다. 그러나 R이 있으면 진동의 주파수는 공진 주파수가 되지 않는다.

24) 공명(共鳴)이라고도 한다.

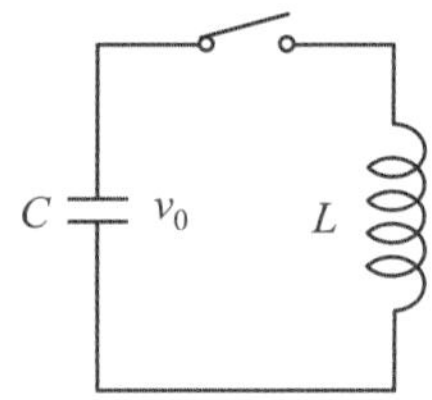

다음으로 자유 진동이 어떻게 해서 생기는지를 알아보기로 한다. 가장 간단한 예로 그림과 같은 회로에서 커패시터를 충전한 상태에서 스위치를 닫은 경우를 생각해 보자. "2.13 인덕턴스와 전류 변화"와 "2.14 커패시턴스와 전압 변화"의 내용은 잘 알고 있다고 생각하고 설명을 하기로 한다.

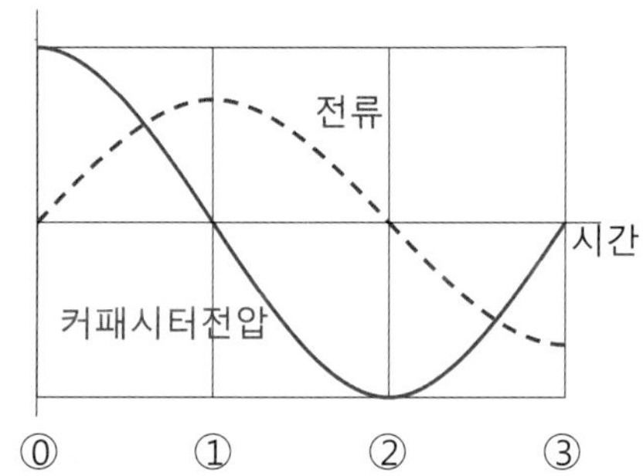

그래프가 커패시터의 전압과 전류의 파형을 나타내고 있다. 스위치를 닫으면 C에 충전된 전하가 흘러 나가면서 커패시터의 전압이 낮아지기 시작한다. L이 전류의 변화를 방해하기 때문에 갑자기 다 흘러나가지는 못하고 전류가 점점 증가하고 전압은 점점 감소하게 될 것이다(⓪~①). C에 모여 있던 전하가 다 빠져나와서 전압이 0인 상태가 되어도 L은 전류를 계속 흘리려 하기 때문에 C는 반대 방향으로 충전된다(①~②).

반대 방향으로 충전되면서 반대 방향 전압이 점점 높아지고 C가 꽉 차게 되면 전류가 더 이상 흐르지 못한다(②). 그러면 C의 전하는 다시 빠져나오고 전하가 찰 때와는 반대 방향의 전류가 흐르게 된다(②~③). 이런 과정이 반복되면서 전압과 전류가 계속 진동하게 되는 것이 LC 회로의 자유 진동이다.

L이 크면 전류의 변화를 방해하는 힘이 크기 때문에 동작이 느려지고, C가 크면 더 많은 전하가 차야 충전이 멈추기 때문에 동작이 느려진다. 즉 L이나 C가 작을수록 진동 주파수가 커진다.

그러나 L과 C 중 하나만 동작 속도가 두 배로 된다고 해서 진동 주파수가 2 배가 되지는 않는다. 전체의 동작 속도가 2 배가 되려면 L과 C 둘 다 동작 속도가 두 배가 되어야 한다. 그래서 공진 주파수가 $\frac{1}{\sqrt{LC}}$에 비례하는 것이다.

2.19 전동기와 발전기

1부에서도 설명한 것과 같이 전동기와 발전기는 같은 장치이므로, 둘을 통칭하여 전기기계(電氣機械)라고 부르는 것이 보통이다.[25] 영어로는 electric machine이라고 부른다. 현재 상당히 많은 종류의 전기기계가 있지만 크게 나누면 직류기(直流機, DC machine), 동기기(同期機, synchronous machine), 유도기(誘導機, induction machine)로 구분할 수 있다.

2.19.1 직류기

직류기란 직류에 의해 회전하고 직류를 발전하는 장치인데 1부에서 설명했던 것이므로 여기서는 요약해서 간단히만 설명하도록 한다.

단극기는 바로우의 회전 톱니 장치(1.8 전동기의 발명)와 패러데이 원판(1.9 발전기의 발명)를 말한다. 두 번째와 세 번째는 브러시와 정류자를 사용한 직류기인데, 영구자석을 사용한 형태로 되어 있는 것이다. 네 번째는 와일드, 지멘스, 휘트스톤의 세 사람이 동시에 발명한 자여자 방식의 직류기이다. (1.12 발전기의 발전)

2.19.2 동기기

처음 발명된 전기기계는 직류기였고 오랜 기간 동안 사용되었다. 에디슨과 테슬라가 중심이 된 전류 전쟁에서 교류 진영이 승리한 후 교류를 사용하게 되었는데, 그 때부터 사용한 교류 발전기는 동기 발전기라는 형태이었다. 동기 발전기는 직류 발전기의 정류자 대신 슬립링(slip ring)을 사용한 것이다. 동기기를 회전시키

25) 전기기기(電氣器機)라는 말은 전기기계와 변압기(變壓器)를 통칭하는 말이다. 機는 움직이는 장치를 의미하는 글자이고 器는 움직이지 않는 장치를 일컫는 말이다.

	구조	발전 전류
단극기	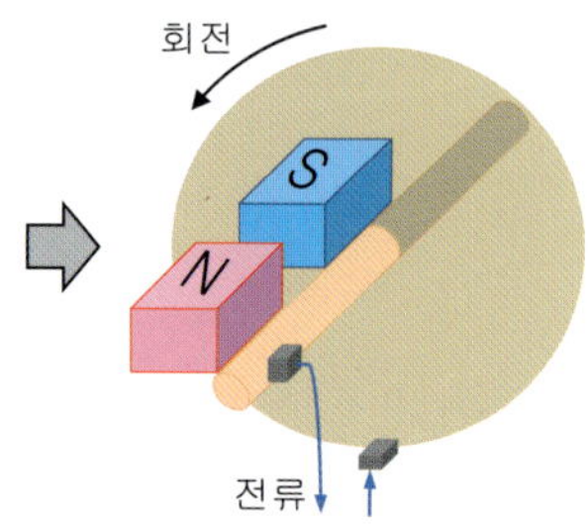	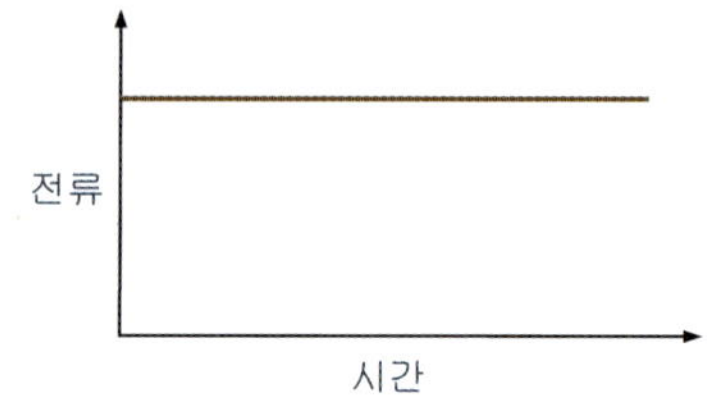
영구 자석형	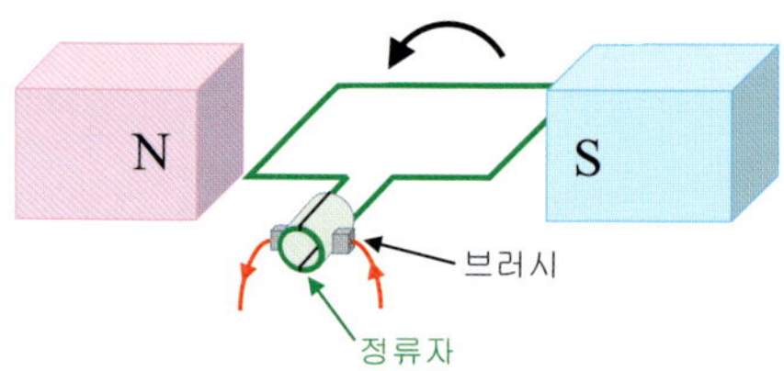	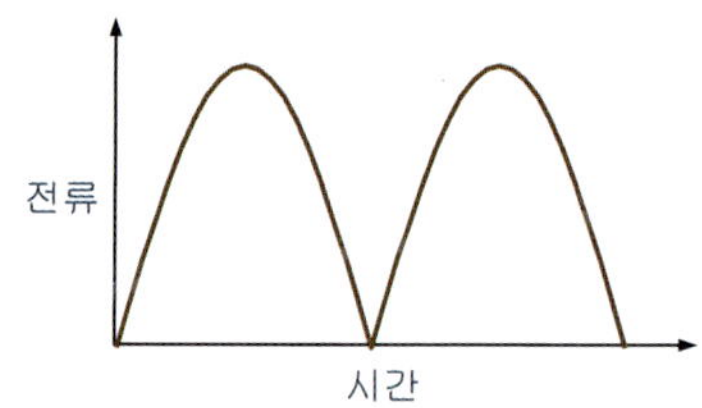
	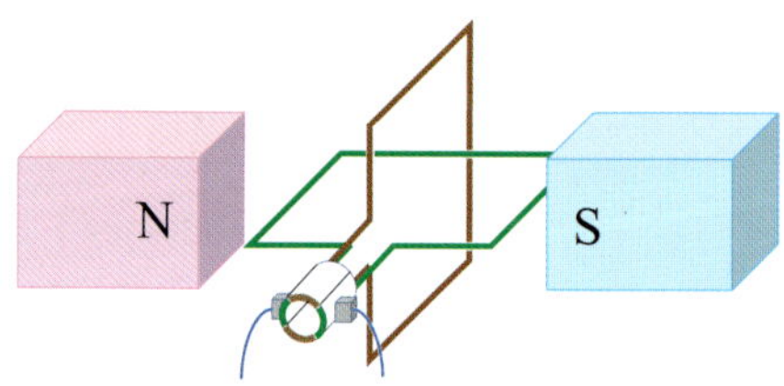	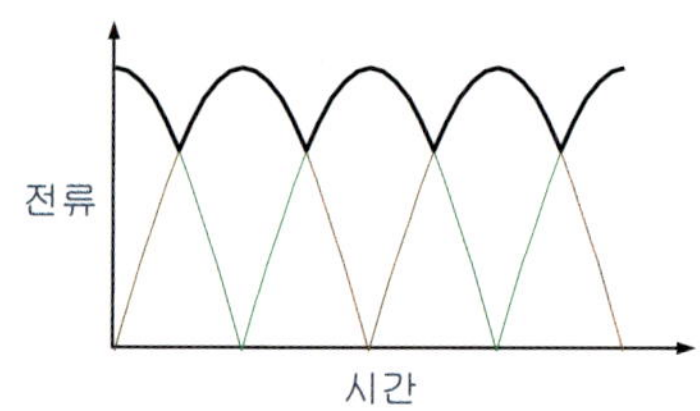
자여자형	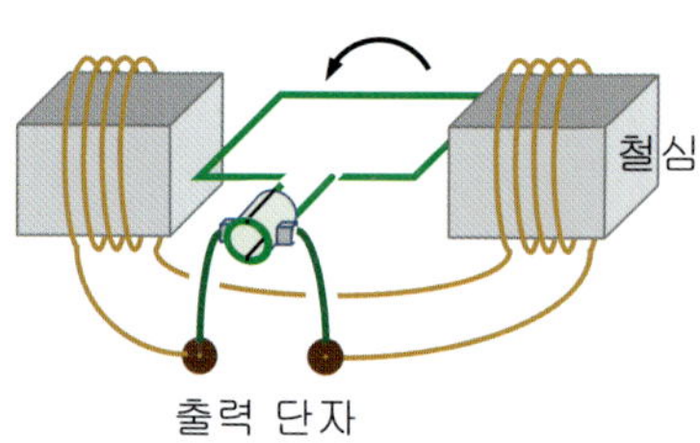	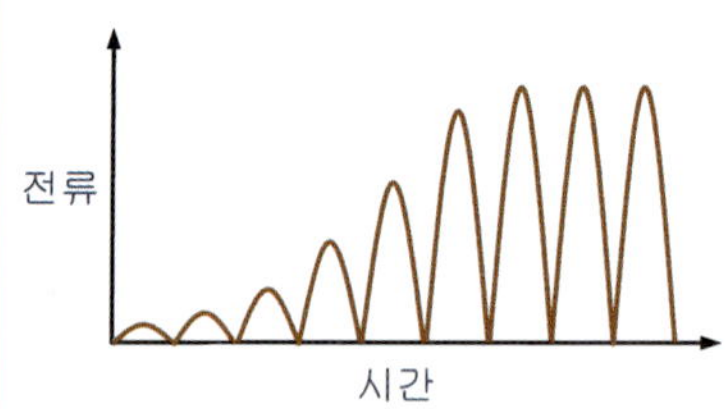

면 회전수와 같은 주파수의 교류가 만들어지고, 교류를 흘려주면 교류의 주파수와 같은 회전수로 회전하게 된다.

위의 그림은 단상 동기기를 보여주고 아래 그림은 3상 교류용 동기기를 보여주고

	구조	발전 전류
단상	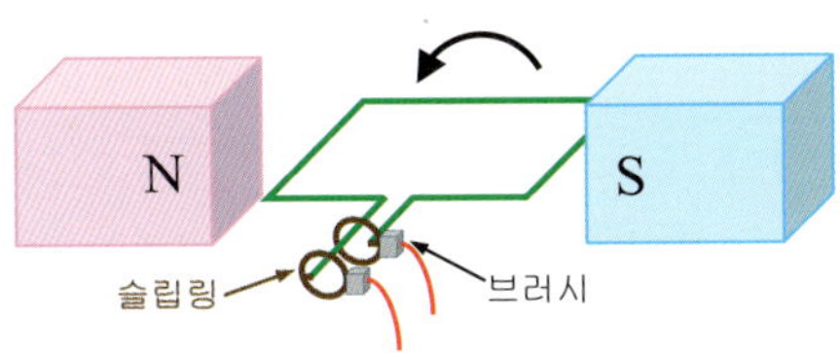	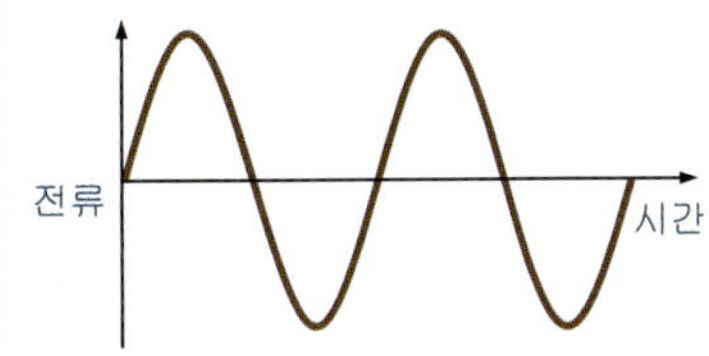
3상	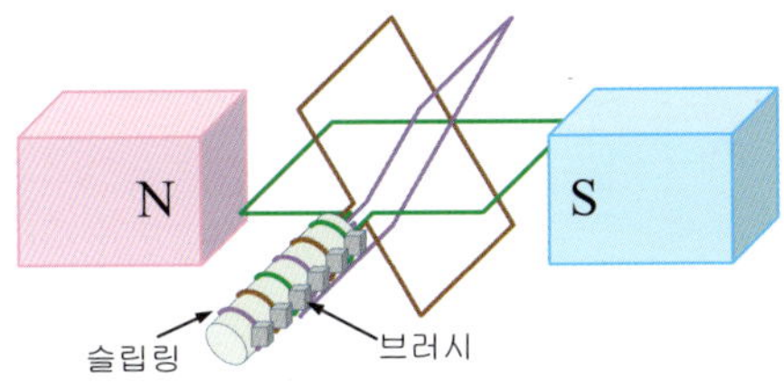	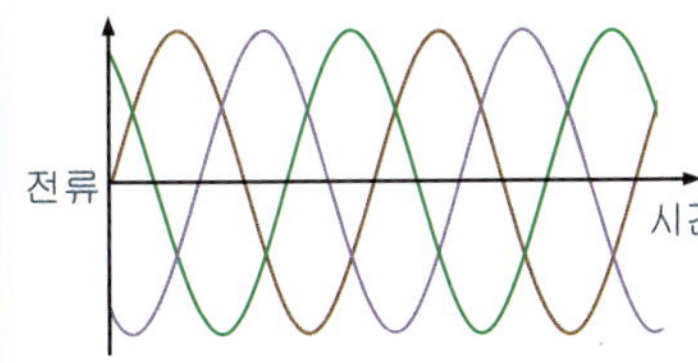

있다. 3상 교류에 대한 자세한 것은 2.20에서 설명한다. 3상 뿐만 아니라 2 상, 6 상 등도 같은 방법으로 만들 수 있다.

제1부에서도 설명한 것과 같이 동기기를 전동기로 동작시킬 경우, 정지된 상태에서 그냥 교류를 흘려주는 것만으로는 동기기가 회전을 시작하지 못한다. (1.14 전력 전송의 시작) 그래서 동기기를 전동기로 사용할 경우 처음에 회전을 시켜주는 기동 장치가 필요하다.

동기기는 브러시 대신 슬립링을 사용한다고 했는데, 자석을 안쪽에 두고 코일을 바깥쪽에 두면 슬립링이 필요 없게 된다. 그러나 이렇게 하면 자기장이 약해서 강한 발전을 할 수 없으므로 (전동기의 경우에는 회전력이 약하게 된다) 바깥쪽에 자석을 배치하는 방법이 사용된 것이다.[26]

지금은 상당히 강한 자석 들이 개발되어 있다. 그리고 강한 힘 보다는 정확한 속도나 위치 조절이 가능한 전동기가 필요한 경우가 있는데, 예를 들면 컴퓨터의 하

26) 바깥쪽은 안쪽보다 더 큰 공간에 자석을 배치할 수 있고, 안쪽에 자기장을 집중시킬 수 있는 장점이 있다.

드 디스크를 회전시키는 전동기와 같은 것 들이다.

이런 경우에는 자석을 안쪽에 두고 코일을 바깥쪽에 두면 된다. 그리고 코일에 흐르는 전류를 반도체를 사용한 제어장치로 조절해주면, 기동할 때는 천천히 동작시키고 점점 빠르게 전류의 방향을 바꾸어줄 수도 있고, 회전 속도를 수시로 변화시킬 수도 있다. 회전을 감지하여 동작하면 탈조의 염려도 없게 된다.

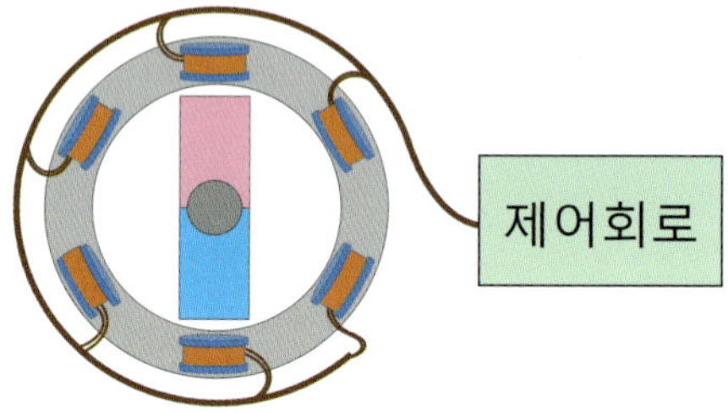

또한 이 구조의 전동기는 원하는 속도로 회전시키는 것도 가능하고 원하는 위치에 왔을 때 세우는 것도 가능하다. 이 원리를 이용하여 만들어진 전동기가 stepping motor인데, 크게 보면 동기기의 범주에 들어간다. 그림은 자석이 회전하는 구조로 되어 있는데, 자석 대신에 철을 사용해도 회전을 시킬 수 있다. 철이 전자석에 붙는 원리를 이용한다고 생각하면 된다.

Stepping motor 이외에도 많은 종류의 전동기가 개발되어 있다. 소형 전동기의 경우에는 반도체 제어 회로와 일체형으로 되어 있는 것도 있다. 하지만 회전하는 원리를 보면 모두가 지금까지 설명한 세 가지 범주 중 하나에 속한다.

현재 우리가 사용하는 전력은 거의 전부가 동기발전기에 의해 발전된다. 새로 발전소를 건설한 경우를 생각해보자. 그냥 발전기를 돌리고 선을 연결하면 전기가 스스로 알아서 송전선을 타고 나가서 전력 시스템의 다른 부분과 융화되는가?

무슨 말인지 이해가 잘 가지 않는다면 두 개의 동기 발전기로 함께 발전하는 경우[27]를 생각해보자. 두 발전기의 발전 전압이 그림과 같은 상태일 때 그냥 선을

27) 이런 것을 병렬운전(竝列運轉)이라고 부른다.

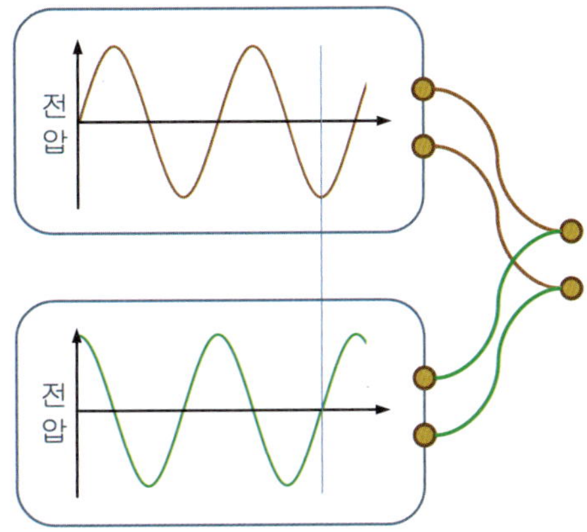

연결해버리면 두 발전기 사이에 전류가 흐르고 전체의 전압이 흔들리게 될 것이다. 두 발전기의 파형이 일치하는 상태, 즉 박자가 맞는 상태[28)]에서 두 발전기가 연결되어야 한다.[29)]

우리나라는 섬 등 일부 지역을 제외한 모든 곳이 3상 교류 전력선으로 연결되어 있다. 따라서 전국의 전력망은 박자를 맞춰 함께 움직이고 있다. 이 상태에서 새로운 발전기를 연결한다면 회전 방향과 위상이 맞아야 한다. 그리고 발전기의 전압이 전력망의 전압보다 높아야 전류가 전력망으로 흘러 들어가게 된다.

현재의 전력망보다 높은 전압의 발전기를 전력 시스템에 연결하면 시스템 전체의 전압이 조금 올라가게 되는데, 그러면 기존의 발전기 중 낮은 전압을 발전하던 발전기는 발전을 하지 못하게 될 수도 있다. 이런 현상을 방지하기 위해서 발전기는 속도가 빨라지면 발전량이 줄어들도록 조절해 준다.

이 조절이 어떻게 이루어지는지를 설명하는 것은 이 책의 범위를 넘으므로 생략하기로 한다. 자세한 것은 전력계통 (power system) 책을 참고하기 바란다. 아무튼 교류 전력이라는 것은 그냥 발전기를 돌리면 만들어지고 선을 연결하면 전달되는 간단한 것은 아니라는 것이다.

2.19.3 유도기

유도전동기의 원리는 1824년 아라고가 발견한 맴돌이 전류[30)]의 원리에 기초를

28) 박자가 맞는 상태를 위상(位相)이 일치하는 상태(in phase)라고 한다.
29) 이 설명은 단상의 경우인데, 다상이 되면 회전하는 방향도 맞아야 된다.
30) 와전류 (渦電流), eddy current

두고 있다. (1.4 흐르는 전기에 대한 연구)

그림처럼 자석을 돌리면 패러데이의 법칙에 의해서 금속 원판에는 전류가 발생한다. 전선이 있으면 전류가 전선을 따라 흐르겠지만 경로가 정해져 있지 않으므로 원판 내부에서 소용돌이처럼 맴도는 전류가 생기는데 이것을 맴돌이 전류라고 한다.

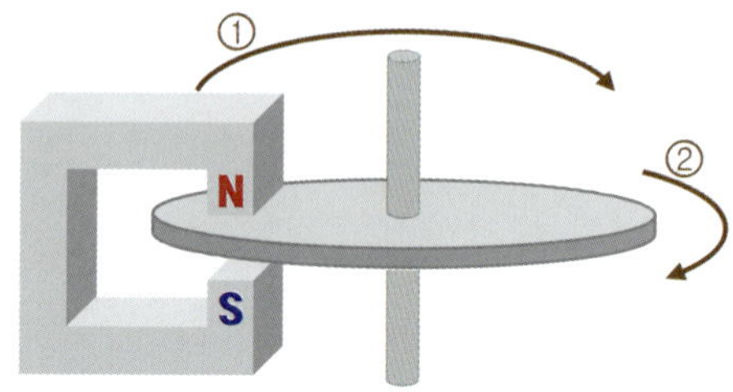

아라고 원판

렌츠의 법칙에 의하면 자기장이 변하면 자기장의 변화를 방해하는 방향의 전류가 발생한다. 따라서 자석을 회전시키면 원판에는 자석을 붙잡으려는 전류가 발생되므로 원판이 자석을 따라 돌게 되는 것이다. 즉 원판에 전류를 흘려주지 않아도 원판이 회전하는 것이다. 아라고 원판은 지금도 전기요금 계량기에 사용하고 있다. (1.4 흐르는 전기에 대한 연구)

자석을 돌리지 않더라도 회전하는 자기장을 만들어주기만 하면 원판이 따라 돌 것이다. 교류를 흘려서 회전하는 자기장을 만들어 원판이 돌도록 하는 전동기를 유도전동기(誘導電動機, induction motor)라고 한다.

정류자를 사용하여 회전하는 코일에 전류를 흘려주어야 하는 직류 전동기나 슬립링을 사용하는 동기 전동기와는 달리 유도 전동기는 전기적으로 접촉하는 부분 없이 돌아간다. 즉 유도전동기는 직류 전동기나 동기 전동기보다 구조가 더 간단하다. 그리고 마찰하는 부분이 없으므로 수명도 더 길다. 또한 동기 발전기와는 달리 탈조도 일어나지 않는다.

그러나 유도 전동기는 도체 원판에 발생하는 전류와 자기장이 회전하는 자기장을 붙잡는 원리로 회전하는 장치이므로 회전 속도가 교류의 주파수보다 느리게 되는데, 부하가 많이 걸리면(도는 것이 더 힘들면) 더 느려진다.

즉 유도전동기는 원하는 속도로 회전시키는 것이 쉽지 않으므로 회전 속도가 조금 달라져도 지장 없는 장치, 예를 들어 선풍기, 펌프 등에 주로 사용된다.

위의 설명은 자석을 돌려서 회전 자기장을 만드는 것이었는데, 교류로 회전 자기장을 만드는 방법은 아직 설명하지 않았다. 그림처럼 전자석을 배치한 경우를 생각해보자. 이렇게 하면 자기장이 좌우로 왔다 갔다 하게 되지만 회전을 하게 되는 것은 아니다.

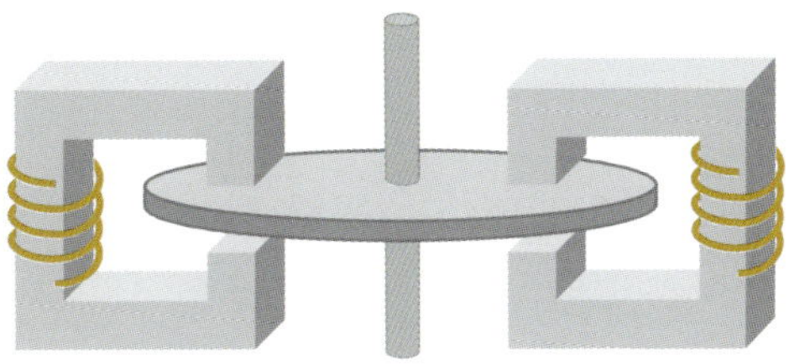

그래서 유도전동기는 어떤 방향이 될지는 모르지만 처음 돌기 시작한 방향으로 계속 돌게 된다. 원하는 방향으로 회전을 하게 하려면 처음에 원하는 방향으로 돌기 시작하도록 해 주든지,[31] 자기장이 그 방향으로 회전하도록 만들어야 한다.

처음으로 회전 자기장을 만든 것은 베일리[32]인데, 그는 1879년 4 개의 전자석에 순차적으로 전류를 흘려주는 방법으로 회전하는 자기장을 만드는데 성공했다.

베일리는 그림처럼 원판에 4 개의 전자석을 배치하고 대각선으로 마주보는 두 전자석이 반대 방향이 되도록 선을 연결했다. 그리고 그림과 같은 순서로 차례로 전류를 흘려주면 회전하는 자기장이 발생된다. 이렇게 8 단계를 거치면서 자기장이 한

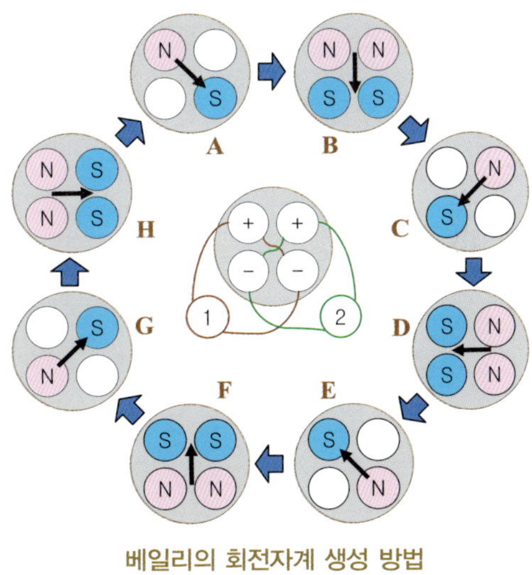

베일리의 회전자계 생성 방법

31) 커패시터를 연결하는 방법으로 회전 시작 방향을 정해줄 수 있다. 자세한 것은 전기기계 책 참조.
32) Walter Baily (? ~ ?)

바퀴 회전하게 된다.

그림에 있는 8 개의 단계 중 4 단계는 코일 두 개에만 전류가 흐르고 다른 4 단계는 코일 네 개에 전류가 흐르는데, 코일 두 개에만 전류가 흐르는 단계에는 네 개에 흐르는 단계보다 더 많은 전류가 흘러야 자기장의 세기가 일정해질 것이다. 이렇게 되도록 하려면 두 전원에는 각각 그림과 같은 전류가 흘러야 한다.

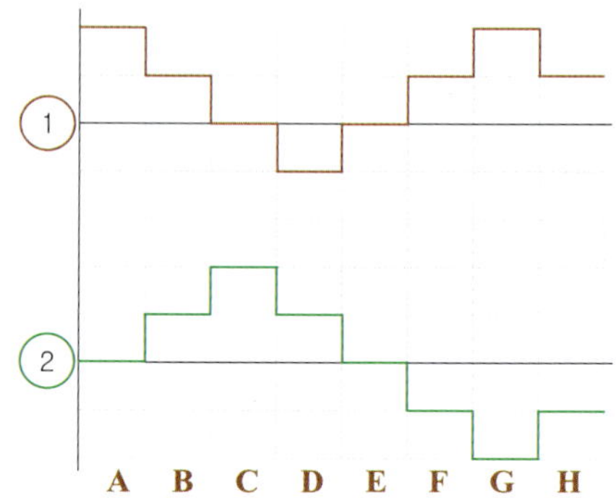

회전자계 생성을 위한 전원

테슬라는 이 방법을 응용하여 네 개의 코일에 1/4 주기만큼의 시간차(90° 차이)를 가지는 두 개의 사인파 교류를 흘리는 방법으로 회전하는 자기장을 만들었다. 그리고 회전하는 자기장 속에 아래의 그림과 같은 도체 원판(또는 원통)을 두면 원판이 회전하는 자기장을 따라 돌게 되는데, 이것이 2 상 유도전동기이다. 6 개의 코일을 사용하면 3상 유도전동기가 된다.

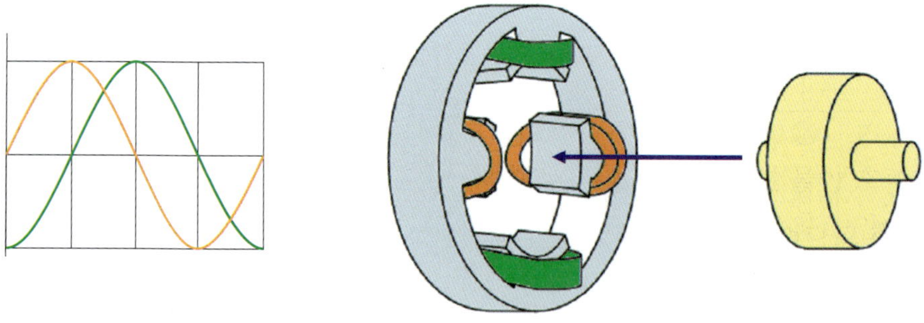
2상 유도 전동기의 구조

2.20 다상 교류

다상 교류란 위에서 회전하는 자기장을 만들기 위해 사용한 '두 개의 일정한 시간차를 가진 사인파 교류' 처럼 여러 개의 교류를 함께 묶은 것을 말한다. 2 개의 교를 사용하면 2 상, 3 개를 사용하면 3 상이 되는데, 통칭하여 다상(多相, multi phase)이라고 부른다.

이해를 돕기 위해 그림과 같이 파이프를 통해 기압으로 에너지를 전달해 주는 장치가 있다고 생각해보자. 왼쪽의 원통을 돌리면 왼쪽의 피스톤이 왕복운동을 하게 된다. 그러면 오른쪽의 피스톤도 왕복을 하게 되고 오른쪽의 원통이 회전을 하게 된다.

단상 교류의 원리

그런데 이렇게 하면 오른쪽 원통이 왼쪽 원통과 같은 방향으로 돈다는 보장이 없다. 오른쪽 원통은 처음 돌기 시작한 방향으로 계속 돌게 되므로 오른쪽 원통의 회전 방향은 왼쪽 원통의 방향과 같을 수도 있고 반대가 될 수도 있다. 이것이 지금까지 설명한 교류에 해당되는 것인데, 단상(單相, single phase) 교류라고도 부른다.

원하는 방향으로 제대로 회전을 시키려면 오른쪽 그림처럼 3 개의 파이프를 사용하고 각 파이프에 3분의 1 주기 만큼의 시간차를 두고 3 개의 교류를 보내주면 된다. 이와 같은 방식의 교류를 3상 (3 phase) 교류라고 부른

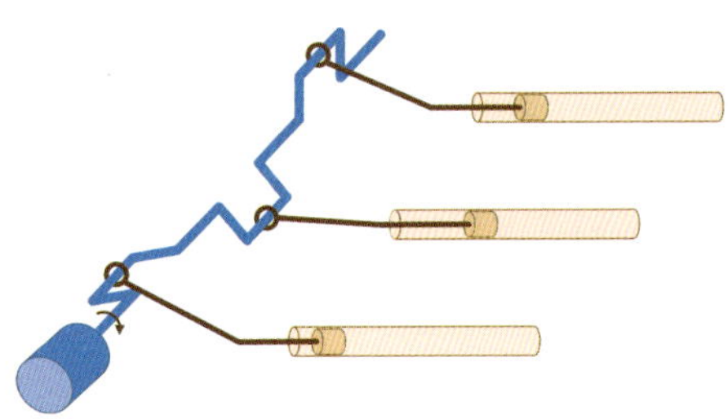

3상 교류의 원리

다. 3상 교류는 회전의 방향을 정해줄 수 있는 장점 이외에도 회전이 더 고르다는 장점이 있다.

상의 수가 많아지면 회전이 더 고르게 되겠지만 그 대신에 전력선의 수가 많아진다.[33] 테슬라가 주장한 것은 2.19.2에서 설명한 것과 같은 다상 동기기로 발전하여 다상 교류로 전력을 보내고 2.19.3에서 설명한 것과 같은 유도기를 사용하는 방법이었다.[34] (1.14 전력 전송의 시작)

3상 교류를 회로로 표현하면 아래의 그림과 같이 된다. 그림의 방법은 3상 4선식이라고 부르는 방법이다. 이 방법은 세 개의 상이 크기가 같고 각도가 120도씩으로 정확하게 되어 있다면 가운데에 점선으로 표시한 선[35]에는 전류가 흐르지 않는다. 다음의 식에서 쉽게 확인할 수 있다.

$$
\begin{aligned}
(\text{중성선 전류}) &= \sin(\omega t) + \sin(\omega t + 120^\circ) + \sin(\omega t - 120^\circ) \\
&= 0
\end{aligned}
$$

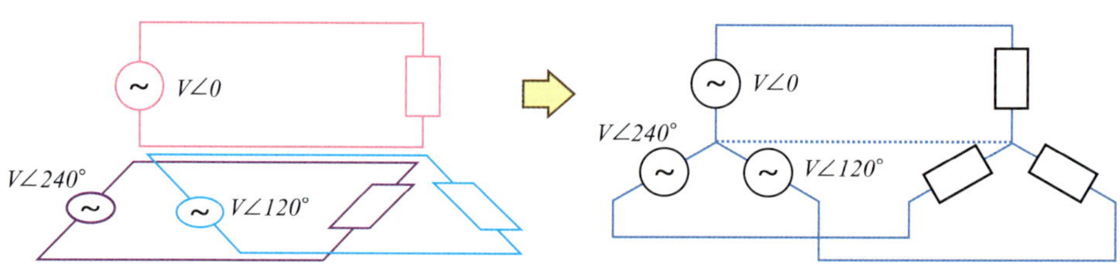

3상 4선식 교류(Y 결선)

3상 3선식 교류(Δ 결선)

3상 교류를 구성하는 다른 방법은 그림과 같이 삼각형 모양으로 결선하는 방법으로 3상 3선식이라고 한다. 3상 4선식의 결선 방법은 모양이 Y자와 닮았다고 해서 Y 결선이라고 부르고, 3상 3선식의

33) 전력선 수에 비해 송전 효율이 가장 좋은 것은 3 상이므로, 현재 송전선은 모두 3 상 교류로 되어 있다.
34) 나이아가라 수력 발전소의 경우 2 상이 사용되었다.
35) 중성선(中性線, neutral conductor 또는 neutral wire)이라고 부른다.

결선은 Δ 결선이라고 부른다.

2.21 강자성, 반자성

물질 중에는 전기를 잘 통하는 물질인 도체와 통하지 않는 부도체가 있다. (2.10 전압과 전류 그리고 저항) 도체, 부도체는 물질을 전기적 성질에 의해 분류한 것인데, 과학적으로 정확히 구분되어 있는 것은 아니지만 우리에게 그리 낯설지 않은 분류이다.

물질은 자기적 성질에 의해서 분류할 수도 있다. 물질은 자석을 당기는 물질과 자석을 밀어내는 물질로 구분할 수도 있는데, 이것은 보통 사람에겐 익숙하지 않은 분류이다.

일반인이 잘 모르는 이유는 밀거나 당기는 힘이 아주 약해서 자석을 갖다 대어 봐도 알 수가 없기 때문이다. 철(Fe)의 경우에는 붙여보면 알 수 있을 정도로 당기는 힘이 강하지 않으냐고 반문할지 모르겠다. 하지만 철이 자석을 당기는 현상은 위에서 말한 자석을 약하게 당기는 현상과는 다른 현상이다.

자석을 약하게 당기는 물질은 상자성체(常磁性體, paramagnetic substance)라고 부르고 자석을 밀어내는 물질은 반자성체(反磁性體, diamagnetic substance)라고 부른다. 철과 같이 자석을 강하게 당기는 물질은 강자성체(强磁性體, ferromagnetic substance)라고 부른다. 그 외에도 다른 종류의 자성체들이 있는데, 이 책에서는 이 세 가지에 대해서만 다루기로 한다.

2.21.1 상자성체

상자성체는 자기장 속에 있으면 자기장 방향으로 약하게 자화되는 물질이다. 자기장 방향으로 자화되므로 자기장이 조금 강해지게 된다. 자석 옆에 상자성체를 둔 경우 자석이 만드는 자기장과 같은 방향으로 자화되므로 자석과 상자성체는 서로 당기게 된다.

상자성체는 자기장이 강할수록 더 많이 자화되고, 자기장이 없어지면 자화도 없어진다. 그리고 온도가 높아지면 자화의 양이 줄어드는데, 이것을 퀴리[36)]의 법칙이라고 한다.

패러데이가 처음 이 현상을 연구했고, 상자성이라는 이름도 패러데이가 붙였다. 대부분의 원소와 일부 화합물이 상자성체에 속하는데, 망간(Mn), 백금(Pt), 알루미늄(Al) 등과 산소(O_2)가 대표적인 상자성체이다.

2.21.2 강자성체

강자성체도 상자성체와 마찬가지로 자기장 속에 있으면 자기장 방향으로 자화되는데, 상자성체에 비해 훨씬 강하게 자화된다. 그러나 상자성체와 강자성체를 단순히 자화의 세기로 구분한 것은 아니고 다른 특징이 있다.

강자성체는 자기장이 없어져도 자화가 조금 남는다. 자석에 붙였다 뗀 철이 자성을 띠는 것은 철이 강자성을 가지고 있기 때문이다. 대표적인 강자성체는 철(Fe), 니켈(Ni), 코발트(Co) 등이다.

강자성체는 어느 온도 이상이 되면 강자성을 잃어버리고 상자성체가 되는데, 이 온도를 퀴리 온도(Curie temperature)라고 한다. 온도를 다시 내리면 다시 강자성체가 되지만 온도를 올리기 전의 자화 상태로 돌아가지는 않는다. 즉 자석에 붙였

36) 퀴리 부인(Maria Skłodowska Curie, 1867~1934, 폴란드)의 남편인 Pierre Curie (1859~1906, 프랑스)이다.

다 뗀 철의 자성을 없애려면 자기장이 없는 상태에서 온도를 퀴리 온도 이상으로 올렸다 내리면 된다.[37)]

철은 강자성체이기 때문에 철에 전선을 감으면 강한 전자석이 된다. (1.7 전자석의 발명) 그리고 변압기를(발전기, 전동기도 마찬가지이다) 만들 때 자기장을 집중시키기 위해 사용한다. (1.14 전력 전송의 시작)

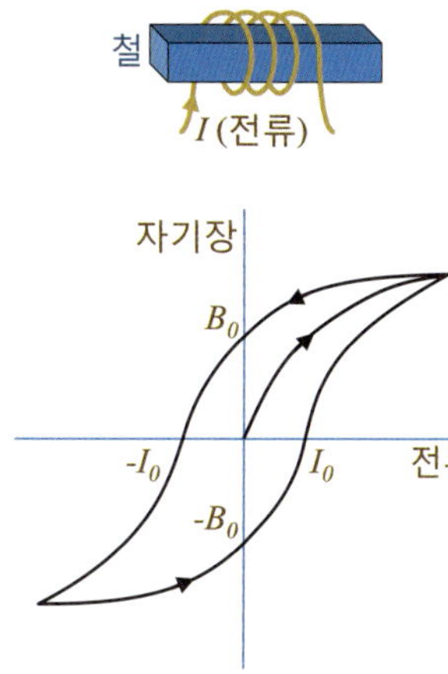

자기 이력 곡선

자성이 남는 현상을 좀 더 정확히 나타낸 것이 그림에서 보는 자기 이력 곡선(磁氣 履歷 曲線, hysteresis loop)이다. 자화가 되어 있지 않은 상태(그래프의 원점)에서 전류를 흘려주면 자기장이 점점 강해진다. 그러나 철의 특성상 자기장이 무한정 커지지는 못하고 그림과 같이 점점 일정한 값으로 된다.[38)]

이 상태에서 전류를 감소시키면 자기장이 감소하는데, 전류를 증가시킬 때 보다는 높은 자기장이 된다. 전류를 0까지 감소시키더라도 철에는 어느 정도의 자기장이 남게 된다(그림의 B_0). 전류를 반대 방향으로 어느 정도($-I_0$) 흘려야 자기장이 0이 된다. 반대 방향도 똑 같은 현상이 생기므로 그림과 같은 자기 이력 곡선이 그려지는 것이다.

2.21.3 반자성체

반자성체도 상자성체와 마찬가지로 자기장 속에 있으면 약하게 자화되는데, 자화되는 방향이 상자성체와는 반대이므로, 자기장이 약해진다. 그리고 자석의 옆에 반자성체를 두면 자석과 반자성체는 서로를 밀어내게 된다.

37) 철의 퀴리 온도는 570℃ 정도 된다. 촛불이 탈 때의 온도는 400~1200℃ 정도이므로 고루고루 잘 가열해 줄 수만 있다면 촛불로도 철의 자성을 없앨 수 있다.
38) 이렇게 되는 것을 포화(飽和)라고 하는데, 순수한 철의 경우 1.6 T 정도의 자기장에서 포화가 된다.

유리, 비스무스(Bi), 안티몬(Sb) 등이 대표적인 반자성체인데, 대부분의 금속, 산소를 제외한 기체, 물 등도 반자성체이다. 반자성체를 처음 발견한 것은 패러데이로, 비스무스가 반자성이 있다는 것을 발견했다.

반자성체 역시 상자성체와 마찬가지로 밀어내는 힘은 아주 약하다. 그런데 아주 강하게 밀어내는 경우가 한 가지 있는데, 바로 초전도체이다. 초전도체는 주위의 자기장을 완전히 상쇄하여 초전도체의 내부의 자기장이 0이 되도록 자화되기 때문에 '완전 반자성' 이라고 한다.

초전도에 대한 전시회를 할 때 자주 볼 수 있는 것 중의 하나는 아마 사진에서 보는 것과 같이 초전도체가 자석 위에 둥둥 떠있는 모습일 것이다. 그리고 이 현상은 초전도체가 완전 반자성이 되는 마이스너 효과 때문에 생긴다고들 말한다. (1.18 초전도의 발견)

하지만 이 말은 사실과 다르다. 완전 반자성이 되면 초전도체는 자석 위로 튕겨나가 버린다. 그러나 초전도체를 자석 위에 두면 사진처럼 제자리에 떠있게 되고, 이 상태에서 초전도체를 들어 올리면 자석도 함께 들려 올라온다.

완전 반자성이 되는 초전도체는 제1종 초전도체라고 부르는 것으로 종류도 많지 않고 임계온도(1.18 초전도의 발견)도 아주 낮다. 지금 사용되는 초전도체는 전부 제2종 초전도체로 분류되는 것으로 완전 반자성을 나타내지 않는다.

둥둥 떠 있게 되는 것은 제2종 초전도체에서 생기는 "flux pinning"이라는 현상 때문이다. Flux pinning은 초전도체 내에 부분적으로 자장이 침투하는 현상인데, 자세한 것은 초전도 책을 참고하기 바란다.[39)]

39) 김석환, 한송엽, "초전도 공학 개론," 대영사, 2004.

또 한 가지 초전도에 대해 사람들이 많이 오해하는 것은 자기 부상(磁氣浮上, magnetic levitation)에 대한 것이다. 초전도 자기 부상 열차도 완전반자성이나 flux pinning 현상을 이용하는 것이 아니다. 자기부상 열차에 초전도를 사용하는 이유는 초전도선으로 강력한 전자석을 만들 수 있기 때문이다.

2.22 마그네트론과 전자레인지

마그네트론의 구조는 그림과 같다. 한가운데에 있는 봉은 음극인데 가열해서 전자가 튀어나오게 하는 부분으로 구리 등의 금속으로 만들어져 있다. 바깥쪽에 있는 복잡한 구조로 된 부분도 구리 등의 도체로 만든 것인데, 양극의 역할과 공진기의 역할을 하는 부분이다.

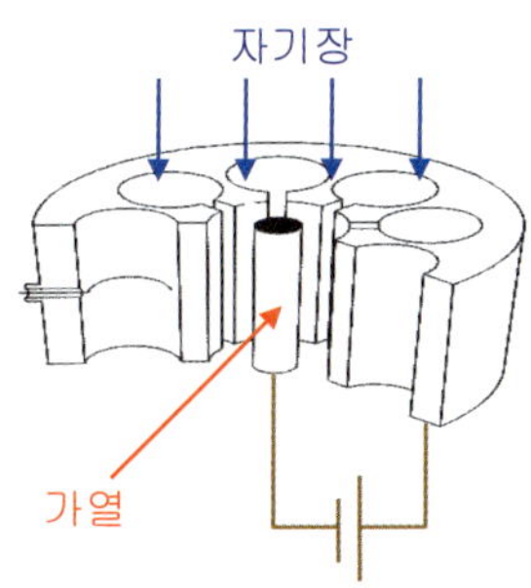

마그네트론의 구조

아래의 그림은 마그네트론의 원리를 설명하기 위한 그림이다. 음극을 가열하고 음극과 양극 사이에 전압을 걸어주면 음극에서 전자가 튀어나온다. 자기장이 없다면 이 전자는 (a)와 같이 양극으로 곧장 날아갈 것이다.

자기장이 있으면 플레밍의 왼손 법칙에 의해 전자의 경로가 휘어진다. 자기장이 강할수록 전자가 더 많이 휘어지게 되는데 너무 강하면 전자는 음극으로 되돌아오게 된다. 자기장의 세기를 잘 조절하면 전자가 긴 거리를 돌면서 양극에 가도록 할 수 있다(b).

양극을 (c)와 같이 만들어 주면 전자가 양극이 있는 부분을 지날 때 양극 쪽으로 더 많이 끌리게 되므로 양극에 조금 가까워지기도 하고 속도도 약간 빨라진다. 양

(a) (b) (c) (d) (e)

극이 없는 부분에서는 양극 쪽으로 가속하는 힘이 약해진다. 그래서 전자는 그림과 같이 진동을 하면서 움직이게 된다(c).

전자가 진동하므로 전자기파가 발생되는데, 양극의 구조를 (d)와 같이 전자기파와 공진을 하도록 만들어 놓은 것이 마그네트론이다. 헤르츠가 사용했던 '작은 공 두 개가 붙어 있는 철사 고리 (1.16 전자기파의 발견)' 8 개를 한 뭉치로 만들어 놓은 것이 그림의 양(+)극이라고 생각하면 된다.

마그네트론을 설계할 때는 구멍의 개수, 크기 모양을 잘 맞춰서 원하는 주파수의 공진이 잘 일어날 수 있으므로 하는 것이 중요하다. 그리고 (d)와 같이 만드는 것 보다는 (e)와 같이 만드는 것이 제작 과정이 훨씬 간단하므로, 지금은 (e)와 같이 만드는 것이 일반적이다.

전자레인지는 마그네트론으로 전자기파를 발생시켜 전자기파로 물 분자를 진동시켜 열을 내는 장치이다. (1.23 전쟁이 끝나고) 물 분자는 산소 원자 하나와 수소 원자 두 개로 이루어져 있다. 산소 원자는 최외각 전자가 6 개인데, 그 중 두 개가 각각 수소 원자와 공유결합을 하여 물 분자가 된다.

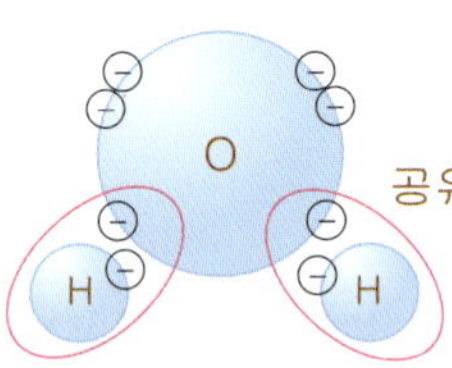

물 분자의 구조

두 수소 원자는 104.5도의 각도로 산소 원자에 붙어 있는 구조로 되는데,[40] 이렇

40) 평면에 그리면 180도가 될 것 같지만, 입체이므로 정사면체의 두 꼭짓점에 수소 원자가 배치된다고 생각하는 것이 맞다.

게 되면 수소 원자가 없는 쪽으로 전자가 쏠린 모양이 되므로, 수소 원자가 있는 쪽은 +수소 원자가 없는 쪽은 −를 띠게 되는 것이다.

이와 같이 물 분자는 전기적으로 약간의 극성을 가지고 있기 때문에 전자기파 속에 있으면 진동을 하게 된다. 전자기파의 주파수를 물 분자의 고유 진동수로 해주면 진동이 훨씬 커지게 되는데, 이 주파수가 전자레인지에서 사용하는 2.45 GHz이다. 물 분자의 진동에 의한 발열로 가열하는 방식이므로 전자레인지에서 조리하면 음식물이 타지 않는다. (1.23 전쟁이 끝나고)

2.23 진공관과 트랜지스터

그림에 있는 것이 2극 진공관이다. 진공에서는 전기가 통하지 않으므로 두 극 사이에 전압을 걸어도 전류는 흐르지 않는다. 그러나 음극(cathode)을 가열해주면 음극에서 전자가 튀어나온다. 정확히 말하면 가열해 주는 극이 음극이 되는 것이다.

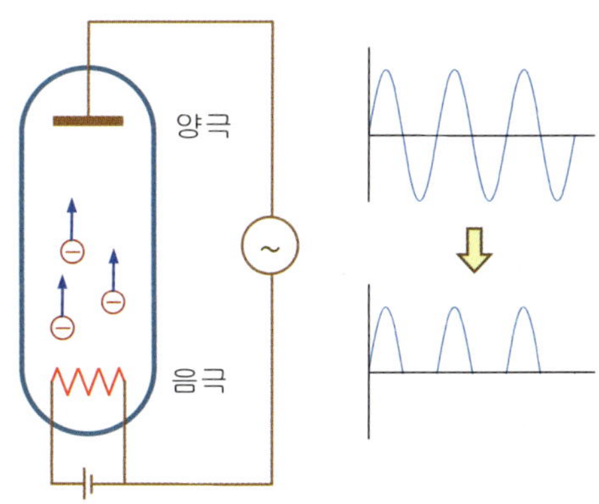

2극 진공관의 동작

전자는 음전하를 띠고 있으므로 튀어나온 전자는 위에 있는 양극(anode)을 향해 움직이게 된다. (전자가 아래에서 위로 움직이므로 전류의 방향은 위에서 아래이다.) 이 구조에서는 양극에 양 전압을, 음극에 음전압을 걸어 주었을 때만 전류가 흐르게 되고 극성이 반대가 되면 전류가 흐르지 않는다. 따라서 오른쪽에 있는 그림처럼 사인파가 들어가면 그 중 방향이 맞는 반 만 흐르게 된다.

3극 진공관은 두 전극의 사이 중 음극에 가까운 곳에 금속 망(grid)이 들어 있다. 음극을 가열하고 금속 망에 음극보다 높은 전압을 걸어주면 음극에서 전자가 튀어나오는데, 금속 망의 전압이 높을수록 많은 전자가 나오게 된다. 음극에서 튀어나온 전자는 망을 향해 가속되지만 망을 지나치게 되고, 양극을 향해 가게 된다.

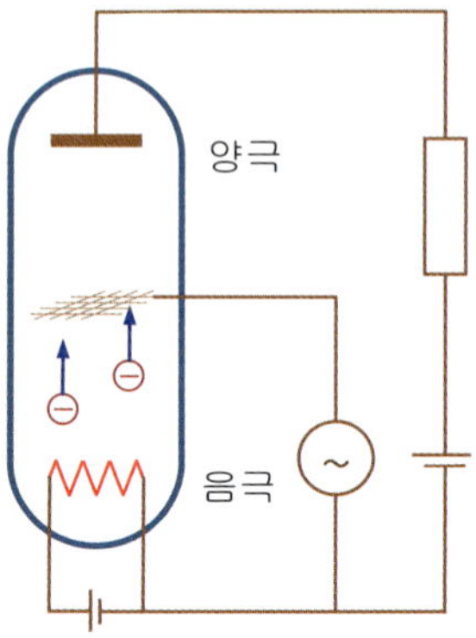

3극 진공관의 동작

즉 망의 전압에 의해 양극에서 음극으로 흐르는 전류의 양이 조절된다. 이것을 이용하면 작은 신호를 증폭하는데 사용할 수 있다.

진공관의 동작을 반도체를 사용하여 구현한 것이 다이오드와 트랜지스터이다. 반도체는 게르마늄(Ge), 실리콘(규소, Si) 등 원소 주기율표의 4족 원소를 말하는데, 자연 상태 그대로는 전류를 잘 흘리지 않는 물질이다. 그러나 원소의 성질을 잘 이용하면 전류를 제어할 수 있게 된다.

게르마늄과 실리콘은 4족 원소이므로 최외각 전자는 4개이다. 게르마늄이나 실리콘에 최외각 전자가 3개인(3족 원소인) 붕소(B)를 약간 넣어주면, 붕소 원자가 있는 곳은 최외각 전자가 하나가 빈 것처럼 된다. 이런 식으로 만든 반도체를 p(positive)형 반도체라고 한다.

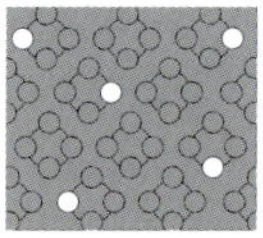
p형 반도체

반대로 게르마늄이나 실리콘에 최외각 전자가 5개인(5족 원소인) 비소(As)를 약간 넣어주면 비소 원자가 있는 곳에 전자 하나가 남는 것처럼 된다. 이런 식으로 만든 반도체를 n(negative)형 반도체라고 한다.

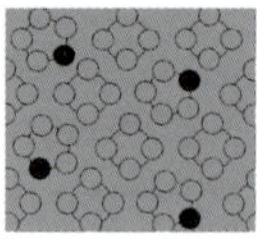
n형 반도체

N형이나 p형 반도체는 남는 전자가 움직이거나, 빈자리(정공 또는 hole이라고 부른다)에 다른 전자가 들어오면서 전류가 흐를 수 있다. 불순물의 양이 많아지면

전류가 더 잘 통하게 된다. 단, 이것은 첨가하는 물질이 미량일 때의 이야기이고, 너무 많이 넣으면 물질 자체가 다른 물질이 되어버린다.

P형 반도체와 n형 반도체를 붙여놓으면 재미있는 현상이 발생한다. 그림처럼 p형과 n형을 붙이고(a), p형 쪽에 +, n형 쪽에 −극을 연결하면 전자와 정공이 서로를 향해 움직이고 만나면 둘 다 없어지면서(정공을 전자가 채우면서) 전류가 흐르게 된다(b).

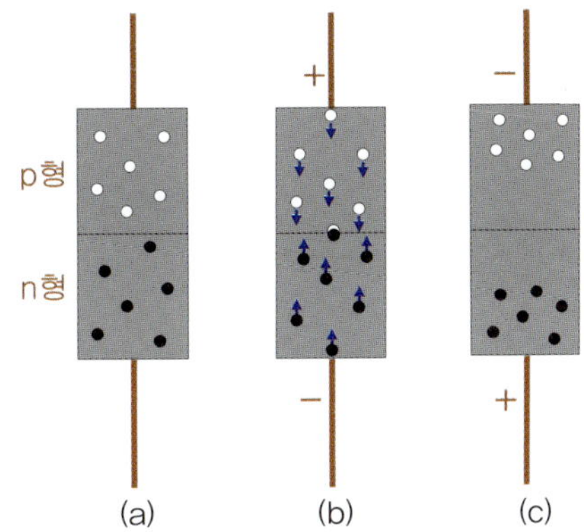

다이오드의 동작 원리

전극을 반대로 연결하면 정공은 − 전극 쪽으로 움직이고 전자는 + 전극 쪽으로 움직이므로 전류가 흐르지 않는다(c). 이 소자는 한 방향으로만 전류가 흐를 수 있는 소자로 다이오드(diode)라고 부르는데, 2극 진공관과 같은 동작을 한다.

그림처럼 두 개의 n형 반도체 사이에 얇은 p형 반도체를 끼워 놓은 경우를 생각해보자(a). (b)와 같이 회로를 연결하면 아래쪽 n형 반도체에 있는 전자들은 중간에 있는 정공을 향해 움직인다. 그런데 가운데의 p형 반도체는 얇아서 모든 전자가 정공에 들어가지 못하므로 남는 전자가 위의 n형 반도체로 가게 된다. 그러면 위에 있는 전자들과 함께 계속 위로 가게 된다.

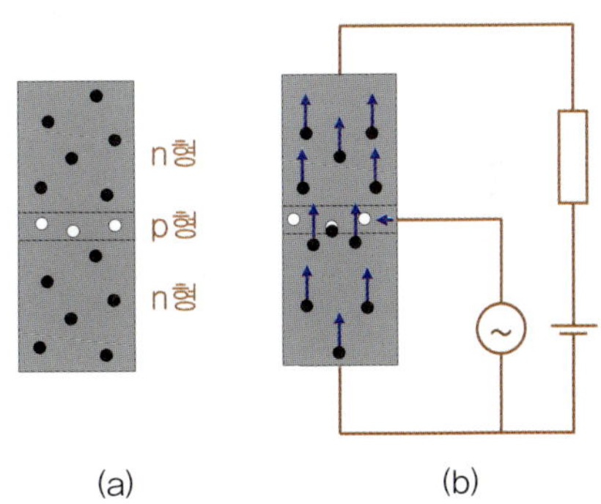

트랜지스터의 동작 원리

즉 가운데 있는 p형 반도체는 3극 진공관의 망(grid)과 같은 역할을 하는 것이다. 진공관과 마찬가지로 트랜지스터의 경우에도 가운데 있는 p형 반도체와 아래의

n형 반도체 사이에 걸리는 전압에 의해 전체의 전류가 조절된다. 3극 진공관과 같은 동작을 하는 이 소자를 트랜지스터(transistor)라고 부른다.

지금까지 설명한 트랜지스터는 p형 반도체와 n형 반도체의 접합면에서 생기는 현상을 이용한 트랜지스터라고 해서 BJT(bipolar junction transistor)라고 부른다. 이와는 다른 원리로 동작하는 트랜지스터에 FET(Field Effect Transistor, 전계효과 트랜지스터)가 있는데 FET는 동작 원리에 따라 다시 JFET(Junction FET)와 MOSFET(Metal Oxide Semiconductor FET) 등으로 나누어진다.

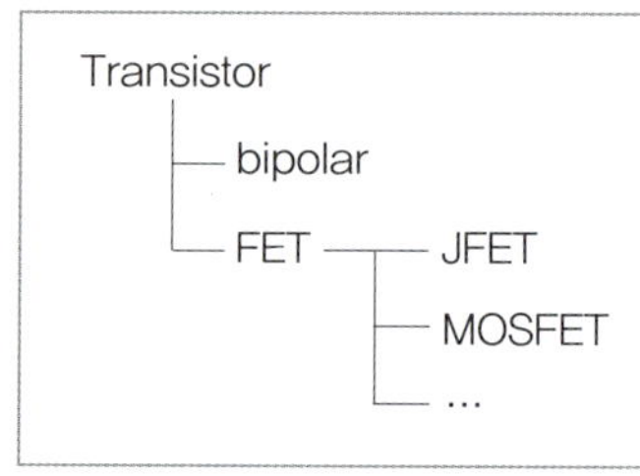

JFET는 그림과 같은 구조로 되어 있다. Gate에 전압을 걸지 않은 상태에서는 source와 drain 사이에 n형 반도체가 있으므로 전류가 통한다(a). Gate에 음전압을 걸어주면 다이오드에 역 전압을 걸어준 것처럼 p형 반도체와 n형 반도체의 경계 부근이 전자도 정공도 없는 상태가 되어 source와 drain 사이에 전류가 흐를 수 있는 부분이 좁아진다. 역 전압이 높으면 전류가 통할 수 있는 경로가 없어진다(b).

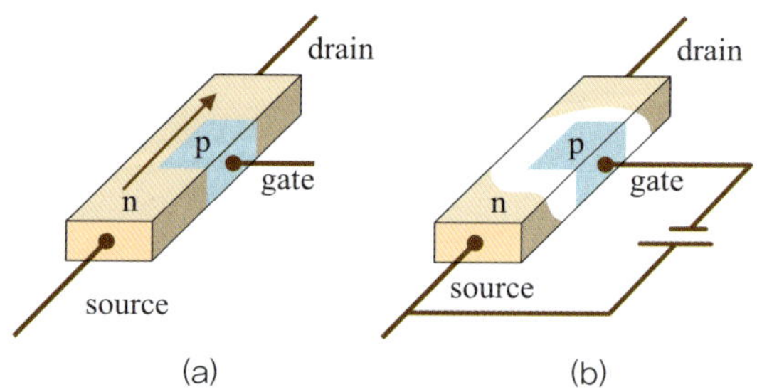

JFET의 동작 원리

이와 같이 FET는 gate에 전류가 거의 흐르지 않는 상태에서 동작하므로 소비 전력이 적다. 하지만, 전자가 움직여서 전류가 흐르지 못하는 상태를 만들고 그에 따라 전류가 줄어드는 방식이기 때문에, 전류가 흐르면서 직접 작용하는 BJT에 비해 동작 속도는 느리게 된다. 그리고 gate에+전압이 걸리면 전류가 흐르게 된다.

MOSFET은 "Metal(금속층)-Oxide(산화막)- Semiconductor(반도체)가 차례로 배치된 FET "라는 의미로 붙은 이름이다. 구조는 아래의 그림과 같다. 이 상태에서는 source와 drain 사이에 전류가 흐르지 못한다.

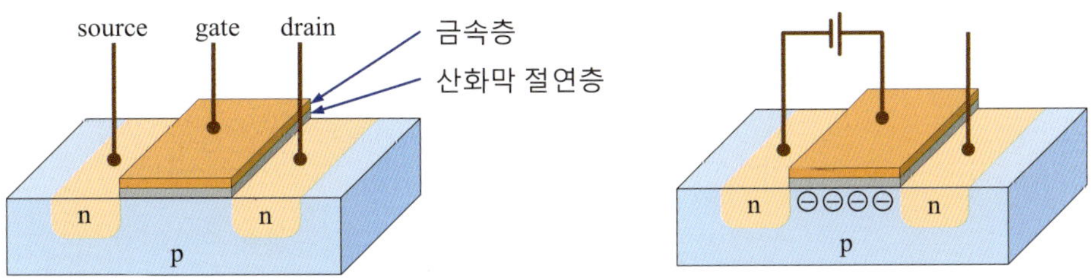

P형 반도체는 정공이 있는 반도체이지만 정공만 있고 전자가 전혀 없는 것은 아니다. MOSFET은 p형 반도체 속에 있는 얼마 되지 않는 전자를 이용한다. 오른쪽 그림처럼 gate에 양전압을 걸어주게 되면 p형 반도체 속에 있던 전자들이 산화막 절연층의 아래로 모여들게 되는데, 이 모여든 전자들이 source와 drain 사이의 전류의 통로 역할을 하는 것이다.

MOSFET은 gate에 걸리는 전압이 양이든 음이든 간에 전류는 흐르지 않는다. 그리고 MOSFET은 사이에 절연막을 끼운 상태에서 동작하므로 JFET보다 gate에 흐르는 전류가 더 적다.

그리고 JFET은 gate에 아무런 전압을 가해주지 않을 때 전류가 통하지만 MOSFET은 gate에 전압을 가해줄 때 만 전류가 통한다. 그리고 집적 회로 제조 공정 상에서도 MOSFET이 여러 가지로 유리한 점이 많기 때문에 지금도 많은 반도체 집적회로는 MOSFET으로 만들어지고 있다.

2.24 논리 회로

논리회로는 컴퓨터를 비롯한 모든 디지털 회로의 기초가 되는 회로이다. 디지털 회로는 2진수를 사용한다. 2진수는 0과 1 만을 사용하여 모든 숫자를 표현하게 되는데, 모든 계산을 논리 연산으로 바꾸어서 수행한다.

논리 연산이란 AND, OR, NOT을 말하는데, AND란 둘 다 1일 때 만 1이 되는 연산, OR는 둘 중 하나만 1이면 1이 되는 연산, NOT은 입력이 1이면 0, 0이면 1이 되는 연산을 말한다.

이 세 가지 연산을 조합하면 어떤 계산도 할 수 있게 된다. 예를 들면 한 자리 숫자 두 개를 더해서 두 자리 숫자로 나타내는 것을 생각해보자. 네 가지 경우가 생길 수 있는데, 정리하면 아래와 같다.

0+0=00

0+1=01

1+0=01

1+1=10

결과 중 높은 자리를 보면 두 숫자가 다 1 일 때 만 1이 된다는 것을 알 수 있다. 즉 높은 자리의 숫자는 두 숫자의 AND를 구하면 된다. 낮은 자리 숫자의 계산은 생각을 좀 해야 알 수 있다.

논리 연산(2진 연산)을 회로도에 나타낼 때는 오른쪽 그림과 같은 기호를 사용한다. 이 기호 외에도 NAND(NOT AND), NOR(NOT OR), XOR (Exclusive OR) 등 여러 가지 기호가 사용되는데, AND, OR, NOT의 세 가지가 기본이며 다른

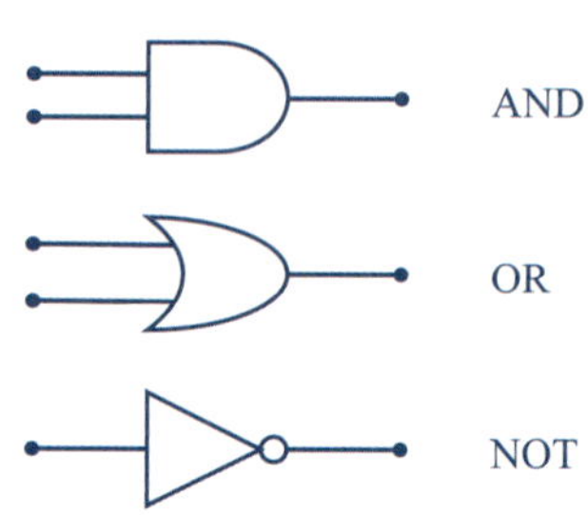

것들은 모두 이 세 가지를 조합해서 만들 수 있다. 위의 계산을 논리 회로로 나타내고 네 가지 경우의 계산이 어떻게 되는지를 나타낸 것이 아래에 있는 그림이다.

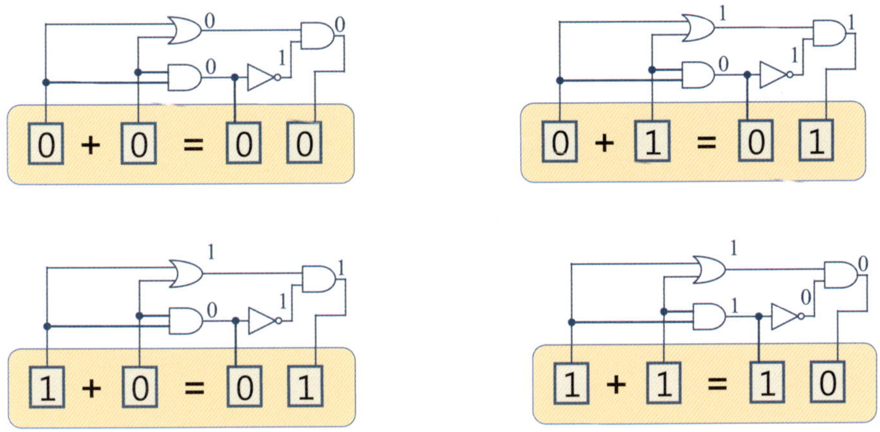

이 방법을 그대로 적용하면 여러 자리수의 계산도 만들 수 있지만 회로가 더 복잡해진다. 곱셈을 하려면 더 복잡한 회로가 필요하고, 소수점을 처리하려면 더 복잡한 회로가 필요할 것이다. 그리고 계산 이외에도 컴퓨터의 동작에는 많은 연산이 필요한데 모두 이 세 가지 기본 논리 회로를 사용하여 만들 수 있다.

이런 동작을 하는 장치를 실제로 만들기 위해서는 AND, OR, NOT 등을 해 주는 회로가 필요하다. 이런 회로를 논리회로라고 하는데, 논리회로에는 정확한 전압 전류로 동작하는 것이 중요한 것이 아니고 '0' 이냐 '1' 이냐를 확실히 구분할 수 있도록 동작하는 것이 중요하다. 보통 사용하는 방법은 정해진 전원 전압과 같은 전압이 걸려 있을 때는 '1' 로 전압이 0 V일 때는 '0' 으로 처리한다는 것이다.[41)]

41) 예를 들어 전원이 5 V라고 하면, 0 V가 '0' 이 되고 5 V가 '1' 이 될 것이다. 그러나 그림에서도 알 수 있듯이 출력이 정확히 0 V와 5 V가 되지는 않는다. 어느 전압 이상이면 '1' 로 이하이면 '0' 으로 처리해 주는 것이 필요하고, 될 수 있는 대로 '0' 과 '1' 을 확연히 구분할 수 있도록 회로를 설계해야 한다. 자세한 내용은 전자회로 책이나 논리회로 책을 참고하기 바란다.

EDSAC, EDVAC 등 초기의 컴퓨터는 진공관으로 논리 회로를 만들었다. 그림은 2극 진공관으로 만든 AND 회로이다. 두 입력 중 하나라도 전압이 0이 되면 저항과 진공관을 통해 전류가 흐르면서 출력이 0이 된다. 두 입력이 다 1이면 전류가 흐르지 않고 출력이 1이 된다.

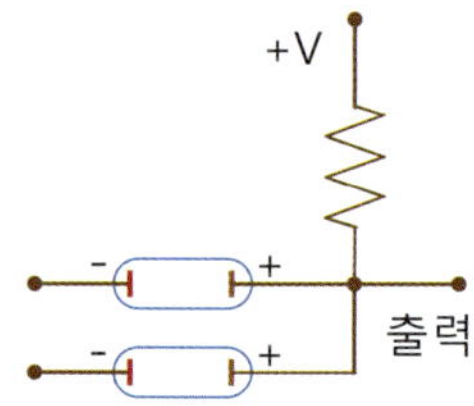

진공관 AND 회로

진공관이 없다면 두 입력 중 하나가 0이고 하나가 1일 때 두 입력 사이에 전류가 흘러버리므로 논리 회로로서의 동작을 하지 못한다.

같은 방법으로 진공관으로 OR 회로를 만들면 그림과 같이 된다. 두 입력 중 하나라도 1이 되면 진공관과 저항을 통해 전류가 흐르면서 출력은 1이 된다. 두 입력이 다 0이면 전류가 흐르지 않고 출력이 0이 된다. 이 경우도 마찬가지로 진공관이 없다면 입력 사이에 전류가 흘러 논리 회로의 동작을 하지 못하게 되어버린다.

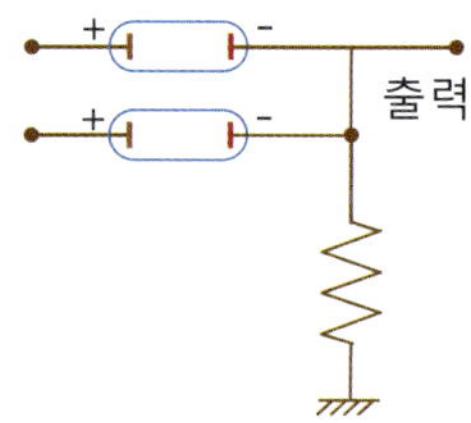

진공관 OR 회로

NOT 회로는 3극 진공관을 사용해서 만들 수 있는데 그림과 같이 된다. 입력이 1이 되면 저항과 진공관을 통해 전류가 흐르면서 출력이 0이 된다. 입력이 0이면 진공관으로 전류가 흐르지 않으므로 출력은 1이 된다.

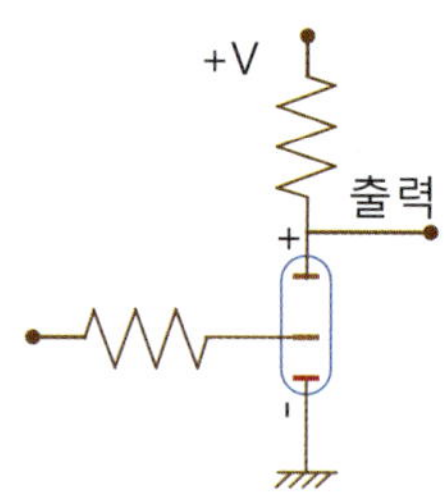

진공관 NOT 회로

반도체가 발명되면서 2극 진공관 대신 다이오드를 사용하고 3극 진공관 대신 트랜지스터를 사용한 논리회로가 만들어졌다. 반도체 논리회로는 아래와 같이 진공관 대신 다이오드와 트랜지스터를 사용하면 된다.

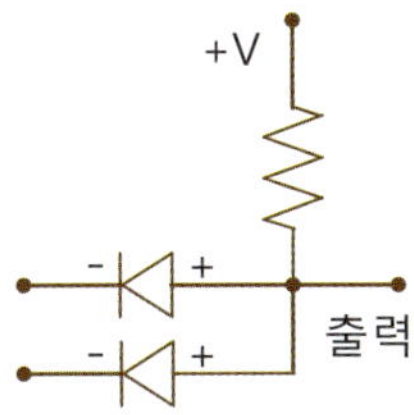

반도체 AND 회로

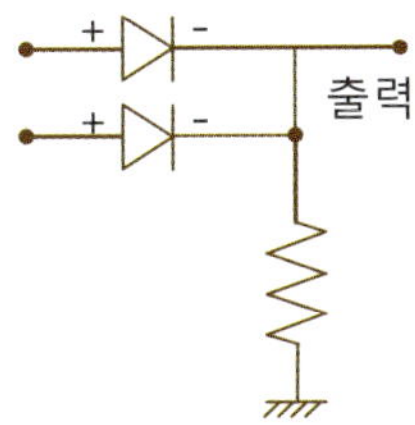

반도체 OR 회로

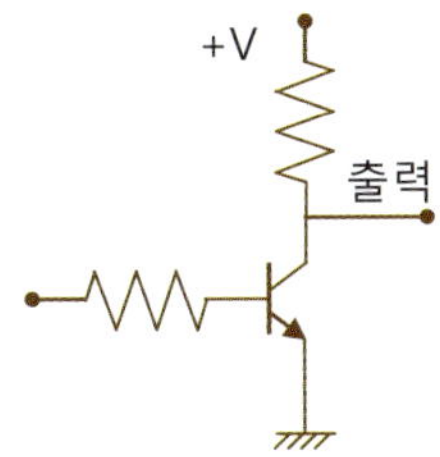

반도체 NOT 회로

여기에 있는 설명은 기본 아이디어를 설명하는 것이고, 지금은 이 회로를 그대로 사용하지는 않는다. 반도체 기술의 발전과 회로 구성 기술의 발전으로 에너지 소모가 적으면서 속도도 빠르고 크기도 작은 많은 회로가 개발되어 사용되고 있다.

2.25 아날로그 컴퓨터와 OP-AMP 회로

2.25.1 아날로그 컴퓨터

아날로그 컴퓨터는 숫자가 아닌 아날로그 방식으로 동작하는 컴퓨터로, 연산자 회로(모듈)의 조합에 의해 동작한다.

연산자 회로란 하나의 연산을 하는 회로인데, 예를 들어 '덧셈기' 라는 회로는 두 입력 전압의 합에 해당되는 전압을 출력한다. 그림과 같이 두 입력의 전압이 1 V와 2 V 이면 출력 전압이 3 V가 된다는 뜻이다. '배율기' 는 출력 전압을 정해진 배수만큼 증폭해주는 회로이다.[42)]

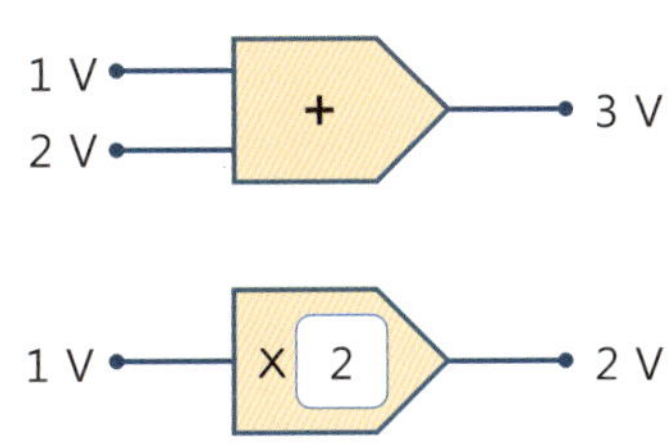

덧셈기와 배율기의 동작

42) 이 책에서 사용하는 이름과 표시 방법은 설명을 위한 것으로 아날로그 컴퓨터의 표준적인 표시 방법과는 다르다.

예를 들어 아래와 같은 연립 방정식의 해를 아날로그 컴퓨터로 구해 보자.

$$\begin{cases} x+2y=5 \\ 4x+\ \ y=6 \end{cases}$$

이 연립 방정식의 해는 $x=1$, $y=2$이다. 아날로그 컴퓨터를 이용하기 위해서 식을 아래와 같이 변형한다.

$$\begin{cases} x=5-2y \\ y=6-4x \end{cases}$$

첫 번째 식을 덧셈기와 배율기로 구성하면 그림의 윗부분처럼 되고, 두 번째 식을 구성하면 그림의 아래 부분처럼 된다. 그리고 그림에서와 같이 x는 x끼리, y는 y끼리 서로 연결해준다. 이렇게 하면 x점의 전압은 1 V, y점의 전압은 2 V가 되어 이 연립 방정식의 해를 알 수 있다.

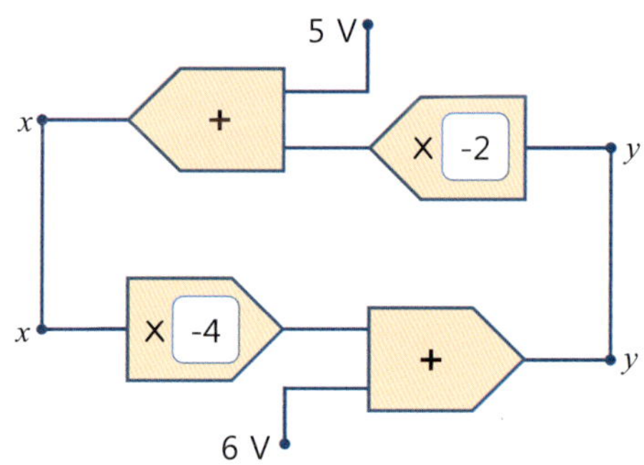

식을 다시 생각해보자. 첫 번째 식은 y로부터 x를 구하는 식이고, 두 번째 식은 x로부터 y를 구하는 식이다. 이 둘을 연결해주면 회로 전체가 둘 다를 만족하도록 조절되는데, 이 성질을 이용한 것이 아날로그 컴퓨터이다.

위에서 설명한 정도의 식이라면 굳이 아날로그 컴퓨터까지 동원할 필요는 없을 것이다. 그러나 풀어야 하는 대상이 변수가 많다든지, 식이 복잡한 경우에는 아날로그 컴퓨터를 사용하는 것이 큰 도움이 될 수 있다. 특히 식에 미분이나 적분이 들어 있는 경우라면 아날로그 컴퓨터가 다른 방법 보다 훨씬 유용할 수 있다.

예를 들어 용수철을 반복적으로 밀었다 당겼다할 경우 용수철의 움직임에 따른 위치 변화를 계산하는 경우를 생각해본다. 식은 다음과 같은 미분방정식 형태로 주어졌다고 해보자.

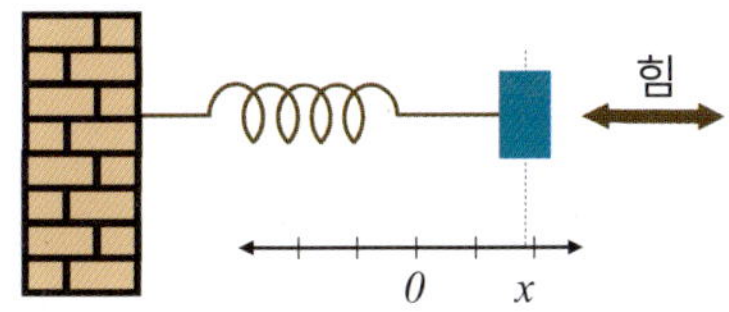

$$2\frac{d^2x}{dt^2}+3\frac{dx}{dt}+x=f(x)$$

아날로그 컴퓨터를 사용하기 위해서 식을 아래와 같이 변형한다.

$$x=f(x)-3\frac{dx}{dt}-2\frac{d^2x}{dt^2}$$

이 식을 덧셈기, 배율기, 미분기를 사용하여 구성하면 그림과 같이 된다. 그림에서 function generator는 파형을 만들어주는 장치인데 사각파[43)]를 만들고 있는 것을 보여준다.

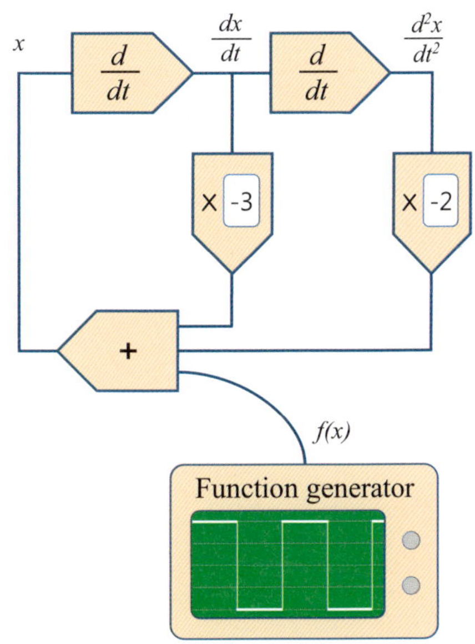

아날로그 컴퓨터는 숫자로 계산하는 디지털 컴퓨터(지금의 컴퓨터)와는 달리 계산 결과를 숫자로 표현해 주지 않는다, 그러나 아날로그 컴퓨터는 회로 자체가 계산 결과가 되도록 동작하므로 속도가 대단히 빠르다. 회로의 원하는 점에 오실로스코프(oscilloscope)를 연결하면 파형을 볼 수 있다.

아날로그 컴퓨터를 만들기 위해서는 덧셈기, 배율기, 미분기 등의 회로가 필요하다. 진공관이나 트랜지스터를 직접 사용하여 설계해서 만들어도 되겠지만, 그렇

43) 구형파(矩形波)라고 부르기도 하는데, 구형은 사각형이라는 의미이다.

게 하면 만들 때 마다 조정을 해 주는 것이 까다롭기 때문에 OP-AMP를 사용하여 만드는 것이 보통이다. OP-AMP는 진공관, 트랜지스터 또는 집적회로로 만들 수 있는데, 지금은 집적회로로 된 것을 사용한다.

2.25.2 OP-AMP

OP-AMP는 그림과 같은 기호로 나타낸다. V_+과 V_-가 입력이고 V_{out}이 출력이다. V_0와 $-V_0$는 OP-AMP가 동작하기 위한 전원이다. 다른 소자를 연결하지 않고 OP-AMP 만으로 동작시키면 V_+가 V_-보다 높은 전압이면 V_0가 출력되고, 낮은 전압이면 $-V_0$가 출력된다. 이와 같이 다른 소자를 사용하지 않고 OP-AMP 하나 만으로 동작시키면 비교기(comparator)로 동작하게 된다.

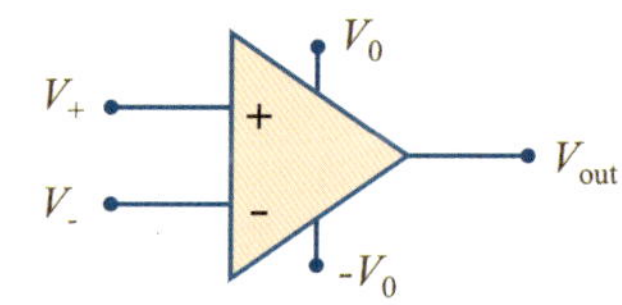

OP-AMP (비교기)

OP-AMP에 저항, 커패시터 등의 소자를 연결하면 여러 가지 다양한 회로를 구성할 수 있는데, 다음과 같은 두 가지 가정을 사용하면 회로를 쉽게 분석하거나 설계할 수 있다.[44)]

- + 입력단과 − 입력단 사이의 전압은 0
- + 입력단과 − 입력단 사이의 전류는 0

그림에 있는 회로도 다른 소자 없이 OP-AMP 만으로 이루어진 회로인데, voltage follower라고 부른다. + 단과 − 단 사이의 전압은 0이고 − 단이 출력에 연결되어 있으므로 입력과 출력 전압이 같아진다. + 단과 − 단 사이에는 전류가 흐르지 않으므로 출력 단에 많은 전류가 흐르더라도 전압은 + 단과 같은 전압으로 유지된다.

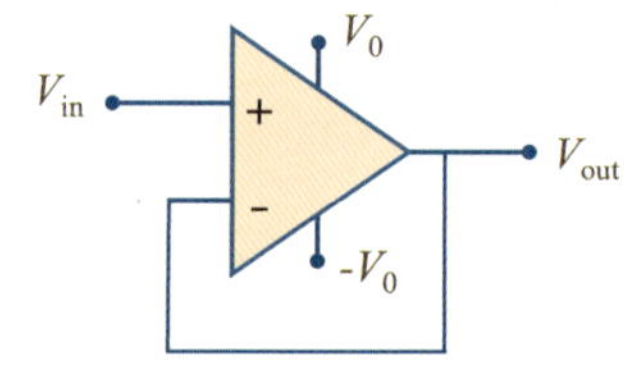

voltage follower

44) 물론 이 가정은 이상적인 경우를 생각한 것으로, 실제로는 전압과 전류가 완전히 0이 되지는 않는다.

이 회로는 회로 내 한 점의 전압을 측정하는 용도로 사용할 수 있다. 회로의 한 점에 측정 장치를 연결하는 경우, 측정 장치로 전류가 흘러들어간다면 회로 자체의 동작이 달라져버리므로 정확한 측정이 되지 않는다. 이럴 때 사용할 수 있는 것이 voltage follower이다. Voltage follower를 사용하면 원래의 회로에 영향을 주지 않으면서 그 점의 전압에 따라 동작을 하는 회로를 연결할 수 있다.

그림의 회로는 아날로그 컴퓨터의 설명에 나왔던 배율이 −인 증폭기(배율기)로 '반전 증폭기(inverting amplifier)' 라고 부르는 회로이다.

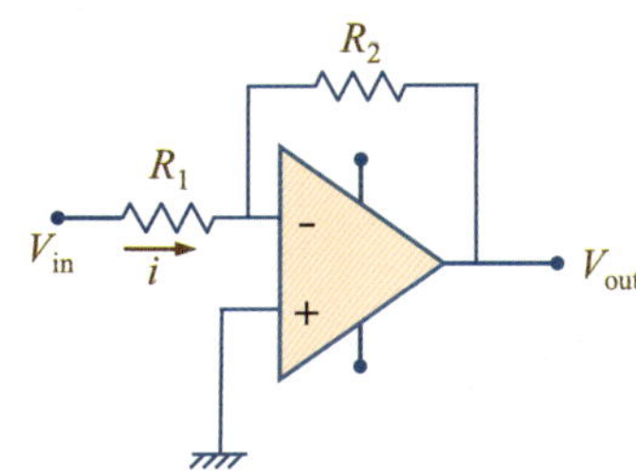

반전 증폭기

회로의 동작을 살펴보기로 한다. +단과 −단 사이의 전압은 0이므로 −단의 전압은 0이 되고 전류는 $i=\frac{V_{in}}{R_1}$이 된다. +단과 −단 사이의 전류는 0이므로 이 전류는 모두 R_2를 통해 흐르게 되고 −단의 전압이 0이므로 출력단의 전압은 다음과 같이 된다.

$$V_{out}=-iR_2=-\frac{R_2}{R_1}V_{in}$$

반전증폭기의 입력을 병렬로 해주면 덧셈기가 된다. 해석하는 방법은 위와 같다. 단 부호가 바뀌므로 부호가 바뀌지 않는 결과를 원한다면 이 '반전 덧셈기' 뒤에 배율이 1인 반전 증폭기를 붙여주면 된다.

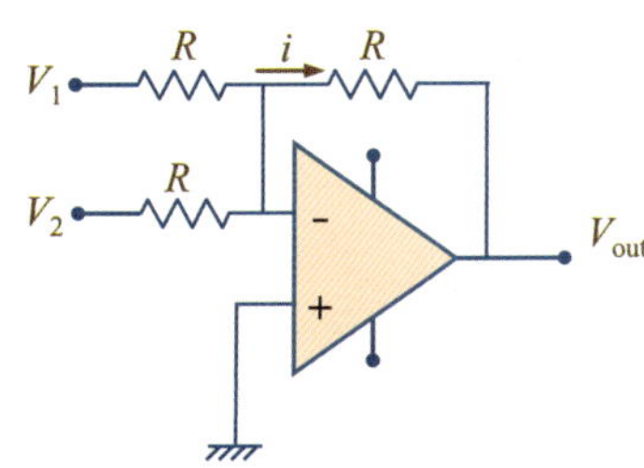

반전 덧셈기

$$i=\frac{V_1}{R}+\frac{V_2}{R}$$

$$V_{out}=-iR=-(V_1+V_2)$$

저항의 크기를 잘 정해주면 OP-AMP 하나로 배율기와 덧셈기의 역할을 다 하도록 할 수도 있다. 그리고 두 개의 입력의 뿐만 아니라 셋 이상의 입력을 더하는 회로도 저항만 병렬로 더 연결하면 간단히 만들 수 있다.

그림과 같이 회로를 구성하면 부호가 바뀌지 않는 배율기(배율이 +인 증폭기)인 비반전 증폭기(non-inverting amplifier)가 된다.

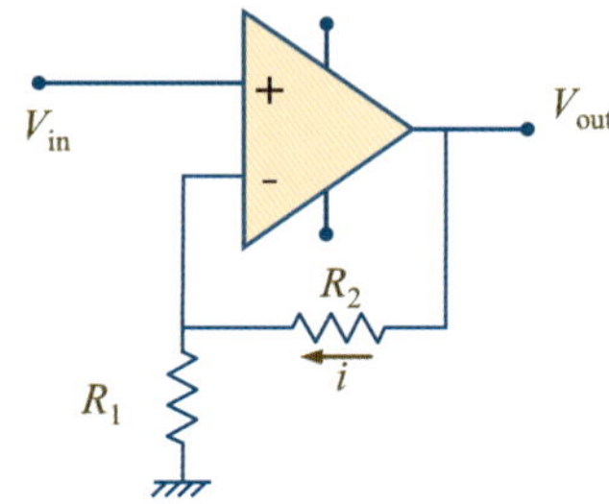

비반전 증폭기

$$V_{in}=R_1 i$$

$$V_{out}=(R_1+R_2)i$$

$$V_{out}=\left(1+\frac{R_2}{R_1}\right)V_{in}$$

반전 증폭기는 배율이 두 저항의 비율과 같았지만, 비반전 증폭기는 배율이 두 저항의 비율과 다르게 된다. 또 한 가지 다른 점은 비반전 증폭기는 입력단의 전류가 거의 0이라는 것이다. 따라서 비반전 증폭기 앞에는 voltage follower를 붙일 필요가 없다.

아날로그 컴퓨터를 설명할 때 사용된 또 하나의 회로는 미분기였다. 미분기는 그림과 같이 구성하면 된다. 물론 다른 회로와 같은 방법으로 해석할 수 있다.

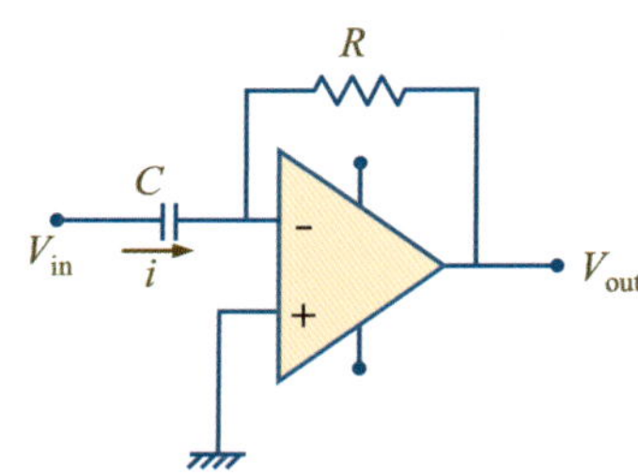

미분기

$$i=C\frac{dV_{in}}{dt}$$

$$V_{out}=-iR=-RC\frac{dV_{in}}{dt}$$

미분기에서 R과 C의 자리를 바꾸면 적분기가 된다. 수식은 아래와 같다.

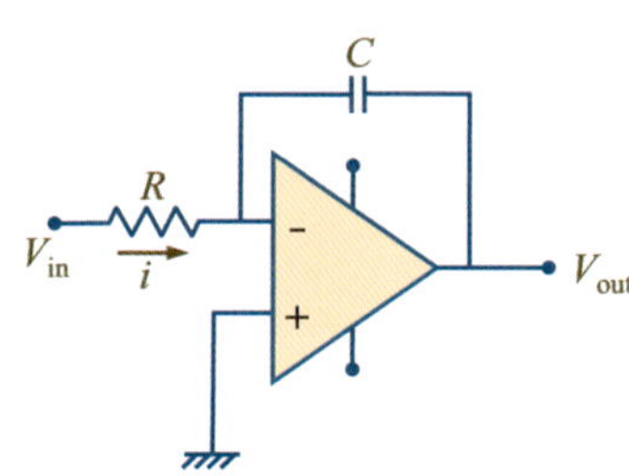

적분기

$$V_{in}=Ri$$

$$C\frac{dV_{out}}{dt}=-i$$

$$\frac{dV_{out}}{dt} = -\frac{i}{C} = -\frac{V_{in}}{RC}$$

$$V_{out} = -\frac{1}{RC}\int V_{in}dt + (\text{처음의 출력 전압})$$

여기서 설명한 회로 이외에도 OP-AMP를 사용하면 많은 쓸모 있는 회로를 쉽게 만들 수 있다. 자세한 것은 OP-AMP 책을 보기 바란다.

읽을 만한 책들

과학의 역사에 대한 책은 많다. 그 중에는 과학 철학이 어떻게 변해왔는지를 설명하는 학술적인 책도 있고, 일반인을 위해 쉽게 재미있는 이야기로 전개되는 책도 있다. 학술적인 책은 재미가 없는 것이 대부분이고 이야기로 전개되는 것은 발명이나 발견 자체 보다는 과학자의 인생, 발명이나 발견의 사회적 영향 등을 다루고 있는 것이 많다.

전기의 역사에 대한 책은 없다고 해도 될 정도이다. 과학의 역사에 전기에 대한 것이 일부 포함되어 있지만, 물리학적인 부분만을 다루고 있는 것이 보통이다. 예를 들어 현재의 전력 공급 시스템이 어떤 과정을 통해서 이루어지게 되었는지를 설명하는 책은 없는 것으로 생각된다.

여기서 소개하는 책들은 수많은 과학사 이야기책 중에서 이 책과 비슷하다고 생각되는 몇몇 책들이다.

- **"일렉트릭 유니버스(Electric universe)" David Bodanis 지음, 김명남 옮김, 생각의 나무.**

전기가 세상을 어떻게 바꾸어왔는지를 설명하고 있는 책으로 전기 관련 발명, 발견에 얽힌 이야기가 중심이 되는 책이다. 사람들 사이의 관계 등 드라마 같은 내용, 주고받은 편지, 일기 등도 소개하고 있다.

전기의 역사를 다룬다는 면에서는 이 책과 비슷하지만 발명이나 발견 자체의 의도에 중점을 두고 있는 책은 아니다. 하나의 기계나 시스템이 완성될 때까지의 여러 사람들의 숨은 노력과 발명에 대한 것 보다는 '승리자들의 이야기' 에 가까운 책이기도 하다.

● **“오류와 우연의 과학사(Auch Genesis koennen irren)” Peter Kroening 지음, 이동준 옮김, 이마고 출판.**

20 편의 단편으로 구성되어 있는 과학사 이야기책이다. 빈틈없어 보이는 과학이 얼마나 많은 판단 착오와 오류를 거쳐서 발전해 왔는지를 보여주는 이야기들이 실려 있다. 과학사에서 생긴 어처구니없는 오해와 해프닝 등을 주로 다루고 있다. 전기에 관련된 이야기는 없다.

● **“과학사 X 파일” 최성우 지음, 사이언스북스.**

과학사의 숨겨진 이야기들을 단편 형식으로 엮은 책이다. 일반인에게 잘못 알려진 발명과 발견에 얽힌 이야기들, 뜻하지 않은 발명과 발견, 인간으로서의 과학자의 모습 등으로 나누어서 이야기하고 있다. 전기와 관련된 일화도 몇 개 소개되어 있다.

● **“발명의 역사(The guinness history of Inventions)” G. I. Brown 지음, 이충호 옮김, 세종서적**

일상생활에 사용되는 물건부터 대형 기계까지 많은 기계, 장치들의 발명에 대한 이야기를 16 가지의 주제로 나누어 설명하고 있다. 설명이 어렵지 않고 그림으로 이해를 돕고 있는 친절한 책이다.

● **"세계과학문명사(SCIENCE: Its History and Development Among the World's Cultures, 1,2" Colin A. Ronan 지음, 권복규, 김동광 옮김, 한길사, 1997.**

초기 문명에서 현대 문명에 이르기까지 전 세계에 걸쳐 이루어진 과학과 과학사상의 발전과정을 개괄적으로 설명한 책. 과학사 교과서에 가까운 책으로 부담 없이 쉽게 읽을 수 있는 이야기책은 아니다. 원문의 의미를 잘 살리기 위해 직역에 가까운 번역을 한 것으로 보이는 문장이 많은데, 이런 문장은 읽기에 다소 까다롭다.

● **"전기와 자기 밀고 당기기" 한국물리학회 지음, 동아사이언스 출판.**

중고등학교 정도의 청소년을 위한 과학책인 "속보이는 물리" 중 한 권으로, 청소년이 전기에 관련된 물리적 개념을 가지게 하는 의도로 만들어진 책이다. 과학사 책은 아니지만 역사적인 설명도 군데군데 들어있다.

청소년을 위한 과학 이야기책 중에는 허황되거나 사실과 다른 내용이 포함된 것이 많은데, 이 책은 물리학자들이 쓴 책으로 과학적으로 정확한 내용을 담고 있다.

● **"청소년을 위한 케임브리지 과학사 1~4" A. P. D. Sutcliffe 지음, 박택규 옮김, 서해문집.**

쉽게 쓴 과학사 이야기. 발명과 발견에 얽힌 일화, 해프닝 등을 이야기로 쓴 책. 2권 "물리이야기"에 전자기에 대한 것이 나온다. 4권이 "기술이야기" 인데 전기에 대한 것은 없다.

● **"친절한 과학사" 박성래 지음, 문예춘추.**

청소년 대상의 과학사 책으로 발명과 발견의 이면에 감춰진 과학자들의 숨은 이야기와 재미있는 일화들을 이야기로 풀어나가는 책이다. 전기에 대한 일화가 몇 개 포함되어 있고, 중국과 우리나라에 대한 일화도 있다.

찾아보기

(ㅈ)

| 저자 약력 |

김 석 환

1964년 1월 태어남
서울대학교 전기공학과에서 학사(86), 석사(88), 박사(93) 학위 받음
1993년 기초전력연구원 연구원
1994~1996년(일본) 고에너지물리학연구소 연구원
1997~1999년(유럽) CERN 연구원
2000~2001년(미국) Fermi 연구소 연구원
2001~2005년 한국전기연구원에서 초전도 연구.
2005년~현재 한국전기연구원 미래전략실에서 일하고 있음,
SCI 논문 44편, 발명특허 19건, 소프트웨어 5건
저서로는 "C언어 프로그래밍", "초전도공학 개론" 등 6권이 있음.

한국전기연구원(*KERI*)

1976년 설립된 한국전기연구원은 경남 창원에 본원을, 경기도 의왕과 안산에 분원을 두고 있는 전기전문 정부 출연 연구기관으로, 기초원천 기술에서부터 첨단 융합기술까지 다양한 연구개발 성과를 통해 국가 경제발전과 국민의 삶의 질 향상에 기여해오고 있다. 또한 전력기기에 대한 성능평가를 수행하는 시험인증 분야에서는 세계 3대 공인 전력기기 시험인증 기관으로서 국내 전력기기들의 수출 경쟁력 향상에 기여하고 있다.

열정과 야망의
전기 이야기

발행일	2024년 8월 30일 3쇄
저자	김석환
발행인	김재우
발행처	대영사
주소	경기도 파주시 회동길 508
등록	제 2021-000099호
전화	031-948-8090
팩스	031-949-9213
웹사이트	www.enamuh.com
가격	22,000원
ISBN	978-89-7163-318-2 93560